公共机构绿色建筑技术实施指南

薛　峰　王清勤　丁　研　编著

中国建筑工业出版社

图书在版编目（CIP）数据

公共机构绿色建筑技术实施指南/薛峰，王清勤，
丁研编著. —北京：中国建筑工业出版社，2017.12（2021.4重印）
ISBN 978-7-112-20524-0

Ⅰ.①公… Ⅱ.①薛… ②王… ③丁… Ⅲ.①公
共建筑-生态建筑-指南 Ⅳ.①TU242-62

中国版本图书馆 CIP 数据核字（2017）第 048217 号

本书从绿色策划、绿色设计、绿色施工、绿色运行四个方面介绍了公共机构全寿命期的绿色集成技术，重点阐述了建筑师主导的绿色建筑性能设计、协同设计和过程深化设计的内容和方法。本书共分 10 章，内容分别是：公共机构建筑能耗与绿色建筑技术应用情况分析、公共机构绿色建筑策划与协同设计关键技术、建筑被动式设计与性能化设计集成技术、建筑围护结构节能构造设计与关键技术、低能耗建筑蓄热与通风耦合关键技术、建筑设备系统节能优化设计与关键技术、建筑节水节材优化设计与集成技术、绿色人文设计与技术措施、绿色施工关键技术与应用、绿色运行关键技术与应用。

本书对典型公共机构建设全过程的领先性、适用性绿色节能技术进行系统的总结，提供了可复制、可推广的集成技术体系和相应的管理实施方法以供相关从业人员参考。

责任编辑：万　李
责任校对：党　蕾

公共机构绿色建筑技术实施指南

薛　峰　王清勤　丁　研　编著

*

中国建筑工业出版社出版、发行（北京海淀三里河路 9 号）

各地新华书店、建筑书店经销

北京佳捷真科技发展有限公司制版

北京建筑工业印刷厂印刷

*

开本：787×1092 毫米　1/16　印张：17¾　字数：430 千字
2019 年 11 月第一版　　2021 年 4 月第二次印刷
定价：**62.00** 元
ISBN 978-7-112-20524-0
（30236）

版权所有　翻印必究
如有印装质量问题，可寄本社退换
（邮政编码　100037）

序　言

当前，我国进入中国特色社会主义新时代，高质量发展成为时代主题。建筑业作为劳动密集型的传统行业，迫切需要推动绿色化、智慧化、工业化、国际化发展，探索新型建造方式，深化行业供给侧结构性改革。在新的发展形势下，建筑业将以绿色发展为核心，以提升品质为路径、以深化改革为抓手、以转型升级为标志、以创新创效为目标，沿着"提升品质－深化改革－转型升级－创新创效"这样一条主线，迈入高质量发展的新时代。

发展绿色建筑是我国绿色发展坚持走绿色、低碳、循环、可持续发展之路的重要组成部分。伴随着社会发展主要矛盾的深刻变化，国家对建筑业节能减排的要求不断提高，建筑行业劳动力短缺问题逐步显现，劳动生产率相对较低等问题亟待改善。同时，在以信息化、智能化、新材料、新装备等为代表的科技创新快速推进下，为我国发展以品质为中心的"新型建造方式"提供了基础，为高质量绿色建筑发展创造了条件，而公共机构绿色建筑具有重要的示范作用。

当前，我国的绿色建筑已包涵了更广泛的内涵和外延，绿色建筑是以满足人的需求为出发点，是建造质量和品质的综合体现，是功能适用性、服务便捷性、资源节约性、安全耐久性、健康舒适性和环境宜居性的综合品质和质量的提升。同时，对于建筑师来说，绿色建筑也是对生态环境、文化语境的保护、融合与创新，是设计出来的绿色建筑，而不是技术堆砌出来的绿色建筑。

《公共机构绿色建筑技术实施指南》是一本从绿色策划、绿色设计、绿色施工、绿色运行四个方面来研究其建设全过程绿色集成技术的专业书籍。本书介绍了公共机构绿色建筑策划与协同设计，提出了低能耗公共机构绿色建筑性能目标值，对被动式规划设计、围护结构节能、设备系统节能优化、节水节材优化、绿色人文、绿色施工和绿色运行等关键技术进行了系统详细的阐述。介绍了以高品质、低能耗、低排放为目标，全专业协同设计、全主体系统管理为方法，性能化、数字化、人性化、耐久化为技术手段的一套公共机构绿色建筑技术体系。列出了诸多创新技术，凝聚了编著人员多年的科研成果，具有很好的借鉴和参考价值，将有助于推进我国公共机构绿色建筑的建设，创造出更多更好的精品工程。

中国建筑集团有限公司总工程师

毛志兵

2019 年 7 月 28 日

前　言

公共机构是指全部或部分使用财政性资金的国家机关、事业单位和团体组织，我国的公共机构普遍存在建筑能效、建筑品质和运行管理有待提升等问题。因此，对标新时代高质量绿色发展目标，本书提出了符合我国国情的公共机构绿色建筑集成技术体系与协同工作方法，将绿色策划、绿色设计、绿色施工、绿色运维等集成技术进行整合，推广符合新时代高质量发展要求的绿色建造新方法，提升公共机构绿色建筑的品质和质量。

本书结合典型公共机构（学校、办公、文教）的功能特点，对公共机构建设全过程中策划、设计、施工和运维等环节的绿色建筑集成技术进行了系统性阐述，提炼适用于公共机构的，以提升绿色建筑性能为目标、被动节能设计为主导、性能优化设计为方法、运行智能监测为手段、全寿命期绿色管理为路径、营造绿色人文环境为引导的公共机构绿色建筑技术体系和协同工作方法。

本书共分为 10 章，第 1 章分析了当前我国公共机构建筑能耗及绿色建筑技术应用情况，总结了公共机构绿色建筑目前存在的主要问题。第 2 章介绍了公共机构绿色建筑策划与协同设计关键技术，提出了低能耗公共机构绿色建筑性能目标值与全过程、全专业协同设计方法。第 3 章介绍了公共机构建筑被动式设计与性能化设计关键技术。第 4 章介绍了建筑围护结构节能构造设计与关键技术。第 5 章介绍了低能耗建筑蓄热与通风耦合等关键技术。第 6 章介绍了建筑设备系统节能优化设计与关键技术。第 7 章介绍了建筑节水节材优化设计与关键技术。第 8 章介绍了公共机构绿色人文环境提升与措施。第 9 章介绍了绿色施工关键技术与应用。第 10 章介绍了绿色运行与维护关键技术。

本书以"十二五"国家科技支撑计划《公共机构新建建筑绿色建设关键技术研究与示范》2013BAJ15B05 为基础，以期为公共机构绿色建筑的策划、设计、施工、运维等建设环节提供参考。书中多项研究成果获得了国家发明专利和软件著作权，编制完成了多部国家标准和图集，多项技术达到国际先进水平。本书的内容主要从以下几个方面系统详细地阐述了该课题的研究成果以及集成技术的应用：

1. 从适宜性和合理性的角度出发，介绍了当前适用于我国典型公共机构（学校、办公、文教）绿色建筑集成技术，从健康舒适性、安全耐久性、资源节约性、环境宜居性、服务便捷性等不同角度，提出了相应的性能目标值和系统的设计要点。

2. 介绍了绿色建筑设计全过程中多主体全专业协同设计的关键绿色技术管控节点、动态交互主要内容以及环境数字模拟和集成技术等交互接口，制定全工程设计时段全专业协同设计的流程和方法。

3. 系统阐述了采用天然采光、自然通风、遮阳设计、垂直绿化设计等被动式的建筑设计方法，并针对室外物理环境性能化设计、室内环境品质性能化设计、建筑遮阳导光性能化设计等性能化模拟设计方法进行了详细的阐述。

4. 对适用于我国公共机构建筑围护结构的高性能构造技术进行了阐述。分别对不同类型的新型外墙围护结构、透明和非透明幕墙围护结构、屋面围护结构、高气密性构造节点与节点配套材料以及相变材料在围护结构中的应用等进行了介绍。

5.阐述了建筑围护结构蓄热与建筑自然通风耦合技术在公共机构建筑中的应用，从理论上分析了蓄热通风耦合热工模型的建立，夜间通风房间热平衡方程及降温原理，并介绍了该项技术在实际公共机构项目中的应用。

6.系统介绍了公共机构建筑设计全过程节能、节水和节材优化设计与技术的应用，分别针对照明系统、空调系统、可再生能源利用系统、能源回收利用系统、水资源利用和给水系统、固废可回收利用等各建筑系统的优化设计与技术应用进行了详细的阐述。

7.从保证公共机构建筑绿色节能优化设计的实施成效出发，详细阐述了其绿色施工优化技术措施和工程总承包深化工艺和工法等方面的内容。分别针对施工场地环境保护、节材及固体废弃物利用和减量、主体结构施工现场节材、现场节能节水、新型周转料具等绿色施工技术进行了详细的阐述。

8.详细论述了各设备系统的调适、运行维护技术和运行管理制度，以及智能运行监测系统的大数据采集、能效分析系统，从技术和管理两个层面介绍了绿色公共机构的运行技术和管理方法。并针对提升公共机构建筑性能和运行品质的无障碍设计、智能服务设施、生活垃圾绿色化处理、行为节能等绿色人文措施进行了系统的介绍。

本书是在国家机关事务管理局公共机构节能管理司的指导和支持下编写完成，在此深表感谢！

本书感谢中国中建设计集团有限公司、中国建筑科学研究院、中国建筑股份有限公司技术中心、清华大学建筑设计研究院、中国建筑材料测试中心、中国建筑第二工程局有限公司、中国建筑第八工程局有限公司、西安建筑科技大学、北京建筑大学、当代节能置业股份有限公司、北京建筑技术发展有限责任公司等单位给予的大力支持！

本书的主要编著人员还包括（按姓氏笔画排序）：于震、马素贞、马鸿雁、幺海博、王志、王昌兴、冯大阔、刘加根、刘寿松、刘俊梅、刘艳峰、牟艳君、李俊奇、李婷、李楠、杨玉忠、杨晓东、狄彦强、陈春虹、孟冲、赵建平、赵春芝、袁扬、贾岩、黄旭腾、曹勇、蒋荃、喻伟、曾宇、路宾、魏东。

本书诸多技术的研发和推广，汲取了大量业界专家、学者和技术人员的经验和成果，在此对在编写过程中给予我们帮助、提供宝贵资料的业界专家表示衷心感谢！并欢迎广大读者给予批评指正。

目　　录

第一部分　绿色策划

第二部分　绿色设计

第1章 公共机构建筑能耗与绿色建筑技术应用情况分析

"十二五"期间,我国总体建设完成约两千余家节约型公共机构示范单位,地域覆盖我国严寒、寒冷、夏热冬冷、夏热冬暖及温和地区,建筑类型主要包括政府机关、学校、医院、商业办公等。

1.1 不同气候地区不同类型公共机构建筑能耗分析

1.1.1 不同气候地区公共机构建筑能耗分析

1. 寒地地区

寒地地区包括气候区中的严寒地区和寒冷地区。

该地区能源形势较为严峻,相关研究表明,寒地地区的城镇建筑能耗已占到当地全社会总能耗的一半以上,且该地区公共机构建筑大部分为高能耗建筑。寒地地区的建筑能耗主要由供暖、空调、热水供应、炊事照明、电器设备这几方面组成,其中冬季供暖能耗占建筑能耗的大部分。冬季的冷空气对建筑物围护体系的风压和冷风渗透均对建筑物冬季防寒保暖带来不利的影响,尤其寒地地区冬季季风对建筑物和室外小气候的威胁很大。因此在寒地地区通过人工进行室内气温的调节必不可少,其主要方式包括冬季需要注意自然采光(争取大量太阳辐射得热)、建筑保温,以及必要的通风换气;夏季则需要考虑建筑防热(防止过多太阳辐射)和自然通风等。

寒地地区因其纬度较高,建筑墙面上接受到的日照时间相对较少,因而获取的太阳辐射量较低。不同朝向建筑外墙的日照时间有所不同,也造成了建筑供暖能耗的差别。因而寒地地区建筑应尽量获取太阳辐射,充分进行建筑形态的合理性设计,将太阳辐射能利用最大化。

寒地地区外墙具有较大的节能潜力,外墙节能的关键问题,在于提高建筑物的外围护墙体的保温隔热性能,从而大幅度降低建筑物采暖能耗。外墙外保温是在墙体外侧设传热系数很小的保温层,通常采用保温性能良好的保温绝热材料,如聚苯板、聚氨酯、岩棉等。外墙外保温体系有效减少了冷热桥,不影响建筑室内使用空间,保温效果较好,在我国寒地地区得到了普遍应用。然而,外墙外保温的施工工艺复杂,施工质量难以保证,保温层极易开裂或脱落,并且耐久性及防火性能较差。外墙内保温是在墙体内侧设保温层,该种保温体系安全性及保温效果比外保温好,造价低,施工质量容易控制。但是,由于外墙内保温体系存在冷热桥问题及二次装修问题,而且会占用更多的室内空间,故在我国应用并不普遍。外墙自保温是无需在墙体内外侧设保温层,采用节能型墙体材料及配套专用砂浆,通过一定的建筑构造即可达到规定的建筑节能要求。外墙自保温体系解决了外保温体系的安全性问题,更可以解决耐久性及防火问题,而且具有施工方便、便于维修改造和保持与建筑物同寿命等特点。

1

寒地地区除应提高围护结构的保温性能外，还应减小建筑的体形系数。体形系数增大会使外围护结构面积的增加，提高传热耗热量，导致建筑物耗热量指标增大。研究结果表明，在建筑物各部分围护结构传热系数和窗墙面积比等条件不变的情况下，耗热量指标随体形系数呈直线上升。

2. 夏热冬冷地区

夏热冬冷地区气候特点为夏季太阳辐射强，连晴高温，且湿度大，空调降温期较长；而冬季湿冷、太阳辐射弱，昼夜温差小，因此该地区的建筑既要进行夏季防热除湿，又要有一定冬季保温措施，其建筑能耗包括了大量的夏季制冷降温和部分的冬季供暖能耗。

夏热冬冷地区的公共机构应进一步提升外围护结构的保温隔热性能，对于该地区的建筑，在注重冬季保温的同时，也不能忽略夏季隔热的重要性；应提升外墙、屋面和外窗等围护结构的性能，采取遮阳技术，并加强外窗的镀膜、贴膜以减少夏季室内得热。

目前该地区多数公共机构不采用供暖系统，而空调系统的节能技术可针对冷源机组的高能效设计及控制方法进行重点提升，比如采用变频技术对冷源机组或风机水泵等输配系统进行部分负荷状态下的运行优化，安装新风热回收装置，选择性能系数较高的机组设备，用地板辐射供热制冷等。

建筑规划布局、建筑构造、太阳辐射、自然通风等设计、热岛效应以及建筑室内绿化环境设计等，对于夏热冬冷地区建筑节能来说也十分重要。

3. 夏热冬暖地区

我国的夏热冬暖地区是中国社会经济发展最快的区域之一，同时也是建筑能耗最多的区域之一。

夏热冬暖地区大多属于热带或亚热带的季风海洋气候，冬季很短，甚至几乎没有冬季，基本不考虑冬季保温。而夏季漫长，由于日照时间长，太阳辐射强烈，且雨热相伴。因此，防热、除湿以及加强过渡季节自然通风等是该区域建筑节能的重点内容。由此可见，该区域的主要建筑能耗产生于夏季制冷降温。

夏热冬暖地区的公共机构建筑节能主要通过以下几个途径实现：（1）提高建筑外围护结构保温隔热性能；（2）提高供暖空调设备能源效率；（3）利用建筑遮阳减少辐射；（4）利用自然通风改善室内环境。

4. 温和地区

过去，温和地区的建筑节能工作没有得到足够重视，也没有针对该地区气候特征的节能建筑设计标准。温和地区冬温夏凉，冬无严寒，夏无酷暑，办公建筑冬季一般不采暖，夏季隔热措施也仅停留在开窗自然通风的层面，因此其单位面积能耗较小。

温和地区建筑设计中往往不考虑围护结构保温的问题，然而随着社会的发展以及人们对室内环境舒适度（即"建筑环境指标"）的要求越来越高，配置有空调系统的公共机构建筑大量增加，对节能措施和方法也提出了新的要求。

为了使建筑提高室内热湿环境、减少建筑能耗，有必要在温和地区的外围护结构中采用节能技术。温和地区需要考虑的是夏季隔热的问题，兼顾冬季保温。建筑的用途不同也会对墙体提出不同的要求。对于仅白天使用（如学校、办公楼）和昼夜使用（如医院）的建筑衰减值不同，屋顶迟延时间不同，应该要注意采取不同的隔热措施。此外，需要加强屋面绿化及西墙的隔热。在围护结构中，屋面与西墙是受太阳辐射最多、最强，受室外综合温度作用最大的部分，因此这两个部位是建筑隔热要求最高的部分。

在温和地区建筑总能耗计算中，基础建筑照明系统能耗占总能耗的比例为30％～60％。因此，采用节能环保的照明系统具有十分重要的现实意义。可以通过选择合理的照明方式，选用高效的电光源照明灯具来实现。

1.1.2 不同类型公共机构建筑能耗分析

1. 对行政办公建筑能耗的分析

（1）行政办公建筑能耗现状

行政办公建筑由于结构和用途的特殊性，往往是耗能大户，这类建筑的节能潜力亟待挖掘。行政办公建筑的平均电耗水平与经济发展水平、气候条件等因素有关。根据大量的行政办公建筑分项电耗实态调研数据分析可知，办公建筑中办公设备、空调设备和照明设备耗电量占总耗电量的66％以上，由此可见空调系统和办公设备、照明设备的节能在降低建筑运行能耗方面具有决定性作用，是降低行政办公建筑能耗的关键所在。

（2）行政办公建筑用能存在的问题

行政办公建筑人员固定，使用者文化素质普遍较高。办公时段和区域划分明确，区别于其他公共机构建筑，行政办公建筑用能存在的问题主要如下：

1）设备专业设计存在不合理

近些年，该类新建和既有改造的行政办公建筑外围护结构基本上达到了国家现行节能标准。在空调制冷方面，办公建筑的制冷系统运行时间比较固定，夜间基本处于待机状态，能耗很小。然而，由于空调系统在设计时，考虑到夜间运行等安全附加系数，通常选取的空调冷负荷设计值偏大，从而导致装机容量偏大、管径偏大、水泵选型偏大、末端设备偏大。机组设备在白天工作时间内大部分处于部分负荷或低负荷运行的工况下，导致初投资的增加和后期运行能耗增大。照明设备的选择对于能耗的影响也很重要，由于我国的行政办公建筑设计和室内设计一般实行分开招标投标，由不同的设计单位进行设计，大多数室内设计单位对于照明设计只注重美观，对节能设计考虑较少。部分办公建筑中仍然使用传统的荧光灯和白炽灯，或者灯具的选型都偏大，超出了所需要的照度要求，造成了照明设备能耗的增加。这种"大马拉小车"的现象普遍存在，造成了能耗的增加。建筑用能系统的设计与设备选型对后期的运行能耗有着十分重要的影响。

不同的冷源形式在对于能源的利用方面各有其优缺点，冷水机组耗电量高，但其利用的是二次能源，效率较高。直燃机组主要利用的是天然气，属于一次能源。所以，单纯考虑这两种冷源的差别意义不大。此外，虽然地（水）源热泵机组的COP值较高，但是这种系统的地域限制较大，并且从长远角度考虑，吸放热量的平衡，地下水源的回灌等问题若不能很好解决，这些也会增加附加的能源消耗与破坏。所以，在空调采暖系统设计中对后期运行能耗影响最大的因素是能否选择与实际工况大小相匹配的设备。

2）使用运行不当

首先，对于空调通风系统，大多数行政办公建筑物末端装置均采用可调性很好的风机盘管或者变风量系统（VAV），部分使用者将室内温度调的偏离设计值较多，或者末端装置在无人时段或无人区域继续运行，造成能源浪费。

过渡季时，建筑空调系统充分利用室外新风或者自然通风运行，可以大大降低空调系统能耗。然而，部分办公建筑采用玻璃幕墙结构，过渡季不能利用自然通风，或者在新风机运行时不能充分利用室外新风。此外，有的使用者在空调系统运行的同时开门开窗，导致新风量过大或开启过多。这些使用不当或非节能行为都会增加通风系统的能耗。

其次，照明设备能源浪费的现象普遍存在。据调查，大多数的办公建筑灯具全天候开着，没有充分利用自然采光。在无人区域或者是无人办公的时段，照明设备仍然开启，没有关闭或进入节能模式。

最后，在无人工作或使用时，办公设备仍然正常工作，没有让其待机或关闭，势必会造成电能的浪费。

3）节能意识薄弱

大多数行政办公机构都设置了专门的节能管理部门和相应的节能管理制度，还定期对建筑能耗进行分析。但是，这些节能规章，只是被规章制定者和能源部门的中高层管理者所认知，而对大部分的基层使用与管理人员来说，节能降耗只是一种单纯的宣传口号，他们并不完全能够意识和注意到哪些使用习惯会导致能耗增加。

（3）行政办公建筑节能潜力

公共机构办公建筑具有很大的节能潜力，在做好设计与硬件维护的基础上，用能系统的使用和管理以及使用者的行为习惯对办公建筑的节能十分重要。节能工作不仅需要建筑能源管理人员的重视与实施，建筑使用者的节能意识，对建筑的整体节能工作有更加重要的作用，因此需要同时积极开展建筑节能行为的宣传工作，使建筑管理者和使用者共同推进办公建筑节能工作的进一步深化。

具有照明节能优化潜力的公用空间一般为：门厅、会议室、报告厅、员工餐厅、电梯厅、卫生间、走廊七个重点空间。可以根据建筑内的不同场所，选用不同的控制方式：一般办公场所采用就地直接控制，并宜按平行外窗方向顺序控制灯具；走廊、电梯厅等公共部分的照明可采用就地直接控制，并可纳入楼宇控制系统进行集中管理，有条件的还可以采用智能照明控制系统进行更全面、更灵活的节能控制。

办公建筑空调系统也具有很大的节能潜力。所以，采用高能效的空调设备，根据季节和室外温度变化采取不同的节能运行模式，加强空调系统维护，保证系统处于最佳运行状态；过渡季节全新风运行、冬夏季合理控制新风量，以降低新风系统运行能耗；优化空调系统的分区设计，在提高空调系统控制水平的同时满足办公人员舒适性要求。

2.对高校建筑能耗的分析

高等学校的教学建筑主要包括一般性教学建筑、专业性教学建筑、科研性建筑和实习基地建筑四类。一般性教学建筑指以普通教室为主的公共教学楼；专业性教学建筑主要指各种实验室和专用教室；科研性建筑是指高等学校建造的独立的科学研究建筑，供专职研究人员、教师做研究工作之用，也作为学生和研究生进行教学实验和研究实验的场所；实习基地建筑则是结合学科专业的特定技能训练需求或产学研结合的特定发展目标所建设的实训实践场所。

（1）高校建筑能耗现状

高校建筑集教学、科研、办公和生活于一体，拥有多种建筑形式，是能耗大户。我国高校数量已超过 2000 所，根据相关调查统计，目前我国高校总能耗高达 220.35 万 t 标准煤，全国校园能耗占到社会总能耗的 8%，人均能耗是全国平均值的 4.9 倍，可见高校建筑存在较大节能潜力。

1）高校建筑的运行特点

高校的运行特点决定了其能源消耗呈现出较强的周期性、阶段性。从全年各月能耗水平来看，固定的寒、暑假使得每年的1～2月、7～8月为学校的用能低谷期。

从全天能耗水平来看，不同类型功能建筑全天用能差异较大，如宿舍楼和教学楼的用能时间就截然不同。

2）高校能源消耗比例

对于北方高校，供热系统占总能源消耗比重大。根据资料显示，高等院校供热系统能耗占学校综合能源消耗量的比例平均为60%～70%。

对于南方高校，空调能耗占据了很大一部分。相关资料显示，首先高校电耗（包括照明、设备、试验仪器）占据了49%，是高校能耗的主要部分；其次为空调冷耗，达到了37%；剩余的水耗、电耗占14%左右。从中可以发现高校建筑节能的重点是供热空调系统以及电耗设备。

（2）高校建筑用能存在的问题

1）建筑供热系统存在的问题

首先，锅炉热效率普遍偏低，造成了大量的能源浪费。燃煤锅炉房的锅炉热效率平均在50%，燃气锅炉房的效率普遍在80%运行。能源利用率有较大的提升空间。

其次，管网损失较大、存在水力失调现象。管网热损失主要包括管网散热损失、管网水力失衡热损失、失水热损失等。由于管网水平和建设年代不一样，其热损失差别较大，一般来说高校供热一次管网与二次管网总年度热损失占供热总损失的35%到50%之间，难以达到相关管理部门对供暖系统的管网热损失应小于35%的要求。

最后，分时分区未普遍应用。供暖期间，大部分高校未对不同的用能区域（教室、实验室、宿舍、办公楼等）采用合理的供暖分配方案。缺乏必要的、有效的调节控制设备，使得部分建筑在夜间、周末、假期等不需要很高的供热要求的时间仍照常运行。

2）照明系统存在的问题

照明用电量偏大，校园电网亟待改造，用电定额及收费管理制度尚不完善。

灯具种类繁多，多为低效光源。各高校使用的光源类型有白炽灯、直管荧光灯、环管荧光灯等。针对北京高校照明的相关调查显示，直管荧光灯占总比例的76%，而其中T8卤粉直管荧光灯占直管荧光灯比例的89%以上。这种日光灯与T5电子式节能灯管相比能耗较高，T5电子式节能灯管可比T8传统灯省电30%以上。大部分学校照度没能满足300lx的标准要求，说明大多数学校使用的依然是低效光源。

3）节能管理存在的问题

高校学生生活用电偏高，存在用电浪费现象。大部分高校的节能管理较为粗犷，管理机制不完善。传统的高校能源管理对各类用能部门之间没有区分，定额管理和收费机制不完善，使用者缺乏主动节能意识，造成不必要的浪费。

3. 对医院建筑能耗的分析

医院建筑是具有特殊用能特点的公共机构。根据调查结果，医院建筑的用能情况及普遍存在的问题亟待分析和总结。

（1）医院建筑总能耗现状

依据上海市发布的《市级医疗机构建筑合理用能指南》DB31/T553—2012，目前市级综合医院的单位建筑面积综合能耗指标合理值及先进值如表 1-1-1 所示。

综合医院建筑面积综合能耗指标合理值及先进值   表 1-1-1

类型	单位能耗[kgce/(m²·a)]	
	合理值	先进值
单位面积床位≥100m²/床,单位面积门急诊人次<20 人次/ m²	≤71	≤58
单位面积床位≥100m²/床,单位面积门急诊人次≥20 人次/ m²	≤76	≤59
单位床位面积<100m²/床,单位面积门急诊人次<20 人次/ m²	≤77	≤60
单位床位面积<100m²/床,单位面积门急诊人次≥20 人次/ m²	≤81	≤62

对比星级饭店、大型商业建筑、市级机关办公建筑和高校建筑合理用能指南，仅大型商业建筑的综合能耗指标高于医院建筑，其他类型建筑的综合能耗指标均低于医院建筑，可见医院建筑存在很大的节能潜力。

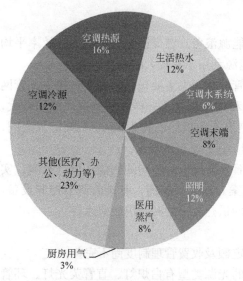

医院建筑的用能系统种类相对其他类型建筑更为全面，涵盖了空调供冷及供暖、生活热水、照明、医用蒸汽、动力、食堂炊事、医疗设备、办公设备等，基于 30 家以上综合性医院的节能改造及节能诊断工作，综合性医院的分项能耗现状，如图 1-1-1 所示。

从以上分项能耗图中可以看到，在医院总能耗中，空调系统能耗（包括空调冷源、热源、水系统、末端）约占 42%；生活热水系统和照明系统能耗，约各占 12%；另外，蒸汽系统能耗也占到 8%；剩余的医疗设备、办公、动力等系统占全院能耗约 23%。从中也可以得到结论，医院建筑的节能重点主要是空调系统、生活热水系统、照明及医用蒸汽系统。

图 1-1-1 综合性医院分项能耗现状饼图

（2）医院建筑用能存在的问题

医院建筑的功能类型较多，如住院楼、门急诊楼、医技楼、行政楼、后勤楼、食堂和宿舍等，掌握不同功能类型建筑的能耗特点，是有效开展节能工作的前提。近年来开展的大量医院建筑的节能诊断工作，积累了宝贵的医院建筑用能情况的第一手信息资料，将医院建筑用能存在的主要问题总结如下。

1）医院建筑在冷、热源方面存在的问题

供暖空调水系统水力不平衡。供暖空调水泵多数以定流量运行，输送系数（单位水流量的水泵能耗）高于节能标准规定。

2）医院建筑在末端系统方面存在的问题

大多数医院存在盲目提高冬季室内温度的现象，室内温度不能与气候环境相匹配。新风系统基本不可调，无热回收装置。风机盘管水系统未设置电动两通阀。风机功耗过大，无变频措施。

3）医院建筑电气、照明及办公设备存在问题

变压器负荷率偏低，空调控制系统不完善，未使用高效节能灯具。建筑的楼宇智能化水平较低，大部分仍只是局限于安防、门禁系统，而对于建筑内其他机电设备（空调、照明、给水排水等）基本无有效智能控制系统或控制系统处于瘫痪状态。

4）医院建筑在围护结构方面存在的问题

还有一些既有医院的围护结构保温隔热性能没有达到现行节能标准，为追求外立面效果，有些医院采用大面积的透明玻璃幕墙，造成围护结构的保温性能欠佳，大多数医院没有采用外窗遮阳。

5）医院建筑节能管理环节方面存在的问题

未根据不同功能类型建筑或房间使用时间对空调系统进行分区、分时管理；部分冷冻水经未开启的冷水机组旁通；辅助房间（库房、卫生间等）温度设置标准偏高，造成能源浪费；办公人员行为节能意识不强。

1.2 公共机构绿色建筑亟待解决的系统性问题

1.2.1 绿色建筑设计咨询存在的问题

1.有关绿色建筑应用被动式技术的问题

当前，我国有些公共机构建筑设计没有从规划设计和被动式建筑设计的源头出发。实施绿色建筑规划的先决条件是搞清楚本土元素，我国地域辽阔，建筑气候分区跨度很大（严寒地区、寒冷地区、夏热冬冷地区、夏热冬暖地区、温和地区）。所以，根据建筑所处的气候区采取不同的规划方法和技术措施非常重要。

例如北方寒地地区首先应考虑如何通过规划解决建筑能够获得更多的日照，而南方地区要考虑更多的遮阴和建筑群体的通风问题。实际上，这就是被动式设计的一部分，被动式设计必须将生态规划设计、建筑设计和提升建筑性能有机结合。

被动式设计 Passive Building Design 就是顺应自然界的阳光、雨水、风力、气温、湿度等自然资源，充分利用这些自然元素，少耗能或不耗能，以规划、设计、环境配置的建筑手法来改善和创造适用的室内环境，利用被动式方法调节室内环境。

被动式设计包括了三个方面的内容，即被动式建筑设计、被动式技术设计和建筑环境美的创作，其技术构架和相互关系如图 1-2-1 所示，这是一个整体思维、关联贯通的设计理念。被动式建筑设计涵盖场地设计、形体设计、围护结构设计和采光通风设计。被动式技术设计涵盖直接受益式太阳能利用、附加受益式太阳能利用、通风导风与蒸发冷却、建筑遮阳与光导利用、围护结构高气密性构造与材料复合集成、墙屋面绿植等一系列技术措施。

我国大部分地区的春秋季节完全可以在不消耗任何能量的前提下，采用自然通风取得良好效果。但是夏季应该区别对待，此时室外气温高于室内，自然通风会造成热风进入室内。但在夜里，建筑物却可利用室外冷空气排除室内热量。合理利用阳光能源、自然通风、自然采光等被动式设计手法是重要的绿色建筑措施手段，一定要活用这些措施。

2.建筑造型的规整性与建筑美的创作问题

很多公共机构追求造型的创新和标志性，造成建筑形体过于复杂，而建筑体形对建筑

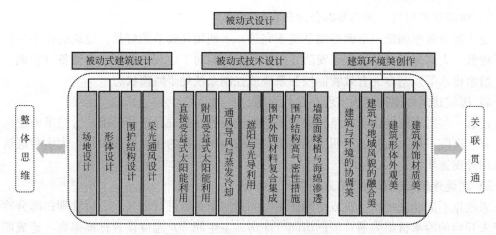

图 1-2-1　被动式设计技术构架

采暖能耗的影响很大。建筑体形系数越大，单位建筑面积对应的外表面面积就越大，相应建筑物各部分围护结构传热系数和窗墙面积比不变的条件下，传热损失就越大。所以应控制建筑的体形系数，是为了减少建筑的热损失。一般来说单位建筑面积对应的外表面积越小，外围护结构的热损失越小，因此，从降低建筑能耗的角度出发，应该将体形系数控制在一个较低的水平。

我们也要把建筑环境美的创作包涵在绿色建筑设计之中，绿色公共机构不是一个个的方盒子，它首先是"美"的，这种美是环境与建筑协调和融合的美。美国夏威夷大学制定的《美国生态建筑挑战设计标准》六项指标中（场地、能源、健康、材料、公平和美）就把"美"作为一项重要的评价指标。所以，美的创作同样是绿色设计的重要组成部分，我们不能把它与绿色建筑设计和技术设计割裂开来。例如，可以通过建筑的形体塑造达到建筑自遮阳和导风的作用。还有，为达到建筑创作效果，利用可再生材料的可塑性创作出天然用材无法达到的艺术效果，这样的设计方式实际上也都是被动式设计的一部分，如图1-2-2所示。

图 1-2-2　可再生材料外墙设计效果图（左）与实物图（右）

3.绿色建筑集成技术的权衡分析与应用问题

当前，有一些绿色建筑变成了技术的叠加，而不是集成。集成技术是在发生矛盾的时候如何科学逻辑地思维，做出决策。即针对不同功能建筑，要根据当地情况和建筑功能综合考虑采用何种技术和相应的技术措施。

当前，很多的公共机构为了追求造型的新颖，大量使用玻璃幕墙，造成运行成本很高。在建筑的外窗（包括透明幕墙）、墙体、屋面三大主要围护部件中，窗（包括透明幕墙）的热工性能最差，是影响室内热环境质量和建筑能耗最主要的因素之一。建筑外窗除了对室内热环境和空调负荷影响很大外，对建筑室内采光影响也非常大，从采光的角度出发，希望增大外窗面积，透过窗户进入室内的太阳光越多越好，有利于保证室内光环境的舒适性，但从节能考虑，又必须控制开窗面积，考虑到改善房间自然采光条件以及节约照明能耗，又要兼顾减小外窗的热损失。因此，控制公共机构建筑外透明幕墙面积不得超过外墙面积的 80%，是提高围护结构性能的有效手段。

4. 建筑性能与节能的耦合关系问题

绿色建筑应从使用者（人）的角度出发，从提高室内外环境的舒适度，满足使用者多方面需求出发，以提升城市和建筑品质为本源。这与我们为了凑足分值煞费苦心地拼凑技术措施，采用行政强制手段进行推广完全不同。

绿色建筑注重设计细节，特别注重人的感受，是从使用者、市场需求和生态环境的本体出发提升建筑品质。其技术措施的采用主要以提高使用者的舒适感和建筑品质为目的，而不是简单进行技术措施的堆砌。

建筑性能既包括了使用者的感知性能，如热湿环境的舒适度、风环境舒适度、光环境舒适度、声环境舒适度、健康新风量、阳光日照舒适度、室内污染物浓度控制、空间尺度的舒适度、环境美感等，也包括了建筑使用性能，如建筑防水性能、围护结构内表面温度、无障碍性能、功能便捷性能、排水性能等。只有这些有关空间利用、审美文化、舒适感知和使用性能等多方面性能不断满足使用者日益提升的需求，才能使绿色建筑"看得见，摸得着"，易于为使用者所感知，从市场角度激发了市场主体的积极性和主观能动性。这种品质的提升实际上是人的生活品质提升，而对于给使用者提供生活和工作场所的建筑来说，就要从方方面面满足这种品质提升的要求。

但要满足以上建筑性能要求，必然意味着要增加能耗，使用者对生活品质要求越高，其耗能量越高。所以，节能是一个相对值，建筑性能与节能之间存在耦合关系，节能是一定时期，一定舒适度要求的前提下的节能控制值。同时，这种舒适度还包括了对环境美感的认知，空间尺度舒适性等感性的因素，这是一种非常复杂的耦合关系。

建筑节能是在满足人的舒适度前提下，通过提高建筑围护结构性能，提高设备能效、提高可再生能源的利用效率和提高运行管理质量所达到的综合效果，并通过各种技术措施降低其建筑运行成本和维护成本，达到提高能效，降低能耗的目的。

5. 人性化品质提升与绿色建筑的关系问题

我国的绿色建筑还应体现在人性化和精细化细节方面的提升。精细化设计并不是简单地停留于尺寸和空间的精细化，而是渗透于建筑部品部件生产制造、建造、运营和拆除的方方面面，以及使用者在使用过程中和生活行为中的点点滴滴，这是产业转型升级所带来的成果，这就是为什么要转型升级的根本目的。

例如，斯坦福大学和科罗拉多大学伯尔德分校为保证每个"有障碍"的师生均能够到达各类室内外场所，所有新老建筑的室内外各类场所（包括：通道、电梯和厕所等）、停车场和道路等处均设置了无障碍设施、电动开启门扇、标识和提示，使整个校区内的无障碍慢行系统连续贯通。该绿色校园并没有采用很多先进的技术设备和系统，但这些以人为本的设计手段就是构成绿色校园的技术措施。

华盛顿获得 LEED 白金级标识的 1200 Seventeenth 办公楼项目，从实用功能上满足使用者需求的每一个细节，甚至像工位摆放、柱网模数、开窗位置和外观视线这样的细节，都是他们绿色设计的一部分。此外，以华盛顿 Marriott 酒店（金级 LEED 认证）为例，所有的高差处都设计成富有情趣的坡道空间，其客房内的家具、扶手、门体、开关插座和洁具部品等都考虑了不同年龄段和不同身体状况客人的通用性使用需求。

要想提高社会化服务水平就必须将公共机构的公共服务功能与人性化性能提升紧密结合，绿色建筑发展最终要归结于绿色文化的形成，而这种文化的基础就是城市和建筑人性化品质的提升所带来的人民生活品质的不断提升。

这些人性化的细节包括了与服务内容相配套的城市和建筑各类设施、标识、家具、器具、辅具、色彩、挂件、按钮等细节设计，如卫生间所配置的无性别卫生间、无障碍（老年人）厕位、儿童厕位；公共建筑所设置的无障碍电梯、无障碍餐位、无障碍观演席位、无障碍客房、各种助力和辅助器具和相应的引导标识等；城市公共空间和旅游景点中与景观相结合的坡地形或坡道设施。

1.2.2 绿色建筑建设管理存在的问题

1. 全过程设计与咨询割裂存在的问题

当前，我国绿色建筑设计和咨询发展普遍存在以下问题：

我国的绿色建筑设计与咨询基本上是一种后评估行为，建设单位、设计单位或施工单位所关心的是"过了没有"，甚至是为了得到高分，想尽办法凑分。这也是为什么我国大多数项目只作设计标识，而没有作运行标识的原因之一。

当前，我国绿色建筑的实际牵头者是所谓的"咨询人员"，作为项目统领的建筑师却没有发挥应有的主导作用。这与我国长期分割管理的建设方式有关，使得建筑师们对此既不感兴趣，也无法牵头组织。出现了"咨询人员"对评价标准背得"很熟"，对如何组织设计、施工建造和运行管理完全不明白的人给建筑师和设计师们进行辅导的"怪现象"，使得评价分值和指标成了绿色建筑的核心要素。

有些建设单位根本就不了解绿色建筑的实质是提升建筑的品质和性能，而不是简单的节能，而很多行政和行业管理的管理指标和考核指标仍然以节能率进行考核，对绿色发展的实质、内涵和外延还没有真正的理解。

由于我国长期割裂的行业管理模式，致使设计、施工、采购和运营完全割裂，施工图设计中甚至不包括装修和场地景观设计，只设计了空壳的"毛坯房"，项目建筑师不是总负责人，业主单位的设计部却成了设计总承包的负责人。设计的前期阶段根本不管材料选择、诸多的专项设计以及后期施工建造的事，更说不上对运营的思考。

由于我国建设项目一旦立项后，其推进速度很快，设计审批基本是以建筑形体造型为主。对于建筑性能、舒适度和节能运行等前期策划基本是一种感性的分析，流程式的技术罗列和绿色建筑的预评分。建筑师们虽然已有了绿色建筑的基本理念，但缺乏理性的数据支持，只能停留在讲概念的阶段。造成了前期缺少建筑方案设计阶段的技术集成策划、性能数值分析和成本预测，本应在前期的模拟都变成了后期评价的模拟补充材料。造成了建筑师们平行罗列技术措施，以节能目标代替性能指标，以设计评价和技术集成代替实效。绿色建筑以人为本，而不是以建筑物的数值为本，不断提高城市环境品质、建筑性能和舒适度才是绿色建筑的本源。

为适应不同的地域气候，绿色公共机构建筑设计的协同设计方式与传统方式在组织管理、协同流程上有较大区别。传统的垂直单向工作方式不能很好地支撑绿色建筑设计新方法的协同要求，应结合建筑师全过程咨询的国际通行工作方法，提出基于地域气候适应型绿色公共机构建筑设计新方法的项目协同方式和协同设计流程；研究适用于绿色建筑设计全过程协同技术，开发绿色建筑多主体全专业的开放式协同设计平台，建立协同平台的交互操作和运行模式，实现绿色建筑设计多主体全专业的协同应用。

因此，要结合绿色公共机构建筑设计协同方式要求，建立项目前期针对建筑全寿命期的环境品质、建筑性能、建造成本、可持续运营等多主体协同的绿色策划和专项咨询分析流程和动态交互接口。建立绿色公共机构建筑设计全过程中多主体全专业协同设计的关键绿色技术管控节点、动态交互主要内容和节点以及环境数字模拟和集成技术等交互接口，制定全过程设计时段全专业协同设计的流程。结合对我国工程总承包管理机制的探索，建立绿色建造全过程多主体全专业协同的优化设计、节点深化、建材比选和设备选定的协同工作方法、管控节点和工作流程。建立项目绿色协同设计后评价流程，针对项目运营后的建筑环境品质、建筑性能以及可持续运行状况等设定多主体多角度的评价要素和流程。

2. 缺少工程总承包深化设计所存在的问题

国外是方案设计通过竞标完成后，由方案设计事务所完成"契约图"，也就是深化的方案设计。工程总承包单位拿到"契约图"后开始投标，实际上是工程总承包单位的各种优化和深化设计能力、建造技术方案和采购资源的技术与资源的竞争。项目中标后，实行建筑师负责制，与建筑师合作，由建筑师组织系统技术设计，深化施工图则由工程总承包单位完成。

由此可见，国外的建造细节和技术提升是由市场"逼"出来的，而我国施工图是由设计院完成，施工单位是在同一套图纸上比谁能"打折"和谁能"走关系"，形成了技术含量越来越低，技术创新越来越弱的局面。更为严重的是导致了多年以来，建筑产业化无法实现、建筑行业无法转型升级、与国际接轨无法实施、资源节约无法得到体现。

当前我国公共机构的建设具有以下特点：首先，建设决策和建设周期很快，公共机构的建设无法适应较长时间的论证与策划过程，大多数公共机构的建设决策仍然以主要领导的决策为主导。其次，长期的工程建设各产业链之间相互处于割裂状态，其工程总承包的建设模式还没有形成，各工程总承包企业专业人员专业能力和素质不足，设计深化实际无法实施。一些设计人员不理解什么是深化设计，更缺少总体工程总承包牵头专家人才。最后，建筑师责任制至今没有真正实施，建筑师的执业范围、意识和权利等都还没有与绿色建筑的多主体协同的总承包机制相协调。

而绿色公共机构建筑的核心是建筑师专业团队牵头的工程设计总承包，设计总承包就意味着要包括深化设计和建造甚至是运营的技术咨询等诸多的技术服务内容，见图1-2-3。如深化设计的内容就包括了：外围护结构关键节点深化、构件模数模板深化、设备末端安装深化、专项设计交接点 BIM 交互、外饰用材及节点深化、室内部品部件深化、设备能效优化深化、标识导视和无障碍深化、试运行综合调试设备选型深化等等大量的技术咨询工作。

（1）当前，公共机构建筑方案完成后，百天内就要完成方案深化、初步设计概算审

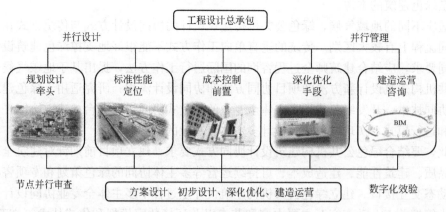

图 1-2-3　工程设计总承包内容

查、施工图设计，以及装修和景观的深化对接。而哪些可以省钱，哪些不能省钱，什么材料可以替代，建筑师最明白。所以，要做到成本管控前置，总承包项目招标投标阶段，就要根据招标阶段设计深度提前介入成本管控，比传统项目根据施工图进行招标的模式，更能有效增大成本管控力度及空间。要根据投标限价和招标文件约定的项目交付标准，对项目的功能和投资进行分解，分析确定分项投资限额，根据限额指标优化设计标准，确定限额设计任务书、主要设计指标及影响成本的重要专项技术方案。

（2）绿色建筑设计需要通过系统的优化设计分析和不同阶段的深化来完成，建筑师采用被动式节能设计方法，以及与装修相结合的照明优化，围护结构构造节点、体型和窗墙比优化，系统选型优化等保证项目的节能实效。并要做好项目品牌产品库的性能咨询和成本测算，编制初步设计阶段详细的项目实施设计说明书。各种设备预留、管线接口、工序顺序、产品标准等进行有效的控制（BIM 手段控制）。只有这样，才能做到最少量的拆改变更。

（3）有些建设单位不了解绿色建筑的实质是提升建筑的品质和性能，而不是简单追求节能率。而很多行政和行业的管理指标和考核指标仍然以节能率进行考核，对绿色建筑的实质、内涵和外延还没有真正的理解。所以"节能建筑与绿色建筑不能混淆"，忽视使用模式、运行模式、服务水平等诸多因素，会造成节能的误区，考虑包括人的行为在内的（建筑物的）各个方面因素，提高能效降低能耗，才是建筑节能的最终目标。

多主体全工程时段协同工作的设计总承包工作方法见图 1-2-4。

3. 缺乏建设全过程调适工作所存在的问题

当前，我国公共机构建设管理体制和招标投标机制，决定了项目建设的管理模式是由设计院进行设计、建设单位负责订货、施工单位组织安装，其建设主体由多方构成。在空调设备、电气、控制专业结合的分界面上经常出现脱节、管理混乱、联合调试相互扯皮，调试困难的现象；随着建筑各子系统日益复杂，子系统之间关联性越来越强，建筑设备系统的复杂性和绿色建筑系统精细化调适的要求，使传统的调试体系已不能满足建筑动态负荷变化和实际使用功能的要求。

建筑设备系统包括暖通空调系统、电气系统、给水排水系统、智能化系统等。综合效能调适是保证建筑设备系统实现优化运行的重要环节，避免由于设计缺陷、施工质量和设

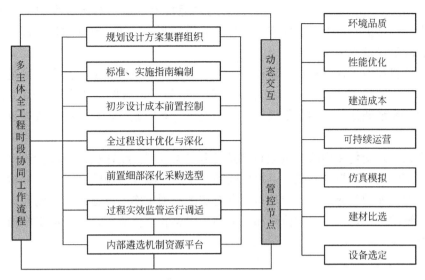

图 1-2-4 多主体全工程时段协同工作的设计总承包工作方法

备运行问题，影响建筑的正常运行。因此，为了确保公共机构建筑设备系统能够达到建设预定的要求，以使用要求为主的调适过程必须建立新的具有针对性的综合效能调适体系和工作方法，使得设备系统满足各种实际运行工况。综合效能调适的主要目的包括：验证设备的型号和性能参数符合设计要求；验证设备和系统的安装位置正确；验证设备和系统的安装质量满足相关规范的具体要求；保证设备和系统的实际运行状态符合设计使用要求；保证设备和系统运行的安全性、可靠性和高效性；通过向业主的操作人员提供全面的质量培训及操作说明，优化操作及维护工作。

所以，调适作为一种质量保证工具，包括调试和优化两重内涵，是保证建筑系统能够实现节能和优化运行的重要环节。系统调适可以确保一个建筑在它生命周期的一开始就运行在最佳状态，并在它的整个生命周期中维持这种状态。系统调适跨越整个设计与施工和竣工交付过程，理想的情况下，它应该开始于方案设计阶段。在设计阶段，调适顾问将调适要求在设计中予以体现；施工过程中，调适顾问负责检查设备的安装；在验收阶段，调适顾问协同整个调适团队进行严格的性能测试；在调适结束与交付时，调适顾问还要完成系统运行的文档，并对整个物业进行建筑运行与维护的培训。

在新建公共机构项目的设计阶段就开展调适工作，提前发现潜在的问题，在设计阶段就解决，而不是留到施工阶段，不仅减少了项目变更和返工，还保证了项目的进度和预算，能显著节省开支。

系统调适可以改进多主体、多专业各团队成员间的协同交流。在整个工程实施过程中，调适团队定期举行调适会议，将以往各自为营的各专业工种协同工作，共同注重每一个细节及关键问题的沟通和解决。

系统调适最重要的一个目标就是减少建筑用能，最大限度地提升建筑能效。在设计阶段，调适的任务就是发现和纠正任何影响建筑能效的设计。在施工和验收阶段，通过专门的测试手段与调适技术保证设备的正确安装与正常运转，已达到所有设备之间的优化运行，从而最大限度地发挥整个系统的潜力。

系统调适可通过一系列的功能测试方法与调适技术（包括对运行维护人员的培训），来解决由设计与维护不当引起的使室内的环境品质问题。例如，空气质量达标、避免围护结构结露和降低设备噪声等。

　　很多公共机构由于预算有限，建设单位往往选择放弃系统调适。其实，这是得不偿失的。大量的工程实践表明，在没有做系统调适的工程中，后期整改变更和返工带来的损失，远远大于系统调适的费用。如果在工程早期进行系统调适，很多的整改与返工是完全可以避免的。

　　公共机构建筑交付使用前，试运行调适工作阶段应进行围护结构和设备系统（包括：暖通空调系统、电气与控制系统、可再生能源系统和监测与能源管理系统等）检测和综合效能调适。但当前的新建公共机构基本上没有实施这项工作。设备系统检测和综合效能调适是一项系统的工作，有专项的检测和调适专项内容和工作流程，其专项工作内容应由专业团队实施。

第一部分　绿色策划

第2章 公共机构绿色建筑策划与协同设计关键技术

2.1 公共机构绿色建筑设计要点与性能目标

2016年，国家机关事务管理局与国家发展改革委制定印发了《公共机构节约能源资源"十三五"规划》，为推动公共机构节能工作再上新台阶确定了全国公共机构人均综合能耗将下降11％、单位建筑面积能耗将下降10％、人均用水量将下降15％等工作目标。规划提出了"六大绿色行动"和"六大节能工程"为"十三五"期间公共机构的节能绘出了"路线图"。推动党政机关办公和业务用房、学校、医院、博物馆、科技馆、体育馆等建筑新建项目全面执行工程建设节能强制性标准和绿色建筑标准。推进既有建筑绿色化改造，组织实施既有办公建筑绿色化改造示范项目，中央国家机关本级进行大中修的办公建筑均要达到绿色建筑标准。推广太阳能光伏、光热等可再生能源应用，开展"互联网＋"分布式能源站建设；推广热泵技术，在具备条件的公共机构实施地源、水源、空气源热泵示范项目，提高可再生能源在能源消费总量中的比例，优化能源消费结构。

2.1.1 绿色建筑技术集成适宜性分析

公共机构能源消耗的其中一个重要组成部分来源于暖通空调能耗，这部分能耗与建筑所在的气候地区密切相关，一方面应提高能源系统的设备能效，而另一方面则应从围护结构的性能上降低基础的负荷需求。这三类公共机构存在很多共性的节能潜力，比如暖通空调系统的能耗偏高与暖通空调设备的能效偏低并存，建筑中天然采光的利用不充分与照明灯具的效能偏低并存，自然通风和遮阳的设计仍存在局限性，以及部分建筑的围护结构的性能需进一步提高。减少负荷需求是降低建筑中暖通空调能耗的根本，这正是目前所提倡的"被动优先"原则。因此，将被动式技术进行优化和集成是降低公共机构能耗的重要途径之一。

绿色建筑技术是以解决实效功能，提高使用舒适性和环境品质为前提，以全寿命期和全产业链的技术集成整合为手段，达到提高能效，降低能耗，提升性能和品质，最终达到建筑品质提升的目的。公共机构绿色建筑技术体系包括：绿色策划、绿色设计、绿色施工、绿色人文和绿色运营等方面的技术，这种全面的技术整合才能保证公共机构能够真正达到绿色建筑的要求，见图2-1-1。

1.关于公共机构绿色建筑技术集成体系的思考

（1）绿色建筑首先是以满足人的需求，以设计提升建筑和环境品质为本源。其出发点应该是从使用者（人）的角度出发，从提高其室内外环境的舒适度，满足使用者多方面需求出发，特别注重设计细节，特别注重人的感受，是从使用者和生态环境的本体出发提升建筑品质。这种品质的提升实际上就是建筑性能提升，而对于给使用者提供的公共机构场所来说，就要从方方面面满足这种品质提升的要求，这就是绿色建筑实质。

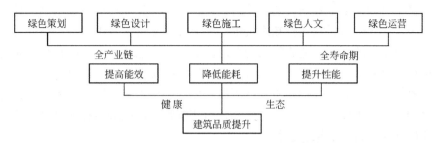

图 2-1-1　公共机构绿色建筑集成技术体系构架

（2）绿色建筑是建造质量和品质的综合体现。其建筑节能也是在满足人的舒适度前提下，通过提高建筑围护结构性能，提高设备能效、提高可再生能源的利用效率和提高运行管理质量所达到的综合效果。其资源的节约更是从提高建筑寿命的角度出发，在很多国家随处可见百年的建筑，这既是建筑品质和质量的提升，也是避免资源浪费的有效途径。

（3）绿色建筑是良好生态规划设计的综合体现。公共机构建筑适应地域环境的布局，绿植环境和水环境的规划，以及场地内雕塑小品、绿荫座椅、色彩配置、精致的路灯、人性化的无障碍设施和标识导示等都是公共机构绿色建筑的组成部分。

（4）绿色公共机构建筑还要体现对未来建筑发展趋势的引导。应体现由奢华享受的生活态度走向健康自然的一种文化现象。同时，也是对于未来技术引领的方式，我国应将此作为对外宣传中国文化自信理念和技术的一种引导手段。

绿色建筑的技术集成是一个方法学问题，不等于将各种"时髦的"的技术进行叠加就是"绿色建筑"。也就是说，技术集成需要一个更高层级的统领与整合过程——这就是建筑设计创作的统领与整合过程。所以，技术集成首先是结合不同类型的建筑舒适度和性能要求，制定以目标为导向的实施路径。其次，是通过建筑创作来将技术进行集成整合，其工作可分为四个阶段。

第一阶段工作是在制定了目标导向的前期下，制定相应的量化目标值。例如：在达到一定的空气温湿度、空气质量标准和可长久使用要求的前提下，实现多少节能效率的目标。第二阶段是制定任务书细则对建筑创作进行引导，并在方案设计创作的过程中构思哪些技术可以集成进去，这个阶段主要以被动式设计为主要内容。初步创作方案完成后可进行仿真模拟，再对建筑创作与被动式技术进行优化。第三阶段是在初步设计阶段，应结合项目的目标导向和所设定的节能目标值提出主动式节能技术的应用集成，分析其环境能源效率的优劣以及运营成本和效率。第四阶段，在施工图设计中要提出与所采用的技术集成所对应的实施策略和相应运行管理手段，其技术优化集成工作路径和方法见图 2-1-2。

图 2-1-2　技术优化集成工作路径和方法

据资料显示可知，由于我国长期的建筑设计、室内设计、环境设计与施工建造处于各自的割裂状态，建筑师对后期运行知之甚少。项目竣工交付后，很多的设备系统运行根本无法达到设计所预想的效率，造成很大的资源浪费。而绿色技术集成的目标就是为了提高建筑实际运行的节能效率，达到相应的舒适度和环境品质的提升。这就应该在初步设计阶段（第三阶段）对建筑运行维护技术和能源监管技术进行集成，同时在施工图设计阶段更应考虑有关围护结构维保、设备系统维保和行为节能管理措施等可操作性和可实施性，只有这样才能做到一个真正的绿色建筑。

所以，技术集成不能仅仅停留于被动技术和主动技术整合应用的技术层面，而应是更加广义的范畴和赋予建筑师们更多的责任。

2. 关于公共机构绿色建筑的技术适宜性

绿色建筑是与当地气候条件相适宜，与地域风貌和街区环境相协调，使新旧建筑之间同源同根"和而不同"的体现。绿色建筑的适宜性设计是与地块城市设计、场地设计、建筑设计以及绿色技术相结合的创作过程和技术整合过程，绿色建筑的适宜性包括：气候适宜性、场地适宜性、功能适宜性和风貌适宜性。这四种适宜性相互补充，相互融合，又相互牵制和约束，其关系构架图见图 2-1-3。

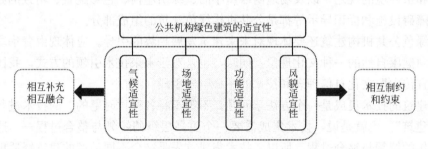

图 2-1-3　公共机构绿色建筑的适宜性关系构架图

（1）气候适宜性：我国分为五个气候区，气候适宜性设计的必要工作就是气候分析，它是对建筑所处室外气候做定性及定量分析的过程，以指导建筑师根据气候条件的不同，提出不同的创作手法和技术集成对策。例如：建筑朝向的选择、太阳（能）遮蔽和利用装置、导风装置和地源热泵等相关技术就会适用于不同的气候条件和所创造的不同建筑形态。

（2）场地适宜性：绿色建筑要适应场地条件，使建筑与场地自然环境、周边城市环境和自然地貌融为一体，并符合各类空间场所的特征。例如，采用建筑和植物遮阴、建筑群导风挡风等措施调节场地微环境，保证人在场地中的舒适感。同时，不同的场地特征也应要求不同的公共机构建筑气质与之相融合，例如行政办公建筑所应表现出的特质就应与该场地所要求的大气、中正和疏朗的场地特征相一致，这就是要达到建筑如同"从不同的场地中生长出来一样"。

（3）功能适宜性：功能适宜性是一个多维度的要求，要求在满足建筑"适用"的基础上，既不能为了丰富公共机构建筑形态和创作理念而忽略建筑功能的实用性和节能要求，也不能仅为了满足功能使建筑缺乏与场地融合协调的美感，更不能为了达到围护结构的高效节能保温，不顾天然采光自然通风的建筑性能和观览性。特别是公共机构建筑，有很多是面向公众的服务场所和空间，更要注重建筑的功能适宜性。

（4）风貌适宜性：公共机构建筑风貌是城市建设的风向标，这就要从城市设计的角度，有效控制符合当地地域文化的建筑风貌特色、群体空间形态、环境空间品质，并结合人的心理感知经验建立起具有整体结构特征、美观而易于识别的城市意象和具有中国文化自信的环境氛围。

3. 关于绿色人文与通用设计

"绿色"的目的是什么？是使人们的生活品质得到可持续地提升。随着社会进步、经济和技术水平的发展，"绿色"不能仅仅停留于提高物质形态的性能和品质，更应培养精神形态的绿色人文观念和价值取向，而这并不是简单地依靠技术与财力的投入就可以解决。这种从幼儿时期的绿色文明教育和生活习性的培养，并不在于贴上什么样的"绿色的标签"，却是"绿色建筑"的坚实基础。绿色人文包括了：绿色生活行为、文化印记留存和通用设计关怀三个方面。

绿色生活行为包括：出行方式的选择、废弃物收集方式、日常用能使用方式和生活行为约束方式等。这些生活行为方式要从"娃娃"开始进行教育，是我们全民精神文明教育的一部分，通过构建多样的宣传教育模式，展示与体验平台，引导、约束和激励（包括鼓励购置一、二级节能节水家电和器具等）等措施培养良好的生活行为方式。

文化印记留存主要体现为：对历史文化街区的保护，对新中国成立以来很多老旧厂区、街区、棚户区和城中村改造过程中历史记忆的留存，以及对改造区域居民既有生活方式和民俗文化的留存。

通用设计关怀主要体现为：对于不同能力障碍者（包括：残疾人、老年人、儿童、暂时受伤者、孕妇和携器物者等）无论从空间设施环境，还是视听信息环境，均能够满足所有人出行、生活、购物、交往、学习、娱乐和就医等各种无障碍的使用需求，见图 2-1-4。

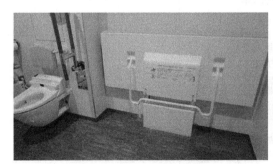

图 2-1-4　学校中可供肢体暂时受伤学生使用的坡道和公共场所的母婴室

4. 关于绿色建筑设计要点实施应用分析

根据对不同类型公共机构建筑能耗的调研分析可知，行政办公、高校和医院是公共机构中的用能大户。通过对行政办公、医院、高校等公共机构绿色建筑的大量实态调研，以及所应用的绿色建筑设计要点和集成技术应用的实效研究分析，本书形成了具有针对性的公共机构（行政办公、医院、高校）绿色建筑设计与集成技术实施应用清单，主要针对其技术适用性、增量成本、实施难易度等分别进行定性和定量的分析，明确必选技术和优选技术策略，并最终给出了技术应用推荐指数，以便设计单位和建设管理单位具有针对性的使用。表 2-1-1 为公共机构绿色建筑设计要点实施应用清单。

公共机构低能耗绿色建筑设计要点实施应用清单

表 2-1-1

分类	具体实施措施	技术适用性(必选技术、优选技术)	实施难易指数(容易*,中等**,难***)	增量成本	评价星级目标		技术集成贡献指数(低*,中**,高***)	备注
					二星	三星		
被动式建筑设计	主要功能用房南北朝向布局	必选技术	*	合理规划设计,不增加成本	√	√	***	—
	适宜的微气候环境	必选技术	*	合理规划设计,不增加成本	√	√	***	室外风环境模拟分析报告 3～10 万/报告,热岛模拟分析报告 3～10 万/报告
	下凹式绿地、透水地面	优选技术	**	增加成本	×	√	**	250 元/m²
	体形系数控制	必选技术	*	合理规划设计,不增加成本	√	√	***	—
	建筑造型装饰构件控制	必选技术	*	合理规划设计,不增加成本	√	√	***	—
	建筑遮阳设计	必选技术	**	增加成本	×	√	***	可控外遮阳 500～2000 元/m²
	建筑窗墙比	必选技术	*	合理规划设计,不增加成本	√	√	***	—
	幕墙节能优化设计	必选技术	**	增加成本	√	√	***	—
	过渡季自然通风设计	优选技术	*	合理规划设计,不增加成本	√	√	***	通风计算报告 4 万/报告
	建筑自然采光设计	必选技术	*	合理规划设计,不增加成本	√	√	***	采光计算报告 4 万/报告
	高气密性围护结构及构造	优选技术	***	增加成本	×	√	***	100～180 元/m²
	围护结构蓄热设计	优选技术	***	增加成本	×	√	*	—
	建筑门窗超白玻璃	优选技术	**	增加成本	×	√		
	建筑门窗 low-e 玻璃	必选技术	**	增加成本	×	√	***	
	建筑模数化设计	必选技术	*	合理规划设计,不增加成本	√	√	**	—
	建筑导光设计	优选技术	**	增加成本	×	√	**	导光管 50 元/m²
	建筑导风设计	优选技术	***	增加成本	×	×		
	减少冷风渗透	必选技术	*	常规设计,不增加成本	×	×	*	—

分类	具体实施措施	技术适用性（必选技术、优选技术）	实施难易指数（容易*，中等**，难***）	增量成本	评价星级目标 二星	评价星级目标 三星	技术集成贡献指数（低*，中**，高***）	备注
控制环境质量设计	室内环境质量控制（温度、湿度、新风量）	必选技术	*	常规设计，不增加成本	√	√	***	—
	室内污染物控制	必选技术	*	常规设计，不增加成本	√	√	***	—
	建筑空气声和撞击声隔声设计	必选技术	*	增加成本	√	√	***	噪声分析报告2～3万/m² 楼面隔声垫层12元/m²
	餐厨垃圾收集处理技术措施	优选技术	**	增加成本	×	√	*	—
设备系统节能、节水、节材设计	采暖制冷空调系统节能设计	必选技术	*	常规设计，不增加成本	√	√	***	优化分析报告3～6万/报告
	新风热回收系统节能设计	必选技术	*	常规设计，不增加成本	√	√	***	—
	智能照明系统优化设计	必选技术	**	常规设计，不增加成本	√	√	***	优化分析报告3～6万/报告
	供配电系统节能优化设计	必选技术	**	常规设计，不增加成本	√	√	***	—
	雨水、中水回用及节水优化设计	必选技术	*	增加成本	×	√	***	雨水绿化、浇洒、洗车9.09元/m²，中水回用27.77元/m²
	高效绿化灌溉节水技术	必选技术	*	增加成本	√	√	***	3.86元/m²
	使用较高用水效率等级的卫生器具	优选技术	*	增加成本	√	√	***	3.5元/m²
	可循环再利用部品部件材料性能	优选技术	**	增加成本	×	√	**	0～1元/m²
	避免管网漏损耐久性技术措施	优选技术	***	增加成本	×	√	**	2.01元/m²
可再生能源利用设计	太阳能光伏利用	优选技术	***	增加成本	×	√	*	—
	太阳能光热利用	必选技术	**	增加成本	√	√	***	—
	太阳能采暖利用	优选技术	***	增加成本	×	×	*	—
	分布式综合能源站（余热、地热等利用）	优选技术	***	增加成本	×	×	*	—

续表

分类	具体实施措施	技术适用性(必选技术、优选技术)	实施难易指数(容易*,中等**,难***)	增量成本	评价星级目标 二星	评价星级目标 三星	技术集成贡献指数(低*,中**,高***)	备注
运营维护与更新升级	周期检测技术措施	优选技术	**	常规设计,不增加成本	√	√	***	—
	节能数字监控平台技术措施	必选技术	**	常规设计,不增加成本	√	√	***	—
	设备试运行调适技术措施	必选技术	*	常规设计,不增加成本	√	√	***	—
	能耗、水耗分项计量技术措施	必选技术	*	常规设计,不增加成本	√	√	***	—
	无障碍技术措施	必选技术	*	合理规划设计,不增加成本	√	√	***	—

2.1.2 行政办公和高校绿色建筑设计要点

1. 绿色建筑设计与技术集成实施应用分析

本书形成了具有针对性的行政办公和高校绿色建筑设计与集成技术实施应用清单,主要针对其实施难易度和实施控制要求等分别进行定性和定量的技术集成清单,明确必选技术和优选技术实施策略,并最终给出了技术应用推荐指数,以便设计单位和建设管理单位有针对性地使用。表2-1-2为行政办公和高校建筑绿色建筑技术集成实施应用清单。

行政办公和高校建筑绿色建筑技术集成实施应用清单　　　　　表2-1-2

分项	具体实施措施	适用性分类(均适用、适用于高校、适用于行政办公)	实施难易度(容易*,中等**,难***)	实施控制要求(必须满足、提升要求)	技术应用推荐指数(慎重推荐*,推荐**,强烈推荐***)
绿色规划	用地原貌的合理利用	均适用	*	必须满足	
	合理控制建设强度与绿化率	均适用	*	必须满足	**
	主要功能用房最佳朝向布局	均适用	*	必须满足	***
	生活配套服务设施合理布局	均适用	*	必须满足	***
	合理规划机动车和非机动车停车场	均适用	*	必须满足	**
	合理规划防灾避难场所	均适用	*	必须满足	**
	合理规划车行和慢性交通系统	均适用	*	必须满足	**
生态环境规划	微风环境与活动场地布局	均适用	**	提升要求	**
	全天候活动与林荫场地布局	适用于高校	**	提升要求	**
	本地乡土植物种植和良好的景观规划	均适用	*	必须满足	***
	道路、停车和场地海绵透水	均适用	**	提升要求	***

分项	具体实施措施		适用性分类（均适用、适用于高校、适用于行政办公）	实施难易度（容易*，中等**，难***）	实施控制要求（必须满足，提升要求）	技术应用推荐指数（慎重推荐*，推荐**，强烈推荐***）
被动式建筑节能技术	低能耗建筑围护结构节能及构造技术	外墙节能性能与构造	均适用	* *	提升要求	* * *
		屋面节能性能与构造	均适用			
		外窗、幕墙节能性能构造	均适用			
		地下室围护节能性能与构造	均适用			
	建筑体形系数控制		均适用	*	必须满足	* * *
	建筑窗墙比及幕墙比控制		均适用	*	必须满足	* * *
	自然通风和太阳能蓄热	热压自然通风	均适用	*	必须满足	* * *
		热压导风技术	均适用	* *	提升要求	*
		室内阳光蓄热	均适用	* * *	提升要求	*
	建筑天然采光设计	采光天井或下沉庭院	均适用	* *	提升要求	*
		导光技术（大进深室内与地下空间）	均适用	* *	提升要求	*
	建筑遮阳设施设计		均适用	* *	提升要求	* *
可再生资源利用技术	太阳能热水技术		均适用	*	必须满足	* * *
	太阳能光电技术		均适用	* * *	提升要求	*
	分布式能源站		适用于高校	* * *	提升要求	*
室内环境质量与智能控制	场地和建筑绿色用材		均适用	*	必须满足	* * *
	室内环境质量	室内声环境质量	均适用	*	必须满足	* * *
		室内光环境质量	均适用	*	必须满足	* * *
		室内热湿环境和空气质量	均适用	*	必须满足	* * *
	地表水和生活用水健康		均适用	*	必须满足	* * *
工业化建造与节材技术	结构工程装配建造技术		均适用	* *	提升要求	* *
	装饰工程装配建造技术		均适用	*	必须满足	* * *
	现场施工新型模板建造技术		均适用	* *	提升要求	* *
节水与减排技术	节水型设备设施选择与节水技术		均适用	*	必须满足	* * *
	中水和雨水收集回用技术		均适用	*	必须满足	* * *
	垃圾分类收集与食堂厨余垃圾处理		均适用	* *	提升要求	* *

分项	具体实施措施	适用性分类（均适用、适用于高校、适用于行政办公）	实施难易度（容易*，中等**，难***）	实施控制要求（必须满足，提升要求）	技术应用推荐指数（慎重推荐*，推荐**，强烈推荐***）
设备系统节能技术	空调采暖系统节能优化技术	均适用	*	必须满足	* * *
	电梯节能优化技术	均适用	*	必须满足	* * *
	照明系统节能优化技术	均适用	*	必须满足	* * *
绿色运行管理	绿色节能运行管理制度	均适用	*	必须满足	* * *
	智慧节能监控与计量	均适用	*	必须满足	* * *
	试运行与系统调适技术	均适用	*	必须满足	* * *
绿色文化	室内外空间无障碍设计	均适用	*	必须满足	* * *
	对周边社区开放的文体设施	适用于高校	*	必须满足	* * *
	新能源通勤车或共享单车运行	均适用	* *	提升要求	* *
	智慧服务与信息交流平台	均适用	*	必须满足	* * *
	行为节能、节水措施	均适用	*	必须满足	* * *
	绿色文化活动与宣传	均适用	*	必须满足	* * *

2.绿色高校建筑设计与集成技术实施应用要点

（1）校园绿色规划

绿色校园建设应保持原有场地的地形地貌，场地内有价值的树木、水塘和水系，不但具有较高的生态价值，而且是传承场地所在区域历史文脉的重要载体。

绿色校园应充分合理地利用场地原有的地形和地貌，不应将学校用地全部推平后再建。尽量减少土石方工程量，减少建设过程对场地及周边环境生态系统（包括原水体和植被，特别是大型乔木）的改变，并应在工程结束后及时采用生态复原措施。其竖向设计和管网综合设计应体现科学性、经济性和可持续发展的要求。

1）建筑强度控制与绿化率

为保证绿色校园的可持续发展，在校园规划时要预留一定的发展用地，以保证随着学校招生规模进一步扩大而能满足相关建设需求。应合理提高建设场地利用系数，容积率与建筑密度均应符合国家与地方对于学校建筑的规定。在不提高建筑密度的情况下，可采用对土地进行立体化开发利用的方法，充分开发利用空中、地面和地下空间。应结合所在地城乡规划的要求采用合理的容积率，并通过精细化的场地设计，规划出更高的绿地率以及提供更多的开敞空间或公共空间。增加绿化面积对学生与教职员工的身心健康具有重要的作用，同时绿化可有效地缓解区域的热岛效应并创造舒适宜人的学习、生活环境。

2）最佳朝向的建筑布置

教学公共建筑（包括教学建筑、图书馆、行政楼、实验室实习场所及附属用房、行政用房、会堂、食堂等公共建筑）与学生、教工宿舍建筑的室内外日照环境、自然采光和通风条件，直接影响学生与教职员工的身心健康和居住生活质量，应满足城市规划有关高等学校日照标准的要求。学校宿舍楼建筑应满足《宿舍建筑设计规范》JGJ 36关于日照标准要求的内容。

主要教学建筑和宿舍建筑南北朝向布置，多数主要房间朝南向布置，尽量避免夏季西向日晒，主要是由于太阳高度角和方位角的变化规律，使建筑在冬季能够最大限度地利用日照，增加太阳辐射得热量，并避开冬季主导风向，减少建筑外表面热损失。同时，建筑物南北朝向布置，在夏季能够最大限度地减少太阳辐射得热，并可利用自然通风降温冷却，以达到节能的目的。

3）校园生活配套服务设施布局

校园与社区一样需要方便的配套服务设施，可根据不同院校的特点设定各项设施的服务人口和服务半径，可将设施细分为10min、5min可达类型的生活配套服务设施。并应结合学生的生活流线设置可兼容多类公共服务功能和交往交流服务功能的设施，应使运动场地、体育馆、图书馆和餐厅、音乐厅等部分公共空间和公共设施以及生活福利设施等向社会提供共享使用的条件，可提高各类设施和场地的使用频率。

同时应结合区域性规划布局校园外部城市空间的生活配套服务设施与校园服务设施的相互结合与补充，学校公共绿地在放假期间也应向社会公众开放，形成具有我国特色的开放大学城空间布局。

4）校园慢行系统与景观环境规划

应结合校园道路系统和景观系统规划设置校园慢行系统规划，该慢行系统可用于教职工步行和自行车骑行。其道路系统应满足无障碍的连续性要求，并利用坡道等无障碍设施处理道路的高差。人行通道及场地内外联系的无障碍设计是绿色出行的重要组成部分，是保障各类人群方便、安全出行的基本设施。

同时，应注重道路、斑块绿地和聚会广场等场所内的公用设施，如灯杆、信息报栏、单车架、邮筒、减速设施、座椅、垃圾桶和标识等的人性化设计要求。

5）机动车与非机动车停车场所布局

校园主要出入口应设置缓冲场地，使师生人流及自行车流出入顺畅，为解决临时停车问题，学校出入口处应配建停车场，并应与周边社区或城市管理部门结合周边的停车需要统一规划建设。

校园内机动车停车场地应分散布局，停车后的步行距离不应超过300m。为提高土地利用率，应利用地下空间或多层停车楼的方式解决机动车停车问题。地下车库的出入口不应直接通向师生人流集中的道路。其非机动车停车设施应结合院系教学建筑、宿舍、活动设施和生活配套设施布局设置，并应规范停车架棚及附属的修车人性化工具配置，以及相应的电动机动车和非机动车充电设施配置。

6）校园防灾避难场所布局

在突发灾害时，校园内的疏散道路系统应能够满足疏散学生和教职工、运送救援物资的要求，其道路系统应连接城市主要道路和避难场所，并应设置相应的引导标识。紧急避难场所的规划应采取就地疏散的原则，可选择校区内的中心绿地、广场和运动操场等作为可共享的紧急避难场所。其紧急避难场所应能够保障应急供电、供水，并可配套储备救灾物资。

同时，学校学生的行动经常是群体行动，在人流集中的道路和广场处设置台阶可能成为紧急疏散时的隐患。所以，其校园内的主要疏散道路和广场均应采用坡地形规划，避免发生踩踏事故。

7）校园规划融合当地建筑特色

校园规划设计应与周边环境和城市空间肌理相协调，建筑风格融合当地建筑特色。其扩建校园的规划建设应在充分利用原有设施的基础上进行，应充分利用尚可使用的旧建筑。对旧建筑的利用可根据规划要求保留或改变其原有使用性质，并应就近使用当地特色建筑材料，或使用当地特色营建方法，达到因地制宜的目的。使用校园周边 500km 以内生产的建筑材料应占建筑使用建材总体积、总质量或总造价 70％ 以上。

（2）生态环境规划

1）微风通廊与运动场地布局

城市通风廊道的规划主要是充分利用当地全年盛行风向，将风道的规划设计尽量贯穿整个城区，以覆盖城区中大部分区域，使风道一端延伸到郊外或更加宽阔易于引导气流的城市区域，以便形成城区与大气环境的交换通道。而校区内的微风通廊应结合其运动场地和绿地系统进行设置，规划布局应与城区内通风廊道、绿带系统、河流湖泊等生态本体条件相对应，以便更有效地提升微风通廊作用，改善校园微环境。可将通风廊道的宽度定为不小于 50m，这样既考虑微风通廊的实际效果，又考虑土地的有效利用。微风通廊边界宽度以通廊两侧高度大于 10m 的建筑物为边界，高度低于或等于 10m 的低层建筑物可以视为微风通廊下垫面，不计入通廊边界。微风通廊的长度不作量化规定，但应尽量贯穿整个校区。对于夏长而炎热潮湿的南方城市，微风通廊应与夏季主导风向一致或在 30° 夹角范围内；对于冬长而严寒的北方城市，通风廊道应与冬季盛行风向形成 45° 或以上的夹角。对于夏热冬冷的城市，微风通廊应兼顾冬季防风、夏季引风的不同需求。所以不同地域校区微风通廊的设计应因地制宜，具体情况具体分析。

2）全天候交往活动场所与林荫场地布局

绿色校园需要大量可供学生户外活动和交往的场所，该类场地包括：步道、庭院和广场等。其乔木遮阴空间、首层架空空间和亭榭空间可使校园能够有更多的全天候交往活动场所。

其建筑首层的部分空间可做成架空层，结合校园内的亭榭、有顶盖的通廊和乔木遮阴空间使其具有连续性，其内设置座椅和绿化，学生可在此看书、讨论和聊天，形成优美舒适的全天候校园交往空间。其乔木遮阴面积按照成年乔木的树冠正投影面积计算；构筑物遮阴面积按照构筑物正投影面积计算。

3）本地乡土植物种植和立体绿化

校园绿化要坚持乔木、灌木、草坪、花卉并举的原则，巧妙运用高、中、低三个层次相结合的方法提高绿化覆盖率。合理搭配乔木、灌木和草坪，以乔木为主，能够提高绿地的空间利用率，增加绿量，使有限的绿地发挥更大的生态效益和景观效益。学校建筑大多为多层建筑，可结合当地气候条件，采用屋顶绿化和墙面垂直绿化，既能增加绿化面积，又可以改善屋顶和墙面的保温隔热效果。种植区域的覆土深度应满足所在地有关覆土深度的控制要求，以及乔、灌木自然生长的需要。

4）道路、停车和运动场地海绵透水

校园是一个小型城区，海绵校园建设应坚持因地制宜的原则，采取适宜于校园本地条件的规划措施。校园建设后径流排放量不大于开发建设前自然地貌时的径流排放量或年径流总量控制率不小于《海绵城市建设技术指南》提出的全国分区年径流总量控制率要求的高值。

年平均降雨量在 800mm 以上的多雨但缺水地区，应结合当地气候条件和校区地形、地貌等特点，除采取措施增加雨水渗透量外，还应建立雨水收集、处理、储存、利用等配套设施，主要对屋顶雨水进行收集、调蓄和利用，对道路、停车场和运动场地等地表径流雨水采取海绵透水措施。条件适宜地区可选用人工湿地、土壤渗滤等自然净化系统，并结合当地的气候特点等，选用本地的一些水生植物。地形条件有利时可优先考虑植被浅沟等生态化措施。

雨水收集利用系统应根据汇流条件和雨水水质考虑设置雨水"初期弃流装置"，根据雨水利用系统技术经济分析和蓄洪要求设计雨水调节池，收集利用系统可与校区景观水体设计相结合，优先利用景观水体（池）调蓄雨水。处理后的雨水水质应达到相应用途的水质标准，宜优先考虑用于室外的绿化、景观用水。

（3）被动式建筑节能设计

1）低能耗建筑围护结构

为进一步降低建筑能耗，就要对外墙、屋顶、外窗等围护结构主要部位的传热系数 K 和遮阳系数 SC 进一步降低。

校园建筑大多功能性较强，所以可通过控制建筑体形系数，减少建筑单位面积对应的外表面积，降低建筑冬季的热损失，达到节能的目的。建筑的外窗（包括透明幕墙）、墙体、屋面三大主要围护部件中，窗（包括透明幕墙）是影响室内热环境质量和建筑能耗最主要的因素之一。因此，加强窗（包括透明幕墙）的保温隔热性能，减少窗（包括透明幕墙）的热量损失，是改善室内热环境质量和提高建筑节能水平的非常重要的环节。首先，窗（包括透明幕墙）墙面积比应有明确的规定。其次，应提高窗的气密性，可通过提高窗用型材的规格尺寸、准确度、尺寸稳定性和组装的精确度以增加开启缝隙部位的搭接量，减少开启缝的宽度，采用三级密封方式，达到减少空气渗透的目的。应注意各种密封材料和密封方法的互相配合。通过在玻璃下安设密封的衬垫材料；在玻璃两侧以密封条加以密封（可兼具固定作用）；在密封条上方再加注密封料等密封方法提高窗体的气密性性能。

严寒、寒冷地区围护结构的热工性能对建筑能耗影响很大，由于屋面、外墙、外窗等构造与建筑窗过梁、屋面圈梁、钢筋混凝土梁、柱等紧密结合，这些部位的传热特点往往属于三维传热，这些部位围护结构的热损失远大于主体部位，形成热流密集通道，对这些热工性能薄弱的环节，必须采取相应的加强措施进一步减少透过围护结构的传热量。

许多教学建筑的内区设有屋面天窗，为建筑的内区带来充足采光，但天窗的面积和热工性能要予以控制，减少能耗损失。必须采取相应的加强保温隔热和遮阳措施，减少热损失，才能保证围护结构正常的热工状况和舒适度要求。

教学建筑的外门开启频繁。在严寒和寒冷地区的冬季，外门的频繁开启造成室外冷空气大量进入室内，导致采暖能耗增加。设置门斗可以避免冷风直接进入室内，在节能的同时，也提高门厅的热舒适性。

2）建筑天然采光设计

充足的天然采光有利于学生的生理和心理健康，同时也有利于降低人工照明能耗。校园建筑天然采光应满足《建筑采光设计标准》GB 50033 中教育建筑的采光标准值。普通教室的采光不应低于采光等级Ⅲ级的采光标准值，侧面采光的采光系数不应低于3.0%，室内天然光照度不应低于450lx。各场所采光标准值应满足表2-1-3要求。

教育用房、办公室用房采光系数   表2-1-3

采光等级	场所名称	侧面采光	
		采光系数标准值（%）	室内天然采光照度标准值（lx）
教育建筑采光标准值			
Ⅲ	专用教室、实验室、阶梯教室、教师办公室	3.0	450
Ⅳ	走道、楼梯间、卫生间	1.0	150
办公建筑采光标准值			
Ⅱ	设计室、绘图室	4.0	600
Ⅲ	办公室、会议室	3.0	450
Ⅳ	复印室、档案室	2.0	300
Ⅴ	走道、楼梯间、卫生间	1.0	150

3）自然通风和太阳能蓄热

建筑蓄热技术措施的应用可稳定室内温度，减少温度的峰值，并可延迟峰值出现的时间，进而降低建筑的冷热负荷。

严寒和寒冷地区，可结合建筑造型的幕墙设计形成集热蓄热式外围护结构，其由透光玻璃窗和蓄热墙体构成，中间留有空气层，集热蓄热墙的上下部位设有通向室内的风口。日间利用南向集热蓄热墙体吸收穿过玻璃窗的阳光，墙体会吸收并传入一定的热量，同时夹层内空气受热后成为热空气通过风口进入室内；夜间集热蓄热墙体的热量会逐渐传入室内，用于夜间使用，起到移峰填谷的作用。

自然通风是在风压或热压推动下的空气流动，能够在过渡季和夏季有效的降低空调时间段，是实现节能和提高室内热舒适度的重要手段。在建筑设计和构造设计中，建筑空间布局、剖面设计和门窗的设置应有利于夏季和过渡季节自然通风，可采取诱导气流、促进自然通风的措施，如导风墙、拔风井等以促进室内自然通风的效率。

4）建筑遮阳设施设计

夏热冬冷、夏热冬暖地区夏季东西朝向和水平面太阳辐射强度可高达600～1000W/m² 以上，阳光直射到室内，将会大大增加建筑空调能耗，同时还会产生眩光影响学生学习。所以，应采取适当遮阳措施和不同的遮阳方式，降低直射阳光的不利影响。

在夏热冬冷、夏热冬暖地区，窗和透明幕墙的太阳辐射得热使夏季增大了空调负荷，冬季则减小了采暖负荷。应根据负荷特点确定不同的遮阳形式，如窗外侧遮阳卷帘、百叶等活动式的外遮阳，能兼顾冬夏，根据建筑受太阳辐射的得热情况进行调节。

（4）节能与能源利用

1）年度人均能耗降低值控制

为便于节能管理和考核，应确定合理的高等学校学年生均能耗降低率（如不小于1%）。高等学校人员组成较为复杂，涉及较多兼职教师教授、临时职工等，为便于统计计算可只考虑学校主体人员即以正式注册的所有全日制在校生人数为统计对象。对于承担社会培训、公务员培训任务的学校，培训人数可结合学时进行折算。将校园的年耗电量和年耗气量按照《综合能耗计算通则》GB/T 2589折算成标准煤（吨标煤），扣除可再生能源使用量后，除以经上述方法折算后的统计对象总人数，得到学年生均能耗量。取相邻两学年的学年生均能耗量进行比较，计算其降低率。

2）设备能效比和耗电输热比

针对学校寒暑假人员减少，采暖或空调负荷有所降低的情况，在设备选型时对负荷进行修正，可有效降低寒暑假能耗。暖通空调系统节能措施包括合理选择系统形式，提高设备与系统效率，优化系统控制策略等。对于不同的供暖、通风和空调系统形式，应根据现有国家和学校有关建筑节能设计标准统一设定参考系统的冷热源能效、输配系统和末端方式。

绿色校园要求空调冷热水系统循环水泵的耗电输冷（热）比现行国家标准《民用建筑供暖通风与空气调节设计规范》GB 50736规定值；通风空调系统风机的单位风量耗功率比现行国家标准《公共建筑节能设计标准》GB 50189等的规定值进一步降低。三相配电变压器满足现行国家标准《三相配电变压器能效限定值及能效等级》GB 20052的节能评价值要求；水泵、风机等设备，及其他电气装置满足相关现行国家标准的节能评价值要求；校园内灯具中节能灯比例达到100%；室内办公设备中拥有中国节能认证等节能标识的设备的功率占学校室内设备总功率的70%以上；厨房主要用能设备中拥有相关节能标识的设备的功率占学校厨房主要用能设备总功率的60%以上。

3）设备调适与性能优化

建筑调适是一个系统调适过程，贯穿于整个建筑的寿命周期内。建筑调适是一个使建筑性能最优的过程，它涉及建筑内部的能源、室内环境品质、舒适性、安全性和可靠性。建筑调适所涉及的功能测试和系统诊断有助于判断系统之间是否配合正常。此外，建筑调适还有助于确定设备是否符合运行目标或是否需要进行调整，从而优化建筑的效率和效益。

对新建校园建筑来说，调适的主要目的是确保建筑按照设计意图进行设计、施工和运行，因此，建筑调适主要关注点在于建筑与设计目标一致，且符合业主预期。其运行阶段还会进行持续调适和再调适，并对建筑运行情况进行运行评估。运行评估主要是在满足室内环境指标（热舒适环境指标、光环境指标、声环境指标、室内空气品质指标）舒适性要求的情况下，评估其校园建筑的能耗指标，如单位面积用电量、单位面积一次能源消耗量、人均一次能源消耗等指标。

4）可再生能源和余热利用

绿色校园的可再生能源利用主要包括：由可再生能源提供的生活热水，由可再生能源提供的电量，由可再生能源提供的冷量和热量。校园有稳定的热水需求，应充分利用太阳能热水，鼓励采用市政热网、热泵、空调余热、其他余热等节能方式供应生活热水。此外，还可回收排水中的热量，以及利用如空调凝结水或其他余热作为预热，提高生活热水系统的用能效率。

（5）健康环境与污染控制

1）场地地表水质和空气环境健康

需要合理控制校园场地内地表水的水质，至少满足Ⅴ类水质标准要求，从严控制污染源如周边工业废水、生活污水不达标排放等。

室内环境的健康性保障是绿色校园的基本要求，危害人体健康的游离甲醛、苯、氨、氡和 TVOC 五类空气污染物，应符合国家标准《民用建筑工程室内环境污染控制规范》GB 50325 中的有关规定及《室内空气质量标准》GB/T 18883 两者取最高值，见表 2-1-4。

高校建筑工程室内环境污染物浓度限量　　　　　　　　　表 2-1-4

污染物	高等学校教室
氡 $^{222}Rn(Bq/m^3)$	≤200
甲醛 $HCHO(mg/m^3)$	≤0.08
苯 $C_6H_6(mg/m^3)$	≤0.09
氨 $NH_3S(mg/m^3)$	≤0.2
总挥发性有机物 $TVOC(mg/m^3)$	≤0.5

2）室内声环境质量控制

为保证教学活动时的语言清晰度，教学用房的混响时间应满足规范要求。绿色校园的建设应对教学设施的教学声学特性进行工程上的设计。各类教室空场 500Hz～1000Hz 的混响时间见表 2-1-5，需专项声学设计的场地及功能用房应符合相关专项标准，如《体育场馆声学设计及测量规程》JGJ/T 131、《剧场、电影院和多用途厅堂建筑声学设计规范》GB/T 50356 等。

各类教室空场 500Hz～1000Hz 的混响时间　　　　　　　　　表 2-1-5

房间名称	房间容积 （m^3）	空场 500Hz～1000Hz 的混响时间 （s）
普通教室	≤200	≤0.8
	>200	≤1.0
语言及多媒体教室	≤300	≤0.6
	>300	≤0.8
音乐教室	≤250	≤0.6
	>250	≤0.8
琴房	≤50	≤0.4
	>50	≤0.6
健身房	≤2000	≤1.2
	>2000	≤1.5
舞蹈教室	≤1000	≤1.2
	>1000	≤1.5

3）室内热湿环境和空气质量监测

校园建筑的室内热湿环境质量评价应符合《民用建筑室内热湿环境评价标准》GB/T 50785 对室内热湿环境质量提出的 2 级要求。对于采用空调及进行供暖的人工冷热源建筑则按照人工冷热源下的评价方式，不进行空调及供暖的学校建筑则根据非人工冷热源环境进行评估。鼓励气候适宜地区教室、宿舍安装电扇加强过渡季通风以及改善夏季热环境。

学校教学用房是人员密度较高且随时间变化大的区域，对人员密度超过 0.25 人/m² 的主要教学用房及其他主要功能用房应该设置室内空气质量监控系统，当传感器监测到室内 CO_2 浓度超过一定限量时进行报警，同时自动启动排风系统。室内 CO_2 浓度的设定限值可参考国家标准《室内空气中二氧化碳卫生标准》GB/T 17094 的规定。甲醛、氨、苯、VOC 等空气污染物的浓度监测比较复杂，受环境条件变化影响大，采用超标实时报警方式，上限浓度设置应符合《室内空气质量标准》GB/T 18883 的要求。

4）建筑绿色用材

绿色校园鼓励采用对环境影响小的绿色建材，并鼓励使用本地生产（施工现场500km）的建筑材料（包括土建工程材料和道路材料），提高就地取材制成的建筑产品所占的比例。

材料的循环利用是节材和材料资源利用的重要内容，有的材料可以在不改变材料的物质形态情况下直接进行再利用，或经过简单组合、修复后可直接再利用，如有些材质的门、窗等。有的材料需要通过改变物质形态才能实现循环利用，如难以直接回用的钢筋、玻璃等，可以回炉再循环利用。有的材料既可以直接再利用又可以回炉后再循环利用。

（6）工业化建造方式

校园建筑应采用模数化和模块化设计，其各种结构构件和非结构构件，如预制梁、预制柱、预制墙板、预制阳台板、预制楼梯、雨棚、栏杆等均可采用工业化方式，生产为符合模数要求的预制构件。同时结合校园建筑的特点，应重点针对外围护结构装饰保温一体化构件，室内装饰整体化集成装配构件进行应用。采用工厂化生产的预制构件，既能减少材料浪费，又能减少施工队环境的影响，同时可为将来建筑拆除后构件的替换和再利用创造条件。

（7）绿色运营管理

1）绿色校园节能运行管理制度

管理激励机制是运行阶段节约能源、资源的重要手段，必须将管理业绩与节能、节约资源情况挂钩。对校园能源资源使用情况进行公示，根据能源资源使用量监测统计数据，设置合理的能源资源使用配额，结合激励机制杜绝浪费，促进节约。在保证校园园区、各建筑和设施的使用性能要求、投诉率低的前提下，将校园运行管理部门和有关单位的考核和效益与校园用能系统的耗能状况、水资源和各类耗材等的使用情况直接挂钩。

节能管理制度主要包括节能方案、节能管理模式、机制、管理办法、分类分项计量等。节水管理制度主要包括节水方案、管理办法、分类计量等。材料管理制度主要包括材料选用、耗材管理、资源回收、节材管理制度等。环保管理制度主要包括环保方案、污染源控制排放管理、废弃物处理、空气质量监控、水质监控等。绿化管理制度主要包括苗木养护、用水计量和杀虫剂、除草剂、化肥、农药等化学药品的使用制度等。管理制度中应有工作目标、分工、措施和监督考核，每学年有计划和总结，促进绿色校园管理水平的提高。

2）绿色校园设备运行操作管理方法

绿色校园建筑设置的节能、节水、环境保障设备设施包括：热能回收设备、地源/水源热泵、太阳能光伏发电、太阳能热水、遮阳设施、雨水收集处理、节水型器具、垃圾处理、水质净化等设备设施。应对绿色校园相关设备设施进行良好的维护保养，建立节能、节水、节材、绿化的操作管理制度，应确保操作人员熟练掌握并严格遵守，管理部门严格监督，确保所有设备设施工作正常，性能指标和配置符合设计要求，并达到预期目标。

3）智慧运行平台与耗能监测

建立校园能耗监测平台，通过对用能、用水等分项计量、记录和公示，满足绿色校园监控、管理和信息共享的需求。应对绿色校园的空调通风系统冷热源、风机、水泵、电梯等主要用能设备和用水设备设施进行有效监测，对运行数据进行实时采集并记录，为设备管理、诊断提供依据，鼓励学校结合激励性措施将数据运用于运行管理，并对主要设备进行诊断和改造。应根据设备设施现状、发展规划和自身实际制定科学合理的设备设施改进方案，并积极实施，取得实效。

4）智慧校园服务与信息交流平台

应根据建筑单体和校园主要设备使用性质和特点，设置合理的自控系统。国家标准《智能建筑设计标准》GB 50314以系统合成配置的综合技术功效对智能化系统工程标准等级予以界定，校园绿色建筑应达到其中的应选配置（即符合建筑基本功能的基础配置）的要求。

一卡通系统等信息管理平台是校园信息化管理的重要应用方式，除完成结算功能外，应结合激励措施将一卡通等系统应用于洗浴、开水水量控制、信息服务、资源使用、数据统计分析等管理活动中。所以，信息化管理对保障校园的安全、舒适、高效及节能环保的运行效果，提高后勤管理水平和效率，具有重要作用。

随着个人无线网络终端在高等校园中的普及，校园无线网络的全方位覆盖将对绿色校园信息化管理和智慧校园建设提供有力的支撑。依托校园网络平台，开展与师生的互动，实时发布信息，掌握运行情况，接受监督，受理投诉和建议，推进行为绿色。

5）垃圾分类收集和食堂厨余垃圾处理

学校运行过程中产生的生活垃圾、厨余垃圾、电池等有害垃圾，还有维护过程中产生的建筑废料。所以，应合理设置小型有机厨余垃圾处理设施解决食堂大量厨余垃圾的处理再利用问题。并制定垃圾分类收集、监督机制和定期的岗位业务培训等内容的垃圾管理制度。

垃圾容器应具有密闭性能，其规格和位置应符合有关标准的规定，其数量、外观色彩及标识应符合垃圾分类收集的要求，并置于隐蔽、避风处，与周围景观相协调，防止垃圾无序倾倒和二次污染。应按要求对垃圾站（点）进行合理处置，对垃圾进行及时清运，每周至少对垃圾站（点）进行1次冲洗和消毒。确保垃圾站（点）不散发臭味，不污染环境。

6）绿植维护和中水回用措施

校园绿化维护中如果不合理地选择和使用杀虫剂和化肥等化学品将对校园环境安全造成危害，因此应对绿化维护方式方法和用品进行合理规范。对校园内景观水体的水质进行定期检测，根据要求设置水质处理设施，鼓励使用生态手段保障景观水体水质。

校区在市政再生水管网服务范围内时，应优先使用市政再生水；周边无市政再生水时，可以建设再生水处理站，用于冲厕和景观环境用水。

7）节水型设备设施选择与措施

校园建筑节水措施应以"节流"为先，其用水器具及设备主要包括卫生间的用水龙头、便器、公共浴室淋浴喷头、公共厨房水嘴、绿化灌溉设备等。采用节水龙头、节水淋浴喷头、节水便器、节水绿化灌溉设备和器具是最为直接有效的"节流"措施。

（8）绿色文化

1）公共空间和住宿空间无障碍环境

为使有障碍（主要为肢体障碍）的学生能够借助轮椅或其他辅助工具无障碍地学习、生活和参与各类活动，并能够无障碍地出行，应将校内外无障碍公交站点、校园出入口、各类教学空间、阅览实验空间、交流活动空间、观演文娱空间、体育运动空间、食堂就餐空间、住宿空间和配套服务设施等通过无障碍路线相互连接。校园内的无障碍路线和设施规划应能够包容各方面能力障碍学生在相同的校园环境中共同学习成长。其各类场地高差接驳处应以无障碍坡地形过渡，并应设置相应的无障碍引导标识，其场地出入口和高差起始处应设置提示盲道。

2）绿色形为约束措施

应制定行为约束规定，对日常行为进行约束和管理，行为约束规定应包括：门窗通风、遮阳装置和空调运行的节能使用方式；计算机和复印机等办公设备的节能使用方式；天然采光和照明启闭的节能行为方式；采用办公自动化，抵制过度包装和一次性用品的工作行为方式；鼓励低碳的交通出行方式；校区内禁止吸烟的生活行为方式；节约粮食的文明就餐行为方式；垃圾分类投放收集的环保行为方式。同时应定期进行节能宣传、教育和培训，检查行为约束规定的执行情况，并应在重点节能区域张贴行为节约提示标识。

3）交通组织与校园电动公交车运行

对进出车辆规范管理，合理限速，确保行人安全、车辆通行和停放规范有序。应采取合理的人车分流措施，确保上下课校园交通高峰期交通安全。交通流线组织合理，设置明显的引导标识，防止拥堵等事件。合理使用环保新能源校车，并配置相关设施如充电桩、新能源车辆专用或优先停车位等以利于新能源汽车的使用。

4）校园绿色文化活动与宣传

应制定绿色校园年度活动计划，定期开展与绿色校园相关讲座、主题沙龙或者观摩活动，增进学生对绿色校园的了解。聘请校内外专家、学者和专业人员进行讲解或说明，在普及的基础上丰富学生的相关专业知识。相关活动可邀请校园周边社区人员参加。

定期召开绿色校园建设专题会议，通过会议部署阶段性绿色校园建设工作，研讨绿色校园建设过程中遇到的问题。召开全校性绿色校园工作大会，主管部门向全校各部门代表汇报年度工作情况。

学校建立绿色校园教育与推广的专项奖励经费制度，用于对在绿色校园建设过程中的先进单位或个人予以适当奖励，鼓励学校师生积极参与到绿色校园建设活动中，培养学生的责任感、行动力以及养成绿色生活方式。

3.绿色行政办公建筑设计与集成技术实施应用要点

行政办公建筑与高校建筑无论在规划设计、功能空间布局、规律性使用时间段、管理方式等方面都有很多的相似之处。所以，其建筑设计与集成技术实施应用要点与高校也有很多相似的要点。主要包括了：绿色规划（用地原貌的合理利用、场地和环境空间设计、交通组织设计、日照和风环境优化设计、机动车和非机动车停车场布局等），生态环境规划（活动与运动场地布局、林荫场地布局、本地乡土植物种植、道路和场地海绵透水），被动式建筑节能设计（低能耗建筑围护结构技术、建筑体形系数控制、建筑窗墙比及幕墙控制、自然通风和太阳能蓄热、建筑天然采光设计、建筑遮阳设施设计），健康环境和污染控制（室内热湿环境、光环境、声环境、地表水和生活用水健康、场地和建筑绿色用材），设备系统节能技术（供暖系统、空调系统、通风系统、照明系统节能技术、电梯节能技术），可再生能源节能技术应用（太阳能热水、地源热泵、太阳能光伏发电与供热采暖技术），节水与减排放技术（节水器具及设备、节水器具、节水灌溉设备、给排水系统、热水系统、中水利用、雨水利用），绿色运行管理（智慧节能监控与计量、试运行与系统调试），绿色文化（室内外空间无障碍设计、对周边社区开放的文体设施、新能源通勤车或共享单车运行、智慧服务与信息交流平台、行为节能、节水措施、绿色文化活动与宣传）。以上九方面的内容在前面绿色高校建筑章节中已有阐述，本节不再进行重复论述，主要针对一些差异性的内容进行阐述。

（1）行政办公建筑绿色规划

1）合理规划布局，避免大尺度城市广场

我国的行政办公建筑一般均采用南北向对称布局，以板式围合建筑群为主。这就更应充分合理地利用场地原有的地形、地貌，不应将用地全部推平后再建，应保留场地内有价值的树木、水塘、水系。

应避免出现巨大尺度的城市大广场，其广场尺度应与城市尺度相适应，特别要避免出现"巨形和完形"的大轴线、大广场、大台阶、大尺度等规划布局。

2）最佳朝向的建筑布置

按中国传统的政府办公楼规划布局方式，行政办公建筑的主要建筑或主要功能用房一般为南北朝向布局，使建筑在冬季能够最大限度地利用日照，增加太阳辐射得热量。同时，建筑物南北朝向布局，在夏季能够最大限度地减少太阳辐射得热，并可利用自然通风降温冷却，以达到节能的目的。

行政办公建筑群一般会与城市广场和城市绿带系统相连接，其场地内的微风通廊应与城市通风廊道相对应，使风道一端延伸到易于引导气流的城市区域，以便形成城市核心区域与大气环境的交换通道。

（2）行政办公区建筑设计

1）行政办公建筑形态与地域特色

我国的行政办公建筑一般位于城市的核心区域，其建筑形态引导着该城市建筑设计和创作的导向，规划设计应与周边环境和城市空间肌理相协调，建筑风格应融合当地区域特色。行政办公建筑形体应简洁，避免使用大面积玻璃幕墙，避免过多的形体变化和多余的构件装饰。

2）合理利用土地，减少大尺度空间

门厅、过厅和多功能厅的空间尺度应适度，充分利用自然采光通风和遮阳措施，特别是市民服务大厅等处的对外服务部门应避免出现大台阶的"衙门"式建筑。应避免出现为

"做大"建筑体量而出现的"小进深薄板"建筑群，所造成的交通流线过长，单位面积用能较大的现象。

（3）建筑节能专项优化设计

1）建筑围护结构优化设计

行政办公建筑可通过控制建筑形体系数、窗墙比，以及提升其外墙、屋顶、外窗、地下室等围护结构的保温连续性和整体气密性要求，达到节能和提升建筑性能的目的。为进一步降低建筑能耗，主要部位的传热系数 K 和遮阳系数 SC 应进一步降低，特别应控制幕墙所占墙面的比例，重点针对窗墙构造节点、窗体的气密性、玻璃的透光性、遮阳和幕墙性能等构造节点进行优化设计。

2）照明设计优化设计

行政办公建筑的照明优化是建筑节能的重点，应主要针对：门厅、会议室、报告厅（多功能厅）、员工餐厅、电梯厅、卫生间、走廊、地下室以及重点照明空间进行专项照明优化设计。应将建筑装修设计与照明优化设计相结合，特别是通过灯具选用、智慧控制调光等方面进行优化设计。其地下空间应充分利用下沉庭院空间天然采光、自然通风。

3）智慧运行平台与耗能监测

建立行政办公区能耗监测平台，通过对用能、用水等分项计量、记录和公示，满足办公区监控、管理和信息共享的需求。应对其空调通风系统冷热源、风机、水泵、电梯等主要用能设备和用水设备设施进行有效监测，对运行数据进行实时采集并记录，为设备管理、诊断提供依据，并对主要设备进行诊断和改造。

2.1.3 医院绿色建筑设计要点

1. 绿色建筑设计与技术集成实施应用分析

通过对新建医院绿色建筑的大量实态调研，以及所应用的绿色建筑设计要点和集成技术应用的实效研究分析，本书形成了具有针对性的医院绿色建筑设计与集成技术实施应用清单，主要针对其实施难易度、实施控制要求等分别进行定性和定量的分析，明确必选技术和优选技术策略，并最终给出了技术应用推荐指数，以便设计单位和建设管理单位具有针对性的使用。表 2-1-6 为医院建筑绿色建筑技术集成实施应用清单。

医院建筑绿色建筑技术集成实施应用清单　　　　　　表 2-1-6

分项	具体实施措施		实施难易度（容易*，中等**，难***）	实施控制要求（必须满足，提升要求）	技术应用推荐指数（慎重推荐*，推荐**，强烈推荐***）
节地与场地规划	土地紧凑利用与合理的发展规划		*	必须满足	* * *
	气候适应性建筑群体规划		*	必须满足	* * *
	建筑微气候环境	场地绿植和景观环境	*	必须满足	* * *
		屋面和垂直绿植	* *	提升要求	* *
		透水回渗与植物遮阴	*	必须满足	* * *
	地下空间及管廊一体化		* *	提升要求	* *

分项	具体实施措施		实施难易度（容易*，中等**，难***）	实施控制要求（必须满足，提升要求）	技术应用推荐指数（慎重推荐*，推荐**，强烈推荐***）
被动式建筑节能技术	低能耗建筑围护结构节能及构造技术	外墙节能性能与构造	**	必须满足	***
		屋面节能性能与构造	**	必须满足	***
		外窗、幕墙节能性能构造	**	必须满足	***
		地下室围护节能性能与构造	**	必须满足	***
	建筑体形系数控制		*	必须满足	***
	建筑窗墙比及幕墙比控制		*	必须满足	***
	建筑遮阳技术		**	提升要求	**
	自然通风技术	热压导风技术	**	提升要求	**
		室内气流组织	*	必须满足	***
	天然采光技术	采光天井	**	提升要求	**
		导光技术（大进深室内与地下空间）	**	提升要求	**
可再生资源利用技术	太阳能蓄热技术		***	提升要求	*
	太阳能光热技术		*	必须满足	***
	太阳能光电技术		***	提升要求	**
	余热利用技术（数据中心、餐厨、蒸汽）		***	提升要求	**
	分布式能源站		***	提升要求	*
室内环境质量与智能控制	室内热湿环境和空气质量		*	必须满足	***
	特定空间定向气流组织		*	必须满足	**
	室内光环境质量		*	必须满足	***
	室内声环境质量		*	必须满足	***
	地表水健康和生活用水健康		*	必须满足	***
	场地和建筑绿色用材		*	必须满足	***
工业化建造与节材技术	诊疗空间弹性模块技术		**	提升要求	**
	结构工程装配建造技术		**	提升要求	**
	装饰工程装配建造技术		*	必须满足	***
	现场施工新型模板建造技术		**	提升要求	**
节水与减排技术	中水和雨水收集回用技术		*	必须满足	***
	节水型设备设施选择与节水技术		*	必须满足	***
	医用垃圾管道分类回收技术		***	提升要求	*
设备系统节能技术	空调采暖系统节能优化技术		*	必须满足	***
	电梯节能优化技术		*	必须满足	***
	照明系统节能优化技术		*	必须满足	***

分项	具体实施措施		实施难易度（容易*，中等**，难***）	实施控制要求（必须满足，提升要求）	技术应用推荐指数（慎重推荐*，推荐**，强烈推荐***）
绿色运行管理	智慧节能监控与计量		*	必须满足	***
	行为节能、节水措施		*	必须满足	***
	试运行与系统调适		*	必须满足	***
	室内外空间人性化设计（无障碍设计、色彩与标识设计）		*	必须满足	***
	防灾减灾能力	防灾疏散能力	*	必须满足	***
		突发事件应急与储备能力	*	必须满足	***

2.绿色建筑设计与集成技术实施应用要点

（1）节地与场地规划

1）土地利用紧凑性与混合发展

医院建筑担负着将医疗规划转换为空间规划的任务。由于医院的发展需求处于不断变化之中：医学模式和疾病谱的变化、社会经济的发展、医疗保障制度的变革、人口的数量增长和年龄结构变化、医疗技术与设备的迅速发展与更迭等交织在一起作用于医院的发展需求，因此要求规划具有适应未来变化和发展的灵活性，将专科医疗、康复、养老、培训等复合功能整合于一体。

2）气候适应性建筑群体规划

合理选择建筑的最佳朝向，主要功能用房为南北向布置，有利于冬季日照并避开冬季主导风向。夏季有利于自然通风，并最大限度地减少太阳辐射得热。

3）有效卫生隔离与地质灾害安全

传染病院、医院传染科病房等应考虑城市常年主导风向对周边环境的影响并设置足够的防护距离。如用地无法相互避让，应在适当的防护距离处设置绿化隔离带。

4）场地微气候环境

医院场地内应避免大面积的植草地，合理搭配乔木、灌木和植草的复合绿化比率，降低维护费用。硬质地面采用遮阴措施或铺设太阳辐射吸收率低的浅色表面材料可有效降低地面的表面温度，减少热岛效应，提高行人室外活动的热舒适度。遮阴措施包括绿化遮阴、构筑物遮阴、建筑自遮挡。建筑物周围人行区 1.5m 高处风速宜低于 5m/s，以保证人们在室外的正常活动。

屋顶绿化的节能作用非常明显，夏天黑色沥青屋面温度高达 83℃，表面光细石混凝土屋面温度高达 48℃，而有植物栽培的屋面温度仅为 30℃。

5）地下空间利用及管廊一体化

在医院的建设中，应充分利用地下空间（图 2-1-5），为医院内部人流、物流设置遮风避雨的连通功能空间；将地下空间建成一物多用、一物多能综合体，使地下空间不仅为医院的行政、生产、生活、消费、服务提供适宜的功能空间，还应具有设备管廊的一体化联

图 2-1-5   地下空间管廊一体化功能

通功能。

医院地下空间停车场所应按照不低于 18% 的停车位比例配建地下停车充电设施，并提供智慧分时区域停车信息，达到资源共享停车，其内部服务运载车辆均采用新能源车辆。

6）数字设计模拟

运用数字化模拟，可在建筑方案设计阶段对空间布局进行风环境模拟分析、热岛效应分析、交通规划模拟分析以及建筑及场地日照模拟分析，并对建筑空间布局进行热工环境分析。

（2）被动式建筑节能技术

1）建筑体型系数、窗墙比及幕墙控制

医院建筑的体形系数控制决定着建筑使用过程中的能耗情况。建筑的形体变化是建筑外露面积的主要因素之一，体形系数越大，耗能越多。同时，更应控制围护结构的窗墙比例，并控制幕墙面积比、屋顶透光部分面积比。

2）高性能围护结构

应提高窗体的气密性，可通过提高窗体型材的规格尺寸、准确度、尺寸稳定性和组装的精确度以增加开启缝隙部位的搭接量，减少开启缝的宽度，采用三级密封方式，达到减少空气渗透的目的。应注意各种密封材料和密封方法的互相配合。通过在玻璃下安设密封的衬垫材料；在玻璃两侧以密封条加以密封（可兼具固定作用）；在密封条上方再加注密封料等密封方法提高窗体的气密性性能。

应提高以下构造节点的保温性能：窗墙构造节点、管道穿墙穿楼板构造节点、屋面和女儿墙整体保温、设备管井和排风（烟）道构造节点、墙体与地面交接处构造节点、墙内电气线路构造节点、挑板和阳台、构件安装构造节点、透明和非透明幕墙、屋面绿化构造节点等。这些部位围护结构的热损失远大于主体部位，形成热流密集通道，对这些热工性能薄弱的环节，必须采取相应的加强措施进一步减少透过围护结构的传热量。

同时，平屋面采用太阳辐射吸收率小于 0.5 的浅色饰面，或同时采用太阳辐射吸收率低的屋面材料和绿化屋面，可降低建筑屋面表面温度，减少建筑能耗。建筑外墙采用太阳辐射吸收率小于 0.6 的浅面饰面，可减少外围护结构吸收得热，有利于空调系统节能。

3）建筑遮阳技术

医院建筑不希望有大量的直射阳光直接射入室内，遮阳措施会阻挡直射阳光，防止眩光，使室内照度分布均匀，有助于视觉的正常工作。同时，遮阳对防止室内温度上升具有明显作用，根据实验数据，当建筑物采用室外电动遮阳百页时，如果没有空调，遮阳将使室内温度下降最大值为 8.4℃；如果安装空调，遮阳将降低空调电能耗约 45％；当使用室内遮阳系统时，室内遮阳节能的效果是室外遮阳节能作用的 60％。对于室外环境说，遮阳可分散玻璃幕墙的反射光，避免了大面积玻璃反光造成的"光污染"。

4）建筑自然通风、天然采光和室内纵深导光

对于医院建筑来说，充足的日照可实现杀菌消霉。夏季、过渡季自然通风对于建筑节能十分重要，对空气污染控制无特殊要求的房间，宜优先采用自然通风的措施，诱导式自然通风设施和太阳能拔风烟筒等技术措施。

医院内人员聚集的空间，如医疗通廊、候诊区、挂号取药大厅等大进深空间处应充分发挥天井、庭院和中庭的采光作用（图 2-1-6）。

图 2-1-6　建筑中的自然采光

5）地下车库导光技术

利用导光管和反光装置将天然光引入地下室或设备房时，应根据工程的区域位置、日照情况进行经济和技术比较，合理地选择导光或反光装置。可采用主动式或被动式导光系统，主动式导光系统采光部分实时跟踪太阳，以获得更好的采光效果，该系统效率较高，但结构和控制较复杂，造价较高。被动式导光系统采光部分固定不动，不需跟踪太阳，其特点为：系统效率不如主动式系统高，但结构和控制较简单，造价低廉。当采用导光管或反光装置时，宜采用照明控制系统对人工照明进行自动控制。有条件时，可采用智能照明控制系统对人工照明进行调光控制。

6）太阳能光（电）热技术

利用光伏发电可供给应急导示、服务导示、路灯以及数据中心等用能所需。医院建筑有大量稳定的热水需求，应充分利用太阳能热水，并鼓励采用市政热网、热泵、空调余热、其他余热等方式供应生活热水。

（3）室内健康环境质量技术

1）室内垂直绿植保证空气质量

医院的候诊和病房区公共休息空间内宜设置生态绿植，在其中布置一定数量的盆栽植

物，一方面柔化建筑与大自然的界限，可舒缓患者的焦虑情绪，另一方面增大室内氧气含量，降低新风系统的换气量，大大节约了空调能耗。

2）特定空间定向气流组织的空气质量

医院是病患聚集的场所，患者体质往往较差，对温度、相对湿度和气流速度等往往更敏感。医院某些科室病房甚至对温度、相对湿度的要求十分严格以利于病人的康复，如灼伤病房要求温度高、湿度低。

医院建筑不同于其他公共机构建筑，很多功能房间因需要进行污染控制，故与其相邻相通房间之间往往有静压差要求。例如，呼吸道传染病区根据微生物潜在污染的风险分析，可划分为污染区、半污染区、清洁区，在这些分区之间必须保证保持由清洁到污染的定向气流组织，否则可能会导致污染的外泄。为防止交叉感染，清洁区、半污染区、污染区的空调系统应自成体系，各分区应能互相封闭。由于各功能区域作息方式差异较大，通风需求各不相同，采用空气品质控制器、压差传感器、无级调速风机、自控风阀。保证人员和设备以及维持正压和负压所需的最小新风量和通风量，达到低能耗的目的。

医疗过程产生的废气主要有：手术室麻醉废气、ICU 的一氧化氮呼吸废气和病理室废气等。这些废气如不可靠排放，将对医护人员的健康产生很大的危害。应在回风口上加设中效或高中效的净化过滤设备，减少风管内积尘量，延长清洗周期，还可采用抗微生物涂层、无铅防护墙板、隔声墙板（房）等，保证室内环境质量。

3）室内照明健康环境质量

良好、舒适、健康的光环境不但有利于提升医护人员工作效率，更有利于医护人员、病患的身心健康。照度、统一眩光值、一般显色指数是影响照明质量的三个重要因素。

（4）弹性模块建造技术

医疗建筑的诊疗功能模块呈现标准化和弹性化发展趋势，设备设施和医疗科研成果的实践要求空间和设备的可变性和适应性。弹性化和全适应性灵活可升级空间决定了可采用室内 SI 装配体系，如整体墙体、整体管道墙（井）、架空地板及检修口等满足功能调整和设备升级的需要。

（5）节水与减排技术

1）中水和雨水收集减回用技术

医院建筑用水需求较大，应优先使用市政再生水；周边无市政再生水时，可以建设再生水处理站，用于冲厕和景观环境用水。对于雨水来说，可通过对屋顶雨水的收集处理或通过"海绵"渗入地下，补充地下水资源。

2）高耗水设备节水

医院建筑应采用节水器具，并采用水质分级供水，保证各类用水水源水质。设置完善的蒸汽凝结水回收利用系统和余热回收系统。

医疗和生活的废水、污水排放符合国家和《医院污水处理设计规范》CECS 07 所在地区的排放标准。放射性污水应经过衰变处理。核医学按照《临床核医学卫生防护标准》GBZ 120 相关规范设置。

3）管道垃圾污物集中输送

医院建筑宜设置管道收集系统垂直输送污被服到洗衣房，洗衣机房使用隔离式洗衣机、使用病床清洗消毒机及被褥床垫蒸汽消毒器。避免洗衣房的交叉感染，垃圾污物管道输送系统可以有效改善医院建筑的室内环境，减少垃圾清理运输的人力工作量以及污物电梯等的使用，从而能进一步改善医院建筑内的人流组织。同时要做好管理工作，防止产生与医疗废物、危险品等混同的情况，见图 2-1-7。

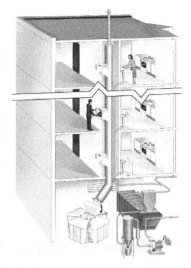

图 2-1-7　管道垃圾集中输送示意图

（6）能源与设备系统节能技术

1）蒸汽余热利用与分布式能源站

医院建筑有供电、供冷、供暖、供生活热水、供冷库和供蒸汽等基本用能需求，可采用分布式能源系统，将蒸汽余热与等各种能源进行平衡利用。可将沼气发电、地热能、水能、风能、太阳能和蓄能等新型能源，与传统能源供应体系形成互补体系，在保证安全可靠供能的基础上尽可能降低传统能源的比例。

可利用医院建筑有机垃圾生产沼气用于发电，当沼气不足时可结合天然气进行发电。可利用蒸汽余热转换和地（污水）源热泵供暖和制冷，极端天气利用燃气锅炉进行辅助。

2）空调采暖系统节能技术

医院建筑的冷热源系统应采用高效的锅炉、制冷设备，完善冷、热源设备的自控措施，实现按实际冷、热需求控制（如机房群控措施），并合理利用可再生能源技术（如太阳能和地源热泵技术等）。

采用蓄能空调技术可以起着"移峰填谷"的作用，转移电力高峰期的用电量（可达 50%～100%），平衡电网的峰谷差，并与低温送风、大温差空调水系统等技术结合，可降低空调系统能耗 15%～30%。

3）电梯节能技术

医院建筑的电梯应设置群控功能，优化运行模式，可以提高电梯运行效率。如通过数字按键知道乘客所要去的楼层，电梯控制主机可对乘客进行优化组合，同楼层的乘客可乘坐同一电梯，以减少楼层的停靠次数，从而达到节能和节约乘客时间的目的。

电梯长时间无预置指令时，电梯自动转为节能方式，切断轿箱照明、风扇等电源。电梯拖动方式宜选择调频调压调速拖动电梯，并利用电梯升降的势能产生的电力反馈回大楼电网中供其他用电设备使用。

4）照明系统节能

医院建筑的很多空间是长明空间，应对不同功能空间进行照明节能深化设计，将功率密度与照度等级进行挂钩优化。采用高效率、性价比好的照明设备。（如 LED 灯具）。（图 2-1-8）。

5）数据中心节能

随着医院建筑智慧诊疗和远程医疗的快速发展，数据中心的用能越来越大，运行（供电和管理）的开支年增长率为 10% 以上。

可用直流供电方式为数据中心供电，相比传统 AC 系统，直流供电可提高 30% 供电效率，减少 50% 的使用空间，总费用可降低 30%～50%。同时，数据中心普遍存在电力负

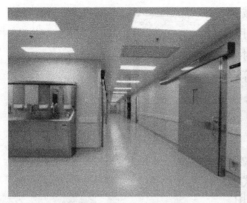

图 2-1-8　照明系统节能优化设计

荷计算值太大、电力设备和制冷设备选型余量大等问题，应合理计算电力负荷，提高制冷效率。采用完全隔离冷空气和热空气，将冷空气直接导向至所需的送风口。

（7）数字建造与智慧运营技术

1）运行管理与计量

收集并分析好日常运行能耗数据能够帮助早期发现问题，空调系统应根据需求预设定冷机、锅炉等设备的运行时间，避免末端无需求时的设备运行浪费。根据室外温度、室内负荷需求等及时调整冷机出水温度。避免过渡季节冷机通电待机能耗。定期清洁维护空调系统各环节设备，执行正确的运行规定和程序，进而改善各用能设备的运行工况和运行效率。对资源消耗情况的计量和统计应当分级进行，落实到医院的各个科室。

2）医院特殊环境和设备监控

医院的特殊监控内容包括：洁净手术室的空调独立系统监控；氧气、笑气、氮气、压缩空气、真空吸引等医用气体监控计量；对有空气污染源的区域通风系统进行监控和负压控制，并对气动传输系统进行监测；对医院污水处理的各项指标进行监控，并对其工艺流程进行监控管理。

3）智慧运行控制

医院建筑应实现建筑能耗的实时监测和实时显示，基于互联网技术进行信息的采集和传输，一方面传感节点自身采集温度参数，它们与各种用能设备连接，通过互联网方式自动采集分散在各功能空间的电、水、冷、暖等实时数据，使用户能随时监测现场耗能设备的运行数据，并且通过数据存储和处理实施能耗诊断、能耗评估和能耗改造。

另一方面，通过智能控制系统，达到对建筑设备和设施的智能控制目标。根据建筑实时状态和使用需求，及时开启需要启动的设备来满足功能要求，同时关闭不需要的设备来达到节能降耗的目的。

医院的智慧运行控制还应包括：智慧物流配送管控和信息管理，解决大量的医疗易耗品和生活服务用品的物流配送问题，以及社会服务对医疗物流和管理提出的新要求。

4）试运营与系统调适

目前，相当多医院建筑的采暖通风空调系统竣工交付前未进行充分的风、水系统平衡调试和设备调适，导致系统运行工况偏离设计要求，造成运行能耗偏高或设备不正常运行。建筑交付使用前应由调适单位进行调适，通过系统优化调适完善系统的水力平衡（水系统、风系统），可使得中央空调系统运行在优化状态；同时，连续调适技术（CCR，Continues Commissioning）可对既有建筑进行最优化处理，以提高整个建筑系统的控制运行性能，可确保系统达到最优化的能耗目标。

5）智慧诊疗服务

远程医疗多点执业从本质上改变了医院的运行模式和服务配置，对于解决医生专家资源单向集中，避免地方医疗设施资源浪费起到很大的作用。智慧诊疗服务可通过智能网络平台和手机解决医生和患者的远程诊疗和大数据查询，见图2-1-9。

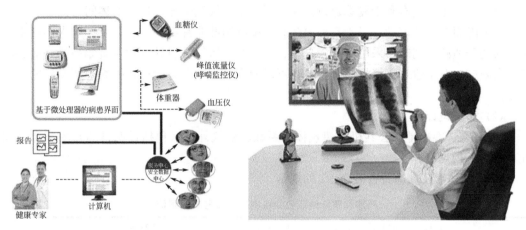

图 2-1-9　智慧诊疗服务

（8）绿色人文关怀

1）人性化设计

医院建筑室内外无障碍坡地化设计、无障碍设施和器具辅具设计、卫生间全龄友好通用性设计、家具的人性化设计、心理舒缓空间设计和防坠落防磕碰设计，以及室外优先候车区、无障碍停车位设计、室内空间色彩设计、引导和提示标识设计、可供医患交流的空间和家具设计等都是医院建筑绿色设计的一部分。

2）防灾减灾与应急疏散

医院建筑内的患者大多数为有障碍人士，除应满足医院建筑的系统性无障碍设计外，还应针对自然灾害和突发事件的应急疏散制定具有针对性的预案和措施，并设置必要的用于应急疏散和逃生的设备设施。疏散方案应重点关注危重症患者、活动受限的患者、女性患者和儿童患者。同时还应考虑灾害发生时，医院建筑作为城市的应急救护场所应具备的要求：

2.2　低能耗公共机构绿色建筑性能目标值

2.2.1　低能耗建筑设计与主要技术目标值

1.规划与建筑设计

（1）规划设计

1）根据不同地区的气候特征，主要建筑或主要功能用房南北朝向布局，降低夏季东西向用房的得热。

朝南北向布局，避免夏季西向日晒，主要是由于太阳高度角和方位角的变化规律，使建筑在冬季能够最大限度地利用日照，增加太阳辐射得热量，并避开冬季主导风向，减少建筑外表面热损失。同时，建筑物南北朝向布局，可在夏季能够最大限度地减少太阳辐射得热，降低空调能耗。

2）规划布局应有利于夏季室外气流的引导，营造适宜的微气候，应进行建筑群体空间微气候专项优化设计。

建筑规划布局应有利于夏季建筑群体之间的微风气流引导，建筑群体间气流组织不畅会严重地阻碍空气的流动，对于室外散热和污染物消散非常不利，会严重影响人们在室外活动时的舒适感。同时，采用有利于夏季、过渡季微风气流引导的建筑规划布局，能够降低热岛效应，对于建筑节能也十分重要，可以减少夏季的空调能耗，提高空调设备的工作效率。

（2）建筑设计

1）严寒、寒冷地区公共机构建筑体形系数、建筑外窗（包括透明幕墙）的窗墙面积比应符合下列规定。

① 建筑体形系数应符合表 2-2-1 的规定。

严寒和寒冷地区公共机构建筑体形系数限值　　　　　　　　　　表 2-2-1

单栋建筑面积 $A(m^2)$	建筑体形系数
$300 < A \leqslant 800$	$\leqslant 0.50$
$A > 800$	$\leqslant 0.40$

② 窗墙面积比应通过性能化设计方法通过优化分析计算确定，建筑各个朝向的透明幕墙的面积不大于 50%。

③ 甲类建筑单一立面的窗墙面积比不超过 70%，且屋顶透光部分与屋顶总面积比不超过 20%；乙类、丙类建筑单一立面窗墙面积比均不超过 60%，且屋顶透光部分与屋顶总面积比不超过 20%。

严寒、寒冷地区建筑体形对建筑采暖能耗的影响很大。建筑体形系数越大，单位建筑面积对应的外表面面积就越大，相应建筑物各部分围护结构传热系数和窗墙面积比不变条件下，传热损失就越大。提出体形系数要求的目的，是为了减少建筑冬季的热损失。一般来说建筑单位面积对应的外表面积越小，外围护结构的热损失越小，因此，从降低建筑能耗的角度出发，应该将体形系数控制在一个较低的水平。

窗墙面积比越大，供暖和空调能耗也越大。因此，从降低建筑能耗的角度出发，必须限制节能建筑窗墙面积比值。窗墙面积比的优化分析既要从全年气候特点出发考虑窗墙面积比对建筑供热供冷需求的影响，同时应兼顾开窗面积对自然通风和采光效果的影响。见表 2-2-2～表 2-2-5。

由于公共机构建筑形式多样化和建筑舒适度的提高，许多建筑设有室内中庭，在建筑的内区有一个通透明亮，具有良好的微气候及人工生态环境的公共空间。因此，在屋面上开天窗的建筑越来越多。屋顶上开设天窗，能够为建筑带来充足的天然采光、自然空气，提升室内环境质量。

严寒A、B区甲类公共机构绿色建筑围护结构热工性能限值　　表2-2-2

围护结构部位		体形系数≤0.30	0.30<体形系数≤0.50
		传热系数 $K[W/(m^2 \cdot K)]$	
屋面		≤0.2	≤0.18
外墙(包括非透光幕墙)		≤0.27	≤0.25
底面接触室外空气的架空或外挑楼板		≤0.27	≤0.25
地下车库与供暖房间之间的楼板		≤0.36	≤0.36
非供暖楼梯间与供暖房间之间的隔墙		≤0.86	≤0.86
单一立面外窗 (包括透光幕墙)	窗墙面积比≤0.20	≤2.1	≤2
	0.20<窗墙面积比≤0.30	≤2.0	≤1.9
	0.30<窗墙面积比≤0.40	≤1.8	≤1.7
	0.40<窗墙面积比≤0.50	≤1.6	≤1.5
	0.50<窗墙面积比≤0.60	≤1.4	≤1.3
	0.60<窗墙面积比≤0.70	≤1.3	≤1.2
	0.70<窗墙面积比≤0.80	≤1.2	≤1.1
	窗墙面积比>0.80	≤1.1	≤1
屋顶透光部分(屋顶透光部分面积≤20%)		≤1.57	
围护结构部位		保温材料层热阻 $R[(m^2 \cdot K)/W]$	
周边地面		≥1.54	
供暖地下室与土壤接触的外墙		≥1.54	
变形缝(两侧墙内保温时)		≥1.68	

严寒C区甲类公共机构绿色建筑围护结构热工性能限值　　表2-2-3

围护结构部位		体形系数≤0.30	0.30<体形系数≤0.50
		传热系数 $K[W/(m^2 \cdot K)]$	
屋面		≤0.2	≤0.18
外墙(包括非透光幕墙)		≤0.27	≤0.25
底面接触室外空气的架空或外挑楼板		≤0.27	≤0.25
地下车库与供暖房间之间的楼板		≤0.36	≤0.36
非供暖楼梯间与供暖房间之间的隔墙		≤0.86	≤0.86
单一立面外窗 (包括透光幕墙)	窗墙面积比≤0.20	≤2.1	≤2
	0.20<窗墙面积比≤0.30	≤2.0	≤1.9
	0.30<窗墙面积比≤0.40	≤1.8	≤1.7
	0.40<窗墙面积比≤0.50	≤1.6	≤1.5
	0.50<窗墙面积比≤0.60	≤1.4	≤1.3
	0.60<窗墙面积比≤0.70	≤1.3	≤1.2
	0.70<窗墙面积比≤0.80	≤1.2	≤1.1
	窗墙面积比>0.80	≤1.1	≤1

围护结构部位	体形系数≤0.30	0.30<体形系数≤0.50
	传热系数 $K[\text{W}/(\text{m}^2 \cdot \text{K})]$	
屋顶透光部分(屋顶透光部分面积≤20%)	≤1.57	
围护结构部位	保温材料层热阻 $R[(\text{m}^2 \cdot \text{K})/\text{W}]$	
周边地面	≥1.54	
供暖地下室与土壤接触的外墙	≥1.54	
变形缝(两侧墙内保温时)	≥1.68	

乙类公共建筑屋面、外墙、楼板热工性能限值 表 2-2-4

围护结构部位	传热系数 $K[\text{W}/(\text{m}^2 \cdot \text{K})]$		
	严寒 A、B 区	严寒 C 区	寒冷地区
屋面	≤0.24	≤0.31	≤0.38
外墙(包括非透光幕墙)	≤0.34	≤0.38	≤0.45
底面接触室外空气的架空或外挑楼板	≤0.38	≤0.42	≤0.5
地下车库和供暖房间与之间的楼板	≤0.5	≤0.63	≤0.9

乙类公共机构绿色建筑外窗（包括透光幕墙）热工性能限值 表 2-2-5

围护结构部位	传热系数 $K[\text{W}/(\text{m}^2 \cdot \text{K})]$			太阳得热系数 SHGC
外窗(包括透光幕墙)	严寒 A、B 区	严寒 C 区	寒冷地区	寒冷地区
单一立面外窗(包括透光幕墙)	≤1.6	≤1.76	≤2.0	—
屋顶透光部分(屋顶透光部分面积≤20%)	≤1.6	≤1.76	≤2.0	≤0.31

对天窗面积和天窗热工性能也要有一定的要求,因为天窗面积太大,或天窗热工性能差,建筑物能耗会加大,对节能是不利的,因此对天窗的面积和热工性能要予以控制。

2) 夏热冬冷、夏热冬暖地区建筑外窗（包括透明幕墙）的窗墙面积比、遮阳系数等指标应符合现行国家标准《公共建筑节能设计标准》GB 50189 的有关规定。

夏热冬冷、夏热冬暖地区夏季东西朝向和水平面太阳辐射强度可高达 $600 \sim 1000\text{W}/\text{m}^2$ 以上,阳光直射到室内,窗和透明幕墙的太阳辐射得热使夏季增大了空调负荷,冬季则减小了采暖负荷。同时还会产生眩光影响日常工作和学习。所以,应采取适宜的遮阳措施,防止直射阳光的不利影响,如窗外侧遮阳卷帘、百叶等活动式的外遮阳能兼顾冬夏,根据建筑受太阳辐射的得热情况进行调节。

3) 夏热冬冷、夏热冬暖、温和地区的建筑南向、西向、东向外窗（包括透光幕墙）应设置外遮阳设施。

在夏季,太阳辐射是导致公共机构建筑室内环境过热和空调能耗过高的主要原因。建筑遮阳设施应与建筑立面造型和门窗洞口构造一体化设计,应结合建筑外窗和透光幕墙的装饰和构造设计,根据朝向合理设置水平、垂直、挡板或百叶等遮挡太阳辐射的构件。建筑群体之间的相互遮阳的遮阳效果可通过场地规划日照分析进行测算。

活动式外遮阳能够兼顾建筑冬夏两季对阳光的不同需求,展开或关闭后可以有效地遮挡进入外窗（透明幕墙）的太阳辐射，可以方便快捷地控制透过窗户的太阳辐射热量，从而降低能耗和提高室内热环境的舒适性。

4）建筑的空间组织和门窗洞口的设置应有利于过渡季和夏季自然通风以及所需功能空间的天然采光，应进行自然通风和天然采光专项优化设计。

① 自然通风和天然采光的专项优化设计和分析是充分利用自然条件的被动式设计方法，应优先采用；在建筑设计中，建筑空间布局、剖面设计和门窗洞口的设置应有利于夏季和过渡季节自然通风，减小自然通风的阻力，并有利于组织穿堂风。可采取诱导气流、促进自然通风的措施，如导风墙、拔风井等以促进室内自然通风的效率。

② 天然采光一方面可以提高建筑室内的环境质量，另一方面也可以降低建筑的照明能耗。在公共机构建筑规划和设计时，应进行天然采光专项优化设计和分析模拟，有利于合理采用天然采光措施。

天然采光技术还可指利用导光管、采光天窗、采光窗井等。导光管是通过室外的采光装置捕获室外的自然光，并将其导入系统内部，然后经过光导装置反射并强化后，由漫射器将自然光均匀导入室内有效利用自然光的装置。不但地下室可以采用，地面以上没有外窗的大进深功能空间也可以使用，且节能潜力更大。

反射高窗是在窗的顶部安装一组镜面反射装置，阳光射到反射面上经过一次反射，到达房间内部的天花板，利用天花板的漫反射作用，反射到房间内部。反射高窗可减少直射阳光的进入，充分利用天花板的漫反射作用，使整个房间的照度和照度均匀度均有所提高。

5）严寒、寒冷地区公共机构建筑应采取减少冬季冷风渗透的措施，北、东、西朝向人员出入频繁的外门应设置门斗、双层门、空气幕或旋转门等减少冷风渗透的措施。夏热冬冷、夏热冬暖和温和地区建筑的外门应采取保温隔热措施。

公共机构的性质决定了它的外门开启频繁。在冬季，外门的频繁开启造成室外冷空气大量进入室内，导致采暖能耗增加和室内热环境的恶化。设置门斗、前室或其他减少冷风渗透的措施可以避免冷风直接进入室内，在节能的同时，提高建筑的热舒适性。

2. 围护结构设计

（1）严寒和寒冷地区围护结构保温性能的确定应遵循性能化设计原则，通过能耗模拟计算进行优化分析后确定。应选用高性能保温材料，采用热惰性大的重质墙体和复合墙体结构。严寒和寒冷地区围护结构平均传热系数（K）参考值见表2-2-6。

低能耗公共机构建筑关键部品性能参数限值 表2-2-6

建筑关键部品	参数	指标
外墙	传热系数 K 值[W/(m² · K)]	0.10～0.30
屋面	传热系数 K 值[W/(m² · K)]	0.10～0.25
地面	传热系数 K 值[W/(m² · K)]	0.15～0.35
外窗	传热系数 K 值[W/(m² · K)]	0.80～1.50
	太阳得热系数综合 SHGC 值	冬季：$SHGC \geqslant 0.40$ 夏季：$SHGC \leqslant 0.25$
	气密性	≥8 级
	水密性	≥6 级

对外墙保温方式和材料的选择，对构造热桥的处理、对透光围护结构玻璃和型材的配置以及对围护结构隔热和防水的专项设计和分析可以提高建筑围护结构的性能和节能效果。

注重保温性能的同时，低能耗建筑还应采用热惰性大的重质复合墙体结构，提高围护结构的隔热性能。围护结构热惰性越大，建筑物内表面温度受外表面温度波动影响越小。

（2）外门窗应有良好的气密、水密及抗风压性能。依据现行国家标准《建筑外门窗气密、水密、抗风压性能分级及检测方法》GB/T 7106，其气密性等级不应低于 8 级、水密性等级不应低于 6 级、抗风压性能等级不应低于 9 级。严寒、寒冷地区透明幕墙的传热系数小于 1.8W/(m² · K)，幕墙的气密性能达到现行国家标准《建筑幕墙》GB/T 21086 规定的 3 级。

必须对透明幕墙围护结构的保温隔热、冷凝等热工性能进行明确的规定，由于透明幕墙的气密性能对建筑能耗也有较大的影响，为了达到节能目标，根据现行国家标准《建筑幕墙》GB/T 21086—2007，建筑幕墙开启部分气密性 3 级对应指标为 1.5≥qL [m³/(m · h)] ＞0.5，建筑幕墙整体气密性 3 级对应指标为 1.2≥qA [m³/(m² · h)] ＞0.5。

为提升透明幕墙的保温性能，应根据所设定的幕墙隔热保温、遮阳控光、避免光污染、隔声和自然通风等性能要求以及分格装饰要求，选择其窗体多腔体铝型材断面构造、埋件、转接件、五金配件及锁具等的隔热构造、自然通风间层（器）或开启扇构造、幕墙复合遮阳设施构造、多层多腔复合玻璃的选择以及构件导水构造等。

非透明幕墙板与保温材料之间设有空气层空隙，可形成缓冲功能的空腔，如运用恰当能够大幅提高建筑围护结构的传热系数，提高保温性能。同时，非透明幕墙对于保温层和墙体的防水导水至关重要，应设置防水层和幕墙导水构造，避免雨水渗漏造成保温层的破坏。

（3）当公共机构建筑入口大堂采用全玻幕墙时，全玻幕墙中非中空玻璃的面积不应超过同一立面透光围护结构面积的 10%，且应按同一朝向立面透光面积（含全玻幕墙面积）加权计算平均传热系数。

由于功能要求，公共机构建筑的底层入口门厅往往采用玻璃肋式的全玻璃幕墙，这种幕墙形式无法采用中空玻璃；为了保证围护结构的热工性能，必须对非中空玻璃的面积提出控制要求，底层大堂非中空玻璃的面积不宜超过同一朝向的门窗和透明玻璃幕墙总面积的 10%，并可按同一朝向的门窗玻璃幕墙按面积计权计算平均传热系数。如某一公共机构门厅为透明幕墙：底层非中空幕墙面积为 10% 的同一朝向面积，一般幕墙玻璃取低辐射的中空玻璃 $K=1.6$（构造 6+15A+6，辐射率 $e=0.1$，空气），幕墙的传热系数 $K=2.1$（断热铝合金框 $K=3.4$，窗框比＝20%）；底层单玻 10 厚，$K=6$ 左右；计算朝向（单玻部分 10%）平均传热系数 $K=2.1×0.9+6×0.1=2.5$；符合窗墙比 50% 以下的甲类建筑的要求。

3.供暖空调设计

采用电机驱动的蒸气压缩循环冷水（热泵）机组时，其在名义制冷工况和规定条件下的性能系数（COP）应符合表 2-2-7 中规定。

冷水（热泵）机组制冷性能系数限值   表 2-2-7

类型		名义制冷量 $CC(kW)$	性能系数 COP（W/W）		
			严寒 A、B 区	严寒 C 区	寒冷地区
水冷	活塞式/涡旋式	$CC \leqslant 528$	4.2	4.2	4.4
	螺杆式	$CC \leqslant 528$	4.8	4.9	5.3
		$528 < CC \leqslant 1163$	5.2	5.2	5.7
		$CC > 1163$	5.4	5.5	6.1
	离心式	$CC \leqslant 1163$	5.2	5.2	5.8
		$1163 < CC \leqslant 2110$	5.5	5.6	6.1
		$CC > 2110$	5.9	5.9	6.3
风冷或蒸发冷却	活塞式/涡旋式	$CC \leqslant 50$	2.7	2.7	2.8
		$CC > 50$	2.9	2.9	3
	螺杆式	$CC \leqslant 50$	2.8	2.8	3
		$CC > 50$	3	3	3.2

蒸气压缩循环冷水（热泵）机组的综合部分负荷性能系数（IPLV）不应低于表 2-2-8 的数值。对多台冷水机组、冷却水泵和冷却塔组成的冷水系统，应将实际参与运行的所有设备的名义制冷量和耗电功率综合统计计算，当机组类型不同时，其限值应按冷量加权的方式确定。

冷水（热泵）机组综合部分负荷性能系数（IPLV）限值   表 2-2-8

类型		名义制冷量 $CC(kW)$	综合部分负荷性能系数 $IPLV$		
			严寒 A、B 区	严寒 C 区	寒冷地区
水冷	活塞式/涡旋式	$CC \leqslant 528$	5.2	5.2	5.2
	螺杆式	$CC \leqslant 528$	5.7	5.8	5.8
		$528 < CC \leqslant 1163$	6.1	6.1	6.2
		$CC > 1163$	6.2	6.3	6.6
	离心式	$CC \leqslant 1163$	5.5	5.5	5.7
		$1163 < CC \leqslant 2110$	5.8	5.9	6
		$CC > 2110$	6.3	6.3	6.5
风冷或蒸发冷却	活塞式/涡旋式	$CC \leqslant 50$	3.3	3.3	3.3
		$CC > 50$	3.5	3.5	3.5
	螺杆式	$CC \leqslant 50$	3.1	3.1	3.2
		$CC > 50$	3.3	3.3	3.4

名义制冷量大于 7100W 的电机驱动压缩机单元式空调机、风管送风式和屋顶式空调机组的制冷能效比 EER，应符合表 2-2-9 中规定。

单元式空调机、风管送风式和屋顶式空调机组制冷能效比限值　　表 2-2-9

类型		名义制冷量 CC(kW)	能效比 EER(W/W)		
			严寒 A、B 区	严寒 C 区	寒冷地区
风冷	不接风管	7.1<CC≤14.0	2.8	2.8	2.9
		CC>14.0	2.8	2.8	2.9
	接风管	7.1<CC≤14.0	2.6	2.6	2.7
		CC>14.0	2.6	2.6	2.7
水冷	不接风管	7.1<CC≤14.0	3.6	3.6	3.7
		CC>14.0	3.4	3.4	3.5
	接风管	7.1<CC≤14.0	3.3	3.3	3.4
		CC>14.0	3.2	3.2	3.3

可再生能源的利用类型和限值指标如表 2-2-10 所示。

公共机构绿色建筑可再生能源利用类型和限值指标　　表 2-2-10

可再生能源应用占比	由可再生能源提供的供冷供热量比例(%)	≥25%
	或由可再生能源提供的电量比例(%)	≥4.5%

2.2.2 室内环境指标

1. 室内热舒适性能

室内热舒适度应当符合表 2-2-11 的指标要求。

室内热舒适指标要求　　表 2-2-11

评价项目	室内状态	标准限值	备注
温度(℃)	夏季制冷	24~28	与主观要求相关
	冬季采暖	18~22	与主观要求相关
相对湿度(%)	夏季制冷	40~65	与主观要求相关
	冬季采暖	30~60	与主观要求相关
空气流速(m/s)	夏季制冷	≤0.3	体表空气流速
	冬季采暖	≤0.2	体表空气流速
PMV 指数		-0.5~+0.5	预计平均热感觉指数
PPD 指标		≤10%	室内热舒适不满意率

2. 室内空气质量性能

室内空气质量应当符合表 2-2-12 的指标要求。

室内空气质量指标要求　　表 2-2-12

表征参数	单位	一级指标限值	二级指标限值	备注
二氧化碳	ppm	600	1000	8 小时平均值
甲醛	mg/m³	0.04	0.08	8 小时平均值

表征参数	单位	一级指标限值	二级指标限值	备注
苯	mg/m³	0.08	0.1	8小时平均值
总挥发性有机物(TVOC)	μg/m³	400	500	8小时平均值
细菌总数	cfu/m³	1500	2000	依据仪器设定
氡	Bq/m³	200	300	年平均值
臭氧	mg/m³	0.08	0.10	8小时平均值
氨	mg/m³	0.12	0.16	8小时平均值
可吸入颗粒物(PM10)	μg/m³	50	150	日平均值
可吸入颗粒物(PM2.5)	μg/m³	35	75	日平均值
		除PM2.5外,一级指标限值是对室内空气质量提出更高层次要求,满足 GB/T 18883 规定的室内空气环境;除 PM2.5 外,二级指标是指满足 GB/T 18883 规定的室内空气环境		

室内新风量应当符合表 2-2-13 的指标要求。

室内新风量指标要求 表 2-2-13

表征参数	标准值
新风量	30m³/h·人

通风方式与对应的空气流速符合表 2-2-14 的指标要求。

空气流速指标与通风要求 表 2-2-14

通风方式	空气流速
机械通风	1. 夏季空调室内空气流速不大于 0.3m/s; 2. 冬季采暖室内空气流速不大于 0.2m/s
自然通风	空气流速在 0.3~0.8m/s 之间

3. 室内声、光舒适性能

室内噪声级和低频倍频带噪声声压级符合表 2-2-15 的指标要求。

关窗状态下的室内噪声限值 单位:dB(A) 表 2-2-15

时间	一级指标	二级指标
昼间	≤40	≤45
夜间	≤30	≤35
	一级指标适用于需要高品质室内声环境 二级指标适用于一般大众健康的室内声环境	

室内安全照度和舒适照度符合表 2-2-16 的指标要求。

室内安全照度和舒适照度指标要求　　　　　　　　　　　表 2-2-16

房间或场所		参考平面及其高度	安全照明(lx)	舒适照明(lx)
办公室	一般活动	0.75m 水平面	100	150
	书写、阅读	0.75m 水平面	300	500
餐厅		0.75m 水平面	150	300
卫生间		0.75m 水平面	100	150
电梯前厅		地面	75	100
走道、楼梯间		地面	50	75
车库		地面	30	50

室内照明的色温、眩光、显色性和频闪等舒适度符合表 2-2-17、表 2-2-18 的指标要求。

室内照明的色温舒适度和色表特征指标要求　　　　　　　表 2-2-17

适用场所	白天		夜间	
	相关色温(K)	色表特征	相关色温(K)	色表特征
办公室；卫生间、电梯前厅、走道、楼梯间；车库	3300~5300	中间	<3300	暖
起居室书写与阅读；餐厅；厨房	3300~5300	中间	3300~5300	中间

其他照明质量舒适度指标要求　　　　　　　　　　　　表 2-2-18

参数	安全照明	舒适照明
统一眩光等级 UGR	19	16
显色指数 Ra	80	90
频闪	40kHz	

室外安全照度应当符合表 2-2-19 的指标要求。

室外安全照度指标要求　　　　　　　　　　　　　　　表 2-2-19

场所	标准面水平维持照度(lx)	眩光限制值 GR
交通频率高	20	50
交通频率中	10	50
交通频率低	5	55

地下空间照明符合表 2-2-20 的指标要求。

地下空间照明指标要求　　　　　　　　　　　　　　　表 2-2-20

场所	类别	标准面水平维持照度(lx)
车道	交通频率高	150
	交通频率中	75
	交通频率低	30

场所	类别	标准面水平维持照度(lx)
停车位置	出入车辆多	75
	出入车辆少	30

2.3　低能耗建筑多主体全专业协同设计方法

2.3.1　多主体全专业协同设计方法和工作流程

1.协同设计方法

针对当前我国协同设计所存在的问题，应对建筑绿色设计和建造深化设计全过程的设计协同流程和多主体的工作协同方式进行整合研究。建立项目前期针对建筑全寿命期的环境品质、建筑性能、建造成本、可持续运营等多主体协同的绿色策划和专项咨询分析流程和动态交互接口。建立绿色建筑设计全过程中多主体全专业协同设计的关键绿色技术管控节点、动态交互主要内容以及环境数字模拟和集成技术等交互接口，制定全工程设计时段全专业协同设计的流程。结合对我国工程总承包管理机制的探索，建立绿色建造深化设计全过程多主体全专业协同的优化设计、节点深化、建材比选和设备选定的协同工作方法、管控节点和工作流程。

（1）概念设计阶段：在建筑概念设计阶段，建筑师应针对以下被动式建筑设计内容进行感性的分析和应用：最佳朝向的建筑布局、有利于夏季微风引导的群体布局、建筑形体规整控制、主要功能空间自然通风、所需功能空间良好的天然采光、主要功能空间良好的室外视线。

建筑体块设计完成后，将其导入数字模拟平台，主要针对场地规划风环境、日照环境、阳光遮挡条件和建筑体形系数进行分析，作为多方案比选的条件之一，将概念设计阶段加入量化优选和比较的因素。

（2）建筑方案阶段：建筑师应针对以下因素加以分析：开窗朝向、窗墙比、幕墙所占比例、室内高大空间、建筑遮阳与窗体结合方式、太阳能与建筑一体化方式，大进深空间采光等进行设计参数设定。并针对过渡季主要功能空间自然通风引导、所需功能空间良好的天然采光导入、地下空间导光等拟采用的技术措施，以及主要外饰用材和所需性能参数进行设定。

根据以上所设定的数值，引入模型进行初步数字模拟，通过调整所设定的参数，进行模拟数值比较。

（3）初步设计阶段：方案通过评审确定后，应首先列出拟采用围护结构节能、机电设备系统节能、节水的各专业建筑技术措施及被动式建筑设计并进行相应的模拟。

各专业就技术方案提出控制性指标和相对应的技术措施和设备选型，要求业主单位和设计单位共同就拟采用的建材和设备列出遴选目录清单。对（多选）材料和设备选型进行用材和选型成本分析，组成包括业主、设计和专项专家等多主体共同参与的过程评价，并结合现行评价标准将相关数值和参数输入评价软件进行评价。

（4）概算调整阶段：针对初步的评价结果和概算，对选材和设备选型的性能参数进行价格和性能比较，并论证各系统之间的耦合关系。听取相关业主使用单位、运行管理单位、专业公司和专家的征询意见，形成初步设计绿色设计专篇。

（5）施工图设计阶段：建筑师在已确定的技术方案基础上，将各专业之间涉及已确定的绿色建筑技术措施交接点进行罗列，并重点针对以上交接点进行专项论证和设计验算，针对围护结构的节能薄弱点进行深化设计，并针对所采用的构造措施进行窗墙节点节能计算，针对围护结构的整体组合进行性能模拟，得出其性能参数。

施工预算微调阶段：要求列出各设备系统性能参数与运营使用要求的对应反馈表，并对施工预算中的材料选材和设备选型进行复核。

（6）深化设计与施工实施：在施工招标投标完成后，施工单位针对绿色建筑技术措施清单进行施工专项组织策划，施工单位针对施工图中未确定的材料和设备列出清单，明确所有用材和设备的性能。列出与绿色建筑技术措施相关的分包项、材料和设备厂商采购明细，针对拟选定的用材安装构造节点和设备安装空间尺度进行深化，并列出主要技术措施所对应的分项安装关键节点和性能检测清单。

在施工过程中，应针对主要绿色建筑技术措施所对应的关键安装节点和主要用材性能安装后的性能进行专项检测，如针对围护结构的节能薄弱点检测其指标是否与设计相符，为后期设备系统运行调适和维护管理提供依据。

（7）交付前调适与维护调适：施工交付前对各设备系统进行调适，并与物业管理单位和各设备厂商共同进行设备系统的试运行，与设计要求进行对比和评估。当使用达到设计满负荷时，通过能耗监测系统监测分析用能实效情况，并定期对建筑围护结构和设备运行进行抽检和测试，如发现如实效数据与设计目标存在差异，应找出关键点，进行提升改造。

2. 协同设计工作流程

依据我国现行的建设管理设计流程，设计性能化协同设计工作流程管控分为五个阶段：概念设计、方案设计、初步设计、施工图设计、实施深化设计（表2-3-1）。

设计总承包单位应重点在概念设计阶段组织建筑师团队，针对绿色建筑策划所应确定的项目目标值、实施策略和经济可行性进行分析。在方案设计、初步设计阶段则主要针对绿色建筑的性能化设计进行相应数字化分析和目标值验证，确保其设计的经济性与适宜性，并确定各专项设计的设计参数和性能目标值。施工图设计和深化设计阶段主要是针对节点和专项设计开展设计工作。其协同设计工作流程见图2-3-1。

协同设计工作流程表　　　　　　　　　　　　　　　表2-3-1

阶段	概念设计	方案设计	初步设计	施工图设计	实施深化设计		
					工艺深化图纸	部品样板	设计确认
业主使用单位	○	○	○	○		□	
业主建设单位	□	□	□	□	○	○	▲
工程总承包	—	—	—	—	▲	▲	—
设计总承包	▲	▲	▲	▲	□	□	□
设备部品厂家	—	—	◎	◎	◎	◎	—

▲主办　□审核　○备案　◎论证

（1）概念设计和目标值策划阶段：主要是针对建筑创作和建筑被动式设计的关联因素提出要求，特别是结合地域性的气候区特征、场地微气候环境，建筑适宜性规划设计、与建筑功能相适宜的自然资源利用（太阳能、微风、遮阴等）条件的分析。其设计分析工作由主创建筑师负责组织实施（而不是绿星策划申报单位），采用相关的数字分析软件，导入全季节、全时段的气候参数。所得出的数字化分析结果再与建筑群体空间、建筑形体构成，建筑虚实对比等相关设计创作因素进行对比分析，在保证创意设计的同时，用数字量化成果分析优化方案创作。该阶段的主要协同单位主要是：业主单位和物业使用单位。

（2）方案设计阶段：主要是针对建筑单体设计的被动式设计适宜性进行分析论证，主要包括：建筑窗墙比、自然通风、天然采光、遮阳措施、体形控制、高大空间等因素，是将这些因素作为设计方案的考量因素之一，通过数字模拟方式考量方案的优选。这个阶段主要还是以建筑师为责任主体，其工作平台不应再是一个个的创作个体，而应将该阶段的设计工作置入协同设计平台之中，在平台内置入各地区的大数据地域性信息，通过参数化数字优化分析，使建筑原创设计得到相对应的大数据分析。这与传统的设计专业流程中，对建筑方案设计的各专业论证不同，其分析成果的输出是基于大数据平台的应用。

（3）初步设计阶段：是以性能和能耗目标值为基础，以性能化设计为主线的设计方式。性能目标值主要是指：室内环境舒适性参数和目标值（如温湿度、隔声、新风量等），以及围护结构、主要建材、主要设备的性能参数（传热系数、太阳得热系数综合 SHGC 值、气密性、水密性、抗风压级、采暖、空调负荷要求、照明负荷要求）。该阶段所提出的以能耗目标值为基础的各类控制性要求，连同各协同单位所提出的性能要求会一并置入协同设计平台之中，通过参数化数字优化分析得出性能化的分析成果，有效地控制建筑性能、建筑能效、一次性能耗等。

传统设计专业流程中的建筑技术措施论证在该阶段，如各专业系统的暖通空调，照明系统，供能系统，给排水系统以及可再生能源的利用、室内外环境，结构用材分析等方面的优化分析同样可通过协同设计平台来完成数字化分析。

值得注意的是，该阶段拟选用的设备、材料的性能参数对数字化分析的结果至关重要。根据我国特有的建筑流程和对建筑师设计选材的规定，该阶段还无法确定设备和用材，这就要发挥设计总承包和建筑师全过程咨询的作用，建立拟选设备、材料、部品工程品牌库，较为准确地获得各类参数，用于数字化分析模拟和对应的项目成本测算。同时，还要听取最终运行管理单位的运行意见，对设备和用材选择进行相应的调整。

（4）施工图设计阶段：是根据初步设计的确定的设计目标值，围绕围护结构技术措施、设备和用材性能标准、各专项设计开展优化设计工作。同时，应针对照明节能优化设计、透明和非透明幕墙优化设计、数据机房节能优化设计、智能化控制系统专项设计以及计量和智能监测管理平台优化设计等开展专项设计工作。设计完成后，还要根据工程预算和最终的建筑各项性能模拟计算值进行修改和效核。

（5）施工阶段的深化设计：是针对施工招标工作完成后，由施工企业提出的优化建议和设计要求，包括：模板模架深化设计，幕墙安装深化设计，围护结构节点深化设计，设备安装节点深化设计，以及围护结构和节点的综合性能检测。同时，由于我国的工程管理程序要求施工企业必须"照图施工"，施工阶段的深化设计只能由施工企业提出要求，经设计单位认可后方可实施。所以，与工程总承包施工企业的协同设计实际上是在这个阶段才能真正开始。一般由施工单位列出深化设计清单，设计单位应组织施工单位、设备和材料供应企业、专业咨询单位等针对工艺深化设计进行论证和审核。在工程交付前，还要针对各设备系统运行的调适方法进行深化技术咨询和调适结果对比分析。应由设计总承包单位进行协同组织和审核的施工阶段绿色建筑深化设计图纸如表 2-3-2 所示（包含但不限于）。

施工阶段绿色建筑深化设计图纸和内容 表 2-3-2

分类	深化图纸类别	深化内容
工艺深化图纸	内装施工工艺深化图	1.绿色建材性能遴选 2.地面材料铺装模数化铺装图； 3.墙面饰面材料模数化排版图； 4.隔断(玻璃隔断)模数化立面图； 5.隔断(玻璃隔断)可移动拆装构造图； 6.吊顶与设备安装对应模数化排版图； 7.地面饰物和设备安装对应模数化铺装图
	景观施工工艺深化图	1.外墙与地面交接处导水深化节点图； 2.管井检查口与步行道和景观环境对应深化节点图； 3.海绵渗水铺装和设施节点深化图； 4.室外管网渗漏监测流量分析监测深化
	夜景照明施工工艺深化图	1.节能灯具性能遴选与墙体安装构造深化节点图； 2.控制管线优化设计图； 3.LED灯具智能控制系统优化设计图
	幕墙施工工艺深化图	1.幕墙、广告牌、LOGO、雨棚、采光顶等的钢结构杆件支座无热桥安装节点及做法详图； 2.埋件无热桥安装节点详图； 3.预制装配饰材排版及节点详图； 4.窗墙安装节点密封胶、防火封堵保温材料及节点详图；
设备厂家深化图纸	机电设备管线及智能化设备安装深化图	1.智能化系统及设备末端点位布置平面图； 2.弱电管线密封敷设节点详图； 3.BA系统监控点表； 4.数字机房设备布置图； 5.机电设备及管线密封敷设节点及安装详图等
	太阳能利用专项深化	1.太阳能(光电)热水工程系统图，太阳集热板、热水箱(罐)，水泵等无热桥安装节点详图； 2.设备基础埋件无热桥安装节点详图
	墙体外挂设备专项深化	1.雨水斗、雨水管道等无热桥安装节点详图； 2.墙体外挂设备无热桥安装节点详图
BIM及管线综合	与施工企业BIM模型对接深化	1.管线综合对接深化图； 2.管线综合节点平面详图； 3.管线综合节点剖面图详图； 4.安装节点详图； 5.用材、设备、部品遴选信息详图

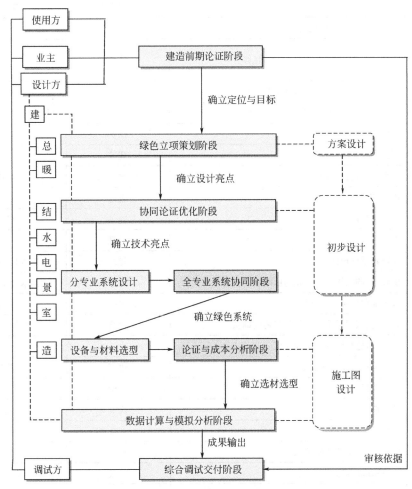

图 2-3-1 协同设计工作流程框架图

2.3.2 全过程全专业协同设计平台构建

1. 不同设计阶段协同平台构建

（1）绿色立项策划阶段（方案设计时）

1）绿色立项：制定分阶段时间节点计划表、确定多主体对接负责人、建立绿色设计交互反馈机制（建筑），见表 2-3-3。

时间节点计划表示例　　　　　　　　表 2-3-3

设计阶段	任务	责任方	参与方
方案设计	项目定位与目标论证	建筑	业主、使用方
	地域特征分析、绿色标准依据选定	总图	建筑
	建筑类型和系统能耗占比情况分析	暖通	建筑
	绿色建筑预评价	建筑	
设计亮点协同会议		全专业	

设计阶段	任务	责任方	参与方
初步设计	场地规划绿色设计	建筑	总图、景观、给排水
	室内外环境性能绿色设计	建筑	结构、给水排水、暖通、电气、室内
	场地与建筑环境模拟优化	建筑	暖通
技术亮点协同会议		全专业	
初步设计	结构体系优化设计	结构	
	围护结构系统设计	建筑	
	供水系统设计、雨水系统规划	给水排水	景观
	供暖、空调系统设计	暖通	
	供电系统设计	电气	室内
	景观设计	景观	
	无障碍系统设计	建筑	景观、室内
	供暖、空调系统模拟优化与协同确认	暖通	给水排水、建筑
	雨水规划系统协同确认	给水排水	景观、建筑
	智能化、照明系统模拟优化与协同确认	建筑	电气、室内
绿色系统设计协同会议		全专业	
施工图设计	设备与材料备选库建立	建筑	业主、使用方、全专业
	结构选材	结构	
	建筑选材	建筑	室内
	水系统产品选型	给水排水	景观
	供暖、空调系统产品选型	暖通	
	供电系统产品选型	电气	
	材料选材论证、用量控制与成本分析	造价	结构、建筑、景观
	产品设备选型论证与成本分析	造价	给水排水、暖通、电气、建筑、室内
选材选型协同会		全专业	
施工图设计	模拟计算与细节调整	建筑	全专业
	材料整理与评价申报	建筑	全专业

2）地域分析：项目所属地域特征分析、地区绿色建筑标准、绿色建筑导则分析（总图），见表 2-3-4。

绿色建筑相关标准信息汇总　　　　　　　　　　　　表 2-3-4

国家层面		
分类	技术规范	评价标准
总体		《绿色建筑评价标准》GB/T 50378—2019

国家层面		
分类	技术规范	评价标准
分类型	《民用建筑绿色设计规范》JGJ/T 229—2010	《绿色办公建筑评价标准》GB/T 50908—2013
		《绿色商店建筑评价标准》GB/T 51100—2015
		《绿色博览建筑评价标准》GB/T 51148—2016
		《绿色医院建筑评价标准》GB/T 51153—2015
		《绿色饭店建筑评价标准》GB/T 51165—2016
		《绿色航站楼标准》MH/T 5033—2017
		《绿色工业建筑评价标准》GB/T 50878—2013
分阶段	《绿色建筑运行维护技术规范》JGJ/T 391—2016	《既有建筑绿色改造评价标准》GB/T 51141—2015
	《建筑工程绿色施工规范》GB/T 50905—2014	《建筑工程绿色施工评价标准》GB/T 50640—2010
地方层面		
具有地方评价标准	北京、上海、河北、浙江、福建、重庆、宁波、广西、大连、深圳、甘肃、江苏、吉林、湖南、青海、江西、云南、沈阳、河南、广东、天津、山东、内蒙古、四川共 24 个省区市	
具有地方设计标准	北京、上海、江苏、浙江、福建、广西、重庆、四川、陕西共 9 个省区市	

3）类型分析：项目所属建筑类型系统能耗占比情况分析（暖通），见图 2-3-2。

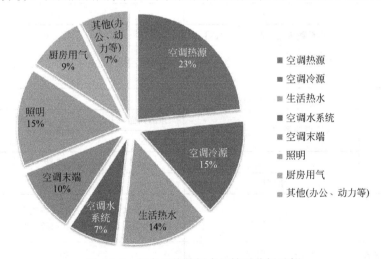

图 2-3-2 绿色系统能耗占比情况分析示例

4）设计亮点确立：绿色规划分析、建筑自然通风、天然采光和阳光利用效率分析、建筑建造方式和建筑用材选择等（建筑）。

（2）协同论证优化阶段（初步设计前）

1）场地规划决策：室外空间环境和规划设计策略确立（建筑、总图、景观、给水排水）。

① 城市公共空间、场地活动空间人性化功能和环境氛围。

② 容积率指标、绿地率指标。

③ 海绵基地设计策略、绿植保护策略。

④ 地下空间开发策略。

2）建筑性能决策：建筑环境性能和舒适度目标值指标确立（建筑、结构、给水排水、暖通、电气、室内），见表 2-3-5。

① 室内环境空气质量。

② 隔声环境质量。

③ 温湿度控制。

④ 窗体导热性能。

⑤ 围护结构性能。

环境性能和舒适度参数①   表 2-3-5

室内环境参数	冬季	夏季
温度（℃）①	≥20	≤26
相对湿度（%）	≥30②	≤60
新风量（m³/h·人）	符合《民用建筑供暖通风与空气调节设计规范》GB 50736—2012 中的有关规定	

能耗性能指标及气密性指标

能耗指标	节能率□≥75%③	
气密性指标	换气次数 N50≤0.6④	

建筑关键部品	参数		指标
外墙	传热系数 K 值[W/(m²·K)]		≤0.405
屋面	传热系数 K 值[W/(m²·K)]		≤0.36
与土壤接触面	热阻 T 值[(m²·K)/W]		≥0.66
外窗	传热系数 K 值[W/(m²·K)]		≤1.44
	太阳得热系数综合 SHGC 值	东南西面	SHGC≤0.315
		北面	SHGC≤0.54
	气密性		≥7 级
	水密性		≥5 级
用能设备	冷源能效		冷水(热泵)机组制冷性能系数比《公共建筑节能设计标准》DB11/687—2015 提高 10%以上
空气-空气热回收装置	额定热回收效率（%）		≥60%
可再生能源应用占比	由可再生能源提供的热水比例（%）		≥20%

① 公共建筑的室内温度的设定还应满足国家相关运行管理规定；

② 冬季室内湿度不参与能耗指标的计算。

③ 为围护结构热工性能与满足北京市《公共建筑节能设计标准》GB 50189 的参照建筑相比的相对节能率。

④ 压差在 50Pa 下的换气次数。

3）试评价引入：确定绿色建筑认证体系、导入绿色建筑评价依据、进行绿色设计预

---

① 室内环境参数、气密性指标等参考《公共建筑节能设计标准》GB 50189、《北京市超低能耗建筑标准》等要求。

评价、确定星级打分

4）技术亮点确立：可再生能源利用、余热利用、水资源利用等（全专业）。

（3）分专业系统设计阶段（初步设计时）

1）结构体系优化设计（结构）

① 结构体系、基础类型、结构安全等级。

② 抗震设防类别、抗震设防烈度。

③ 形体规则性判定。

2）围护结构系统设计（建筑）

① 围护结构节能构造。

② 窗地比、外窗/幕墙可开启比例。

3）供水系统选型、雨水规划系统选型（给水排水）

① 给水系统形式、日供水量。

② 中水系统形式。

③ 雨、污水系统形式。

④ 消防给水系统形式。

⑤ 空调水系统制式。

4）供暖系统设计、空调系统设计（暖通）

① 供暖方式、供暖系统制式、供暖建筑面积。

② 供暖热负荷指标。

③ 空调系统形式、空调建筑面积。

④ 空调冷/热负荷、空调冷/热指标。

⑤ 单位建筑面积耗冷/耗热量指标、单位建筑面积变压器装机容量。

5）供电系统设计（电气）

① 供电电源设计、用电指标、用电负荷等级、电力总用电负荷。

② 智能化系统设计。

③ 照明节能系统设计、照明综合用电负荷。

④ 变压器配置、变压器装机密度。

⑤ 备用电源系统设计。

⑥ 防雷类别及措施。

（4）全专业系统协同阶段（初步设计时）

1）供暖、空调系统协同（暖通、给水排水、建筑）。

2）雨水规划系统协同（给水排水、景观、建筑）。

3）智能化、照明系统协同（电气、建筑、室内）。

4）绿色系统确立（全专业）。

（5）设备与材料选型阶段（施工图设计时）

1）结构选材（结构）。

2）建筑选材（建筑）。

3）水系统产品选型（给水排水）。

4）供暖、空调系统产品选型（暖通）。

5）供电系统产品选型（电气）。

（6）论证与成本分析阶段（施工图设计时）

1）材料选材论证、用量控制与成本分析（造价、结构、建筑、景观）。

2）产品设备选型论证与成本分析（造价、给水排水、暖通、电气、建筑、室内）。

3）选材选型确立（全专业）。

（7）数据计算与模拟分析阶段（施工图设计后）

1）围护结构权衡计算、综合性能分析。

2）主要采暖空调、用电设备参数选用。

3）主要是内外环境模拟分析。

4）建筑遮阳计算分析。

5）建筑设计整体性能分析。

6）不同建筑装饰用材和不同建造方式的数据比较。

2.设计与运行协同平台构建

协同平台中应用的模型均为 BIM 模型，并支持实时导入、三维查看、修改、导出等，所有能导出国际建筑工程数据交换标准（IFC）的文件均可导入平台，且可以导入纯物理模型后赋予其属性信息，将物理模型在平台上升级为 BIM 模型，实现与 REVIT、RHINO、SKETCHUP 等常用设计软件的模型交互。

（1）设计和施工阶段应用的 BIM 技术协同平台

设计阶段采用的 BIM 技术包括：三维可视化设计、参数化设计、协同设计、碰撞检查、管线综合、性能分析、经济分析等应用。

施工阶段采用的 BIM 技术包括：深化设计、管线综合、经济分析、协同管理、虚拟建造、辅助招采、物料管理、变更洽商、进度优化、质量安全等应用。

（2）BIM 设计＋设计协同＋PIM-SOP 智慧运行协同平台

采用 BIM 设计手段以数字模型为基础，使协同策划、协同商榷、协同设计、材料遴选、成本控制、运行调适、监测运行等共同使用同一个协同设计平台，将技术措施的适用分析、能耗目标值设定与设计管理集中于一个平台进行控制，由原来的单参数设计，转变为多参数的协同设计。见图 2-3-3。

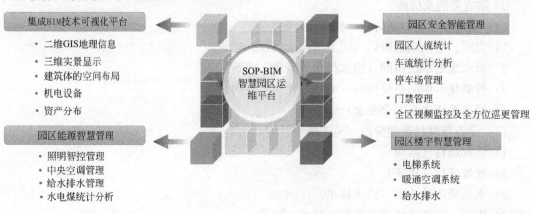

图 2-3-3 SOP-BIM 运行平台

可视化的能耗监测及反馈提升优化设计分析软件，利用 BIM 数字设计使智慧运行平台形成了可视化的能耗监测优化方法，并对其各类建筑设备、构件和部品性能数据进行智慧监测，并通过加设各类综合传感设备和软件分析控制，根据建筑空间内人体行为的实时状态，智能控制设备运行，监测建筑室内环境质量。并将数据分析及时反馈到协同设计平台进行提升优化。

1）多个角度展示公共机构园区的整体效果，包括 GIS 地图信息、园区整体 BIM 模型、园区整体各专业模型，综合统计数据，整体全面了解数字化的公共机构园区。见图 2-3-4。

图 2-3-4　园区数据统计分析

2）建筑智慧运行数据管理：

多纬能耗数据采集：智能建筑楼宇设备监控系统数据、分时天气环境数据、分时室内环境传感器数据、分时人员分布活动数据，见图 2-3-5。

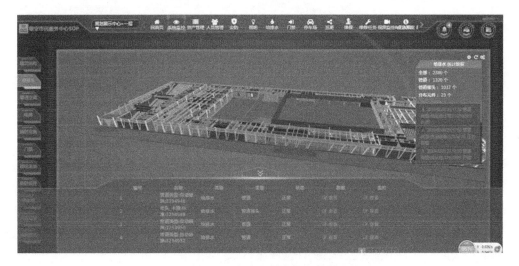

图 2-3-5　各专业设备运行监控

能耗大数据分析：得出设备节能策略、指导调整智能建筑楼宇设备监控系统、预测能源消耗状况、指导能源采购策略。

能源利用策略优化：设施运行策略优化、设施精准维护保养、环境智能控制、节能管理提升。

第二部分　绿色设计

第3章 建筑被动式设计与性能化设计集成技术

3.1 建筑被动式设计集成技术

3.1.1 规划设计

1.合理保护场地原有地形地貌

结合现状地形地貌进行场地设计与建筑布局，保护场地内原有的自然水域、湿地和植被，采取表层土利用等生态补偿措施。通过优化建筑规划布局，提供更多的绿化用地或绿化广场，创造更加宜人的公共空间；鼓励绿地或绿化广场设置休憩、娱乐等设施并定时向社会公众免费开放，以提供更多的公共活动空间。

建设项目应对场地可利用的自然资源进行勘查，充分利用原有地形地貌，尽量减少土石方工程量，减少开发建设过程对场地及周边环境生态系统的改变，包括原有水体和植被，特别是大型乔木。在建设过程中确需改造场地内的地形、地貌、水体、植被等时，应在工程结束后及时采取生态复原措施，减少对原场地环境的改变和破坏。表层土含有丰富的有机质、矿物质和微量元素，适合植物和微生物的生长，场地表层土的保护和回收利用是土壤资源保护、维持生物多样性的重要方法。

2.地表与屋面雨水径流

公共机构建筑在建设过程中应尽量不破坏原有的自然水文环境，把环境干扰控制在最低程度，这一原则也称为"低冲击开发"（Low Impact Development，LID），即采用小型、分散的措施，对场地雨水径流从源头进行控制，保护场地开发前的水文特征。

场地雨水径流控制利用具有多元化目标包括：下渗回补地下水，雨水资源收集回用，减少径流排放，提高排涝调蓄能力；控制径流污染，避免破坏水生态环境；与园林绿化相结合，营造生态景观，减少灌溉用水量等。

对场地进行雨水专项规划设计，场地开发应遵循低影响开发原则，合理利用场地空间设置绿色雨水基础设施。绿色雨水基础设施有雨水花园、下凹式绿地、屋顶绿化、植被浅沟、雨水截流设施、渗透设施、雨水塘、雨水湿地、景观水体、多功能调蓄设施等。绿色雨水基础设施有别于传统的灰色雨水设施（雨水口、雨水管道等），能够以自然的方式控制城市雨水径流、减少城市洪涝灾害、控制径流污染、保护水环境。合理确定下凹式绿地、雨水花园等有调蓄雨水功能的绿地和水体面积。合理衔接和引导屋面雨水、道路雨水进入地面生态设施，并采取相应的径流污染控制。合理确定硬质铺装地面中透水铺装面积比例，保证雨水排放和滞蓄过程中有良好的衔接关系，对场地雨水实施减量控制，并保障进入场地景观水体和外排雨水的水质安全，见表3-1-1。

可通过"年径流总量控制率"指标实现径流总量控制，即通过自然和人工强化的入渗、滞蓄、调蓄和收集回用等措施，场地内累计一年得到控制的雨水量占全年总降雨量的比。

地表与屋面雨水利用措施可行性　　　　表 3-1-1

| 位置 | 单项设施 | 功能 | | | | | 控制目标 | | | 经济性 | | 污物去除率（以 SS 计，%） | 景观效果 |
		削减峰值流量	积蓄利用雨水	净化雨水	传输	补充地下水	径流总量	径流峰值	径流污染	建造费用	维护费用		
源头措施	透水铺装	◎	○	◎	○	●	●	◎	◎	低	低	80～90	—
	屋顶绿化	◎	○	◎	○	○	●	◎	◎	高	中	70～80	好
	下凹式绿地	◎	○	◎	○	●	●	◎	◎	低	低	—	一般
	雨水花园	◎	○	●	○	●	●	◎	●	中	低	70～95	好
	植被缓冲带	○	○	◎	—	○	●	◎	◎	低	低	50～75	一般
	雨水桶	◎	●	◎	○	○	◎	◎	○	低	低	80～90	—
中途措施	植草沟	○	◎	○	●	○	●	◎	◎	低	低	35～90	一般
	渗管/渠	○	○	○	●	◎	●	◎	◎	中	中	35～70	—
末端措施	水塘	●	●	◎	○	○	●	●	●	高	中	50～80	好
	雨水湿地	●	●	●	○	○	●	●	●	高	中	50～80	好
	雨水池	◎	●	◎	○	○	●	●	◎	高	中	80～90	好

注：1. ●——强　◎——较强　○——弱或很小。

2. SS 去除率数据来源：美国流域保护中心（Center For Watershed Protection，CWP）研究数据为保证雨水措施发挥作用，场地开发过程也应注意各种技术措施的竖向设计与衔接。

3. 建筑朝向与日照

建筑物朝向对太阳辐射得热量和空气渗透耗热量都有影响。在其他条件相同情况下，东西向建筑的传热耗热量要比南北向的高 5% 左右。建筑物的主立面朝向冬季主导风向，会使空气渗透耗热量增加。这主要是由于太阳高度角和方位角的变化规律，使建筑在冬季能够最大限度地利用日照，增加太阳辐射得热量，并避开冬季主导风向，减少建筑外表面热损失。同时，在夏季能够最大限度地减少太阳辐射通过窗体入射得热，并可利用自然通风降温冷却，以达到节能的目的。

新建公共机构无论是办公建筑、医疗建筑还是学校建筑，多以群体建筑为主。可通过日照模拟分析建筑群体之间、场地高差和植物绿植的相互日照遮挡和遮阳效果。并通过定性或定量分析确定其公共机构群体规划布局和建筑朝向是否有利于夏季自然通风。

公共机构建设应不妨碍周边既有建筑（特别是居住建筑）继续满足有关日照标准的要求，周边建筑在建设前满足日照标准的，应保证其在建设后仍符合相关国家和地方所规定的日照标准要求；周边建筑在建设前未满足日照标准的，在建设后不可再降低其原有的日照水平。

4. 建筑布局与室外风环境

夏季、过渡季自然通风对于建筑节能十分重要，良好的自然通风有利于提高室外环境的舒适度。夏季、过渡季通风不畅在某些区域形成无风区和涡旋区，将影响室外散热和污染物消散。所以，公共机构建筑的规划布局还应考虑与城市风道相结合。

同时，由于建筑群体布局不当，有可能导致局部风速过大，行人举步维艰或强风卷刮物品等现象。研究结果表明，建筑物周围人行区 1.5m 高处风速宜低于 5m/s，以保证人们在室外的正常活动。

建筑布局要基于年主导风的作用，使建筑群内风环境达到优良状态；既要保证室外的空气流通又要减少高速流场区，并加强复杂流场区的导风避免涡流区。也可以通过景观布置优化室外风环境，如：在冬季主导风上游种植枝叶较为浓密的常绿乔木，阻挡冬季强风。

公共绿地空间布局应有利于夏季主导风的气流通风组织，特别是要在迎风面连续布置的建筑群中应有迎风开口，建筑与夏季主导风向的投射角不宜大于 45°。行政办公楼、学校建筑一般进深较窄，可通过建筑平面空间组织及门窗设置形成穿堂风的布局，医院建筑由于进深较大可以通过设置内天井或热压通风实现建筑内部通风。严寒、寒冷地区与夏热冬冷地区的自然通风设计应兼顾冬季防寒要求。

5. 室外光环境与阳光辐射吸收

公共机构建筑应避免产生光污染，建筑光污染包括建筑反射光（眩光）、夜间的室外照明等。光污染产生的眩光会让人感到不舒服，还会使人降低对光线等重要信息的辨识力，带来道路安全隐患。

玻璃幕墙表面采用光反射率低或均匀扩散漫反射的材料，建筑玻璃幕墙可见光反射比不大于 0.2。人工光源不应对建筑表面造成光污染，建筑泛光照明应严格控制建筑表面的照度，被照建筑表面的平均照度不超过国际照明委员会（CIE）规定的照度值。

采用屋顶绿化及场地绿化直接吸收阳光。屋顶绿化夏季可使屋顶外表面平均降低24.6℃，内表面平均降低 5.4℃，冬季可使屋顶内外表面平均升高 3℃左右。同时可使屋顶外表面空气相对湿度平均提高 12.5%，有利于建筑的节能和健康舒适环境的营造。

建筑屋面和外墙宜采用绿化屋面或不少于 75% 的非绿化屋面为浅色饰面，坡屋顶太阳辐射吸收率小于 0.7，平屋顶太阳辐射吸收率小于 0.5；建筑外墙采用浅色饰面，墙面太阳辐射吸收率小于 0.6。

3.1.2 建筑设计

1. 被动式建筑设计

在我国被动式建筑设计和相关技术应用的思想古而有之，房屋坐北朝南、择南向而开窗可以充分地利用太阳光资源，对于气温较低、日照时间较长的北方地区，太阳光资源的最大化利用则显得尤为重要。对于我国北方高纬度地区，太阳高度角较小，较大间隔的建筑布局便是对此积极的适应。对于我国南方热带地区，建筑间隔相对较小以形成较大的互遮挡阴影区，从而缓解过于强烈的太阳辐射对建筑室内热环境的影响。总之，建筑被动式设计应当秉承资源节约、高效集成、环境舒适的设计原则。

（1）资源节约的设计

要实现建筑的节能与环保，需要从建筑的规划和方案设计入手，规划设计好建筑单体与环境的关系，降低运行成本，力求节约能源，减少污染，最大限度地利用自然资源与周围的环境（如气候，交通等），并协调好建筑的结构和所使用的建筑材料。

（2）高效集成的设计

只有同时满足多项指标的严格要求才能被称为被动式建筑，因此，被动式建筑设计需要技术的高效集成。建筑外围护结构应首先保证无结构性热桥，还要保证连续气密层的完整性，避免设计缺陷造成不必要的能量损失。同时，被动式建筑应有窗墙比的限制，窗的设计将直接影响建筑使用中自然通风与自然采光的利用程度。

（3）健康舒适的设计

公共机构建筑空间既是工作生产的场所也是生活的空间，环境健康舒适与否对活动在其中的人影响很大，会直接影响到工作的效率和生活的满意度。所以，为建筑中的人们提供一个健康舒适的空间环境是必要条件，这就要求其空气、水、污染源、环境噪声、光线、气流组织、热湿环境、人体工程学等方面均达到相应的控制性标准。

2. 建筑空间设计

（1）空间优化

新建公共机构的建筑设计应提高空间利用效率，避免不必要的高大空间和无功能空间，避免过大的过渡性和辅助性空间。应避免过于高大的厅堂、过高的建筑层高、过大的房间面积所造成的增加建筑能耗、浪费土地和空间资源等现象的发生。

公共机构建筑既要提高空间使用率，又要提供更多的公共活动空间，开敞空间和可变空间。

可通过优化交通空间和机房空间设计、加大柱网，减少承重墙等技术措施，得到更多的有效使用面积。可充分利用建筑的坡屋顶空间，既可以在夏季遮挡阳光直射并引导通风降温，又可以在冬季作为温室加强屋顶保温。

（2）空间共享

公共机构建筑宜向社会公众提供开放的公共空间，室外活动场地错时向周边居民免费开放，可以有效地提高空间的利用效率，节约用地、节约建设成本及对资源的消耗，增加公众的活动与交流空间，为人们提供更多的沟通和休闲的机会，使建筑服务于更多的人群。

公共机构的配套辅助设施设备应共同使用资源共享，建筑的车库、设备用房、空调机房、食堂、健身房、休息厅、会议室、报告厅等可以供建筑内使用者共同使用。例如办公建筑的地下车库，在下班后提供给周边居民使用；办公建筑的室外健身场地和园林景观，在非办公时间向周边居民开放。学校的运动场所，在非校用时间向社会公众开放。

（3）空间适应性

公共机构宜充分考虑建筑将来可能发生的使用功能、使用人数和使用方式的变化，例如公共机构办公建筑中部门编制的变化、医院需求的变化等，设计时应选择适宜的开间和层高。

在保证室内工作环境不受影响的前提下，办公建筑可采用大空间办公方式，只在会议、小办公室区域设置隔断，以适应将来布局的变化；医院建筑应考虑诊疗弹性模块的设计，使空间分隔更容易变化。同时为使用期间构配件的替换和将来建筑拆除后构配件的再利用创造条件。

（4）体型系数

在供暖供冷期间，每一建筑物都通过外围护结构与外界进行热量交换。这种传导热损失直接与外围护结构面积成正比。对于同一空间体积，热交换面积越小，外围护结构所包围单位空间体积（A/V 关系——建筑体形系数）供暖供冷负荷越小，即建筑体形系数越小，建筑供暖供冷负荷越小。

绿色公共机构在进行建筑造型设计时，应注意以减少散热表面积为目标，建筑造型采用规整紧凑性原则，保持较小体形系数。

（5）窗墙比

公共机构的窗墙面积比的确定要综合考虑多方面的因素，其中最主要的是不同地区冬、夏季日照时间长短、太阳总辐射强度、阳光入射角大小、季风影响、室外空气温度、室内采光设计标准以及外窗开窗面积与建筑能耗等因素。

在绿色公共机构建筑设计时，应通过性能分析，在满足现行标准的前提下，进行窗墙比优化。我国幅员辽阔，南北方、东西部地区气候差异很大。窗、透光幕墙对建筑能耗高低的影响主要有两个方面：①窗和透光幕墙的热工性能影响到冬季供暖、夏季空调室内外传热；②窗和幕墙的透光材料（如玻璃）受太阳辐射影响而造成的建筑室内的得热。冬季通过窗口和透光幕墙进入室内的太阳辐射有利于建筑的节能，因此，减小窗和透光幕墙的传热系数抑制温差传热是降低窗口和透光幕墙热损失的主要途径之一；夏季通过窗口和透光幕墙进入室内的太阳辐射成为空调冷负荷，因此，减少进入室内的太阳辐射以及减小窗或透光幕墙的温差传热都是降低空调能耗的途径。由于不同纬度、不同朝向的墙面太阳辐射的变化很复杂，墙面日辐射强度和峰值出现的时间是不同的，不同纬度地区窗墙面积比也应有所差别。同时，窗墙面积比也应满足《建筑采光设计标准》GB 50033 的要求，良好的采光有利于降低照明能耗。因此，窗墙比应通过性能化设计方法根据多种因素的影响综合确定。

由于玻璃肋式的全玻璃透光幕墙形式无法采用中空玻璃，传热系数达不到《公共建筑节能设计标准》DB 11/687 对围护结构透光部分的限值要求，导致这部分区域的夏季和冬季室内热环境舒适性较差，且单位面积供暖空调能耗也较大。为了保证围护结构的整体热工性能，公共机构对该种幕墙的面积和热工性能提出控制要求，不宜采用玻璃肋式全透光玻璃幕墙或减少其面积。

3.1.3 天然采光

天然采光不仅有利于照明节能，而且有利于营造舒适、健康的光环境，改善空间卫生环境。

建筑功能的复杂性和土地资源的紧缺，使公共机构建筑进深不断加大，建筑的地下空间和大进深的地上室内空间，容易出现天然采光不足的情况。为满足人们心理和生理的健康需求并节约人工照明的能耗，可以通过一定技术手段将天然光引入地上采光不足的建筑空间和地下建筑空间。可采取采光井、采光天窗、下沉庭院、半地下室等措施，以及导光管、反光板、棱镜玻璃窗、散光板等集光、导光设备，来有效改善室内和地下空间的天然采光效果。

1. 窗体天然采光

（1）合理布置建筑的开窗是保证室内光环境和视野环境舒适度的基础。应充分利用自然采光，提高采光系数以及室外视野的舒适度，应满足主要功能房间70％以上的区域都能透过玻璃窗看到室外环境，满足视野舒适度要求。同时，满足主要功能空间的采光系数达到《建筑采光设计标准》GB 50033 的要求。

建筑开窗位置设计应注意避免产生眩光，采取合理的控制眩光措施。减少不舒适炫光的措施有：工作区域尽量避免直射阳光，人员的视觉背景不设置窗户，设置室内外遮阳措施，窗周围的内墙面采用浅色饰面。

（2）反光板是一种历史悠久的自然采光构件，在建筑中用来遮阳和反射光线改善室内光环境，其材质主要是木材、金属、钢筋混凝土、塑料、织物、玻璃等，材料的选择应综合考虑其反射系数、结构强度、费用、清洁维护方便性、耐久性及建筑内外构造美观等多种因素。主要作用是降低近窗处的照度值，改善大进深空间照度均匀性，进而实现室内舒适柔和的自然采光环境。见图 3-1-1。

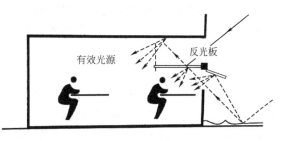

图 3-1-1　反光板原理

（3）天窗。天窗是指设在建筑屋顶的窗户。天窗的采光、通风效率较侧窗高，光线均匀，因此在公共机构建筑中应用广泛，天窗种类繁多，按其结构、位置以及同屋顶的关系，可分为天顶型、凸起型和凹陷型三类。天窗适用于大进深公共空间需要利用天然采光提升建筑室内环境舒适度的情况，见图 3-1-2。

图 3-1-2　天窗采光

但是，公共机构建筑中对天窗的面积和热工性能要予以控制，因为天窗面积太大，或天窗热工性能差，建筑物能耗会加大，对节能是不利的。

甲类建筑单一立面的窗墙面积比不超过 70%，且屋顶透光部分与屋顶总面积比不超过 20%；乙类、丙类建筑单一立面窗墙面积比均不超过 60%，且屋顶透光部分与屋顶总面积比不超过 20%。

2.设施天然采光

（1）采光井及下沉庭院

地下空间和大进深空间也可采取采光井和下沉式庭院等技术手段来实现自然采光要求。

采光井分为两种：第一种指在地下室或半地下室外墙采光口外设置井式结构物。它主要是解决建筑内个别房间采光不好的问题，同时采光井还兼具自然通风作用。第二种是指大型公共机构建筑采用四面围合、在建筑内部设置的内天井。这种主要是通过天井来解决内核空间采光、通风不足的问题。

也可通过提高建筑的±0.000高差形成半地下室，直接对外开设窗洞口，从而获得天然采光和自然通风，提高地下空间的品质，减少照明和通风能耗。

下沉庭院是指在前后有高差的地方，通过人工方式处理高差和造景，使原本是地下室的部分拥有面向花园的敞开空间。可以理解为采光井的更高级别，设计特点是在正负零的基础上下跃一层，同时附带很大面积的外庭院，这使得地下一层借助外庭院的采光相当于地上一层。

（2）光导管采光

光导管作为一种无电照明系统，可使建筑物白天能利用太阳光进行室内照明。其基本原理是，通过采光罩高效采集室外自然光线并导入系统内重新分配，再经过特殊制作的导光管传输后由底部的漫射装置把自然光均匀高效地照射到任何需要光线的地方。该装置主要由三部分组成：采光装置、导光装置、漫射装置，见图3-1-3。

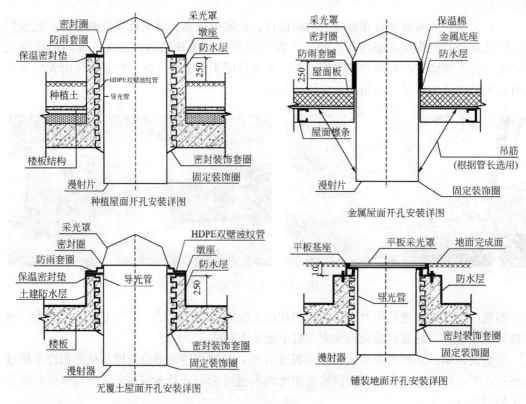

图3-1-3 光导管做法示意图

3.1.4 自然通风

1. 自然通风方式

（1）自然通风

自然通风是指利用自然的手段（热压和风压等）来促使空气流动而进行的通风换气方式。自然通风不消耗动力，可带来新鲜、清洁的室外空气，在降低室内温度的同时还可改善室内热舒适性和提高室内空气品质。自然通风方式有利用风压、利用热压以及风压与热压共同作用等几种形式。自然通风方式的通风效果受室外环境、建筑室内布局以及开口大小位置等因素的影响，具有非常大的不可控制性。当前，对自然通风的利用已经不同于以前开窗、开门通风，而是综合利用室内外条件来实现。如根据建筑周围环境、建筑布局、建筑构造、太阳辐射、气候、室内热源等，来组织和诱导自然通风。在建筑构造上，通过中庭、双层幕墙、风塔、门窗、屋顶等构件的优化设计，来实现良好的自然通风效果。

（2）混合通风

混合通风是在自然通风和机械通风基础上发展起来的一种新型通风方式，它综合利用自然通风和机械通风的原理，实现空气的流动。混合通风弥补了单一通风方式的不足，能够在改善室内空气品质和降低空调系统能耗的同时，尽可能地减少常规能源的消耗。

混合通风方式下，可只使用送风机或排风机来辅助建筑开口的自然通风。为提高系统效率，可根据室内外的温度设置恒温控制器等控制系统来控制风机的起停，控制系统可确定最低能耗下的换气率和气流形式。

以上通风方式的选择应综合考虑室外环境参数和建筑类型来进行，对于大型公共机构建筑，由于其建筑立面可自由开启的面积较少，且考虑到安全因素，因此通风方式也多采用混合通风方式。

2.加强自然通风的措施

可采取措施加强建筑内部的自然通风，例如：采用导风墙、捕风窗、拔风井、太阳能拔风道等诱导气流的措施；设有中庭的建筑在适宜季节利用烟囱效应引导热压通风；建筑外窗设置自然通风器，有组织地引导自然通风；在不同季节，不仅通风量会发生变化，通风方式也会有明显差别。严寒和寒冷地区与夏热冬冷地区的自然通风设计应兼顾冬季防寒要求。

设置可直接通风的半地下室、下沉式庭院、通风井、窗井，可提高地下空间品质，节省机械通风能耗。地下停车库的下沉庭院要注意避免汽车尾气对建筑使用空间的影响。

（1）穿堂通风

利用穿堂风进行自然通风的建筑，其迎风面与主导风向宜成 $60°\sim90°$ 角，不宜小于 $45°$ 角，排风窗背向主导风向；通过建筑造型或窗口设计等措施，增大进、排风窗空气动力系数的差值；当由两个和两个以上房间共同组成穿堂通风时，房间的气流流通面积宜大于进排风窗面积；要获得良好的穿堂风，需要如下一些基本条件：室外风要达到一定的强度；穿堂气流通道上，避免出现喉部；气流通道短而直；减小建筑外门窗的气流阻力。

当无法采用穿堂通风而采用了单侧通风时，要有强化措施使单面外墙窗口出现不同的风压分布，同时增大室内外温差下的热压作用。通风窗与主导风向间夹角宜为 $40°\sim65°$；可通过窗口及窗户设计，在同一窗口上形成面积相近的下部进风区和上部排风区，并宜通过增加窗口高度以增大进、排风区的空气动力系数差值；窗户设计应使进风气流深入房间；窗口设计应防止其他房间的排气进入本房间；宜利用室外风驱散房间排气气流。研究结果表明，外窗室内外表面的风压差达到 $0.5Pa$ 有利于建筑的自然通风。

（2）中厅热压通风

建筑利用中庭进行热压通风，是利用空气相对密度差加强通风，中庭上部空气被太阳加热，密度较小，而下部空气从外墙进入后温度相对较低，密度较大，这种由于气温不同产生的压力差会使室内热空气升起，通过中庭上部的开口逸散到室外，形成自然通风过程的烟囱效应，烟囱效应的抽吸作用会强化自然对流换热，以达到室内通风降温的目的。中庭上部设置可开启窗时，应注意避免中庭热空气在高处倒灌进入其他功能用房的情况。在冬季中庭宜封闭，以便白天充分利用温室效应提高室温。

例如：某办公楼为普通的中间走廊、两侧办公室布局，虽然进深不大，但办公室使用时门大多关闭，很难形成穿堂风。通过对建筑自然通风进行优化设计，采取了以下技术措施：①每3层设置一个3层通高的共享中庭，促进室内通风效果，也增加了交流空间；②北侧两端增加了两个小阳台，使南侧房间与其形成穿堂风；③在办公室门上设置可开启亮子，适宜季节打开通风，且不影响房间的私密性；④在办公室内设置吊扇，进一步促进房间里的自然通风，见图3-1-4。

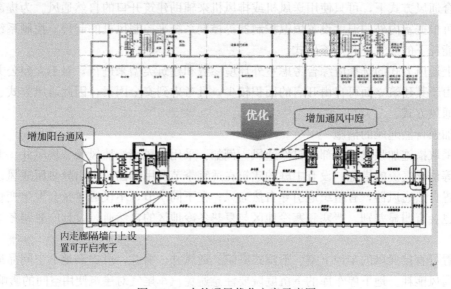

图 3-1-4　自然通风优化方案示意图

中国台湾地区的绿色魔法学校采用了三座大型浮力通风塔，利用室内外温差及高度差产生的热压进行通风换气，在过渡季利用通风塔进行自然通风，可完全代替空调，见图3-1-5。

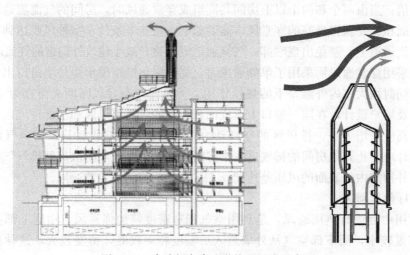

图 3-1-5　台湾绿色魔法学校通风塔示意图

（3）通风器通风

夏季暴雨时虽然很凉爽，不无法开启外窗，造成室内通风不畅。可以采用自然通风器，在室外环境不利时仍能保证自然通风的措施。当采用自然通风器时，应有方便灵活的开关调节装置，应易于操作和维修，宜有过滤和隔声功能。

（4）地道风

利用地道风就是利用天然的地层蓄热（冷）性能，为建筑物提供热（冷）量。夏季，室外的空气进入地道内，通过与地道壁面的传热，可以达到降温目的，然后送入房间；冬季，通过地道与空气之间的传热，提高送入房间的室外空气的温度。

相关研究表明，地道降温冷却能力随地道长度，埋深，管间距增加而递增；随地道内风速增加而递减。随着地道深度的增加，由于地层温度波动幅度减小，夏季时深层土壤温度较低，地道出口风温随之下降，系统的冷却能力上升，但当深度大于 4m 后，地层温度随深度的增加波幅变化很小，地道出口风温降幅不大。在设计时应当充分考虑地道长度、土壤温度以及间歇运行的时间、频率等因素，达到控制初投资和保证地道降温能力的目标。

3.1.5 遮阳设计

遮阳设计应根据地区的气候特点、房间的使用要求以及窗口所在朝向综合考虑。遮阳设施遮挡太阳辐射热量的效果除取决于遮阳形式外，还与遮阳设施的构造、安装位置、材料与颜色等因素有关。遮阳装置可以设置成永久性或临时性。永久性遮阳装置包括在窗口设置各种形式的遮阳板或遮阳百页等；临时性的遮阳装置包括在窗口设置轻便的窗帘、各种金属或塑料百叶等。永久性遮阳设施可分为固定式和活动式两种。活动式的遮阳设施可根据一年中季节的变化，一天中时间的变化和天空的阴暗情况，调节遮阳板的角度。遮阳措施也可以采用各种热反射玻璃和镀膜玻璃、阳光控制膜、低发射率膜玻璃等。

1. 构件遮阳

建筑遮阳的目的是阻隔阳光直射，可防止透过玻璃的直射阳光使室内过热；可防止建筑围护结构过热并造成对室内环境的热辐射；可防止直射阳光造成的强烈眩光。由于日辐射强度随地点、日期、时间和朝向而异，建筑中各朝向窗口要求遮阳的日期、时间以及遮阳的形式和尺寸也需根据具体地区的气候和窗口朝向而定。

水平挑板遮阳：能够有效遮挡高度角较大的、从窗上方投射下来的阳光。它适用于南向窗口的遮阳。水平式遮阳有实心板和百叶板等多种形式。设计时应考虑遮阳板挑出长度、位置。百叶板应考虑其角度、间距等，既保证遮挡夏季直射阳光，同时减少对寒冷季节直射阳光的遮挡。

垂直挑板遮阳：能够有效遮挡高度角较大的、从窗侧斜射过来的阳光。但对于高度角较大的、从窗上方投射下来的阳光，或接近日出、日落时平射窗口的阳光，不起遮挡作用。适合于东北、西北向窗口的遮阳。当垂直挑板遮阳布置于东、西向窗口时，板面应向南适当倾斜。

综合式叠加效果：能够有效遮挡高度角中等、从窗前斜射下来的阳光，遮阳效果比较均匀。适合于东南、西南、正南向窗口的遮阳。

2. 设施遮阳

（1）研究表明，外遮阳所获得的节能收益为 10%～24%，而用于遮阳的建筑投资则不足 2%。建筑物外遮阳在欧洲应用得很普遍，即使是日照不太充足的国家和地区，也广泛在建筑上使用遮阳产品。

外遮阳能非常有效地减少建筑得热，但是效果与遮阳构造、材料、颜色等密切相关，同时也存在一定的缺陷。由于直接暴露于室外，使用过程中容易积灰，而且不易清洗，日久其遮阳效果会变差（遮阳构件的反射系数减小，吸收系数增加）。并且外遮阳构件除了考虑自身的荷载之外，还要考虑风、雨、雪等荷载，由此带来腐蚀与老化问题。设施遮阳可分为机翼垂直外遮阳和百页水平外遮阳，图 3-1-6 和图 3-1-7 为常见的两种外遮阳的做法示意图。

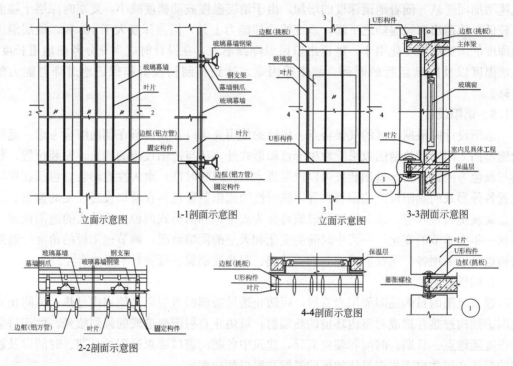

图 3-1-6　机翼垂直外遮阳做法示意图

（2）按照遮阳调节方式又可分为手动调节光线的遮阳和自动调节光线的遮阳，智能化遮阳可根据室内外温度及日照强度自动调节遮阳设施，有条件的建筑可安装光感元件、温感元件及传动装置，以实现智能化的全自动控制。

智能化遮阳是一项较为复杂的系统工程，是从功能要求到控制模式、信息采集、执行命令、传动的全过程控制系统。它涉及气候测量、制冷继续运行状况的采集、电力系统配置、楼宇系统、计算机控制、外立面构造等多种因素。例如：天津南部、新城文化活动中心采用了建筑遮阳与人工照明相互关联的技术，实现智慧化遮阳。

3. 玻璃自遮阳

（1）通过着色、印花等方式降低玻璃的遮阳系数，从而降低进入室内的太阳辐射量。利用玻璃本身遮阳，最常见的是彩釉玻璃，通过丝网印刷技术在透明玻璃上印制各种不透明的花纹，以形成彩釉玻璃。彩釉玻璃对阳光有遮挡作用。用于幕墙和采光顶的

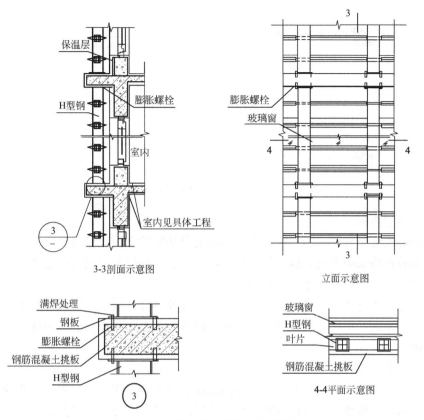

图 3-1-7　百叶水平外遮阳做法示意图

彩釉玻璃，往往采用更粗大的印刷花纹，例如宽度达 200mm 以上的条纹。利用有一定遮光效果的玻璃如镀膜玻璃、光质变玻璃和光电玻璃等来遮阳，还可以用玻璃制成百叶，玻璃百叶通透性好，叶片选用透明或磨砂玻璃等不同的材料，以取得不同的视觉效果。

（2）通过玻璃镀膜、贴膜的方式提高自身的遮阳性能，阻断部分阳光进入室内。玻璃自身的遮阳性能对节能的影响很大，应该选择遮阳系数小的玻璃。遮阳性能好的玻璃常见的有吸热玻璃、热反射玻璃、低辐射玻璃。这几种玻璃的遮阳系数低，具有良好的遮阳效果。值得注意的是，前两种玻璃对采光有不同程度的影响，而低辐射玻璃的透光性能良好。尽管玻璃自身具有一定的遮阳性能，但宜配合百叶遮阳等措施才可获得更好遮阳效果。

4.多功能遮阳设备

（1）导光遮阳板

遮阳（构件）虽然能阻绝太阳辐射热的侵入，但也可能影响室内的自然采光。因此在遮阳设计时，要避免遮阳板（片）对所需光线或视线的遮挡。可以将遮阳板（片）向阳部分做成具有反射能力的光面，通过一定的物理折射方式，使其在遮挡光线的同时又能按需要折射太阳光线至室内的深处，照亮内部空间，避免眩光的产生，同时具有良好的遮阳、采光和通风性能（图 3-1-8）。

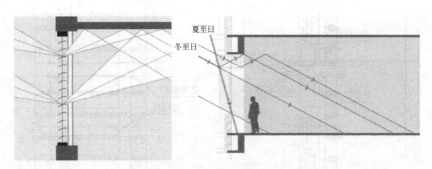

图 3-1-8　具有遮阳和导光性能的遮阳设施

（2）光电遮阳板

将太阳能光电与可调节遮阳板结合，构成复合功能的太阳能综合利用装置。不断调节角度的遮阳板追踪太阳光线，最大限度地吸收太阳能，在遮阳的同时通过光电技术将太阳能转化成电能，成为能生产电能的遮阳板。

利用光电板进行遮阳，其主要优点是，可以与外装饰材料结合使用，特别是能够替代传统的玻璃等幕墙面板材料，集发电、隔声、隔热、遮阳和装饰功能于一体，且运行时没有噪声和废气。

（3）多功能材料

随着科学技术的发展，具有特殊性能的遮阳材料不断出现。如利用具有控制阳光特性的夹层玻璃做遮阳构件，不仅可以减少阳光穿透的能量，还可以减弱使人眩目的太阳可见光，在反射大部分太阳辐射热的同时却能让漫射光穿过玻璃遮阳板，使得透明遮阳成为可能。传统的可调节遮阳主要通过机械操作来实现遮阳，现在利用化学反应调节遮阳已成为可能，电致变色玻璃和光致变色玻璃等新产品都属于此类，当在光线不强时又完全恢复透明的状态，达到最大透光率。

3.2　建筑性能化设计集成技术

建筑室内外环境的舒适性和健康性是绿色建筑设计的重要内容，建筑模拟是建筑环境设计检验和优化的必备手段。由于建筑环境质量是由众多因素所决定的一个复杂过程，因此只有通过计算机模拟计算的方法才能有效地预测所设计的建筑环境质量是否能够满足绿色建筑设计要求，并以此为基础模拟计算出建筑物全年所需的能耗。绿色建筑设计过程中主要涉及的模拟项见表 3-2-1 和图 3-2-1。

绿色建筑设计十项主要模拟　　　　　　　　　　　表 3-2-1

控制类别	模拟名称	应用阶段	应用对象	常用软件
风环境	室外风环境模拟	建筑规划阶段	红线内建筑群	Fluent；Phoenics；sc-STREAM；Vent；Ansys；Airpak；FDS
	室内自然通风模拟	方案设计阶段	主要功能房间	
	室内气流组织模拟	方案设计阶段	主要功能房间	

控制类别	模拟名称	应用阶段	应用对象	常用软件
光环境	总平面日照模拟	建筑规划阶段	红线内建筑群	Ecotect；Sunlight；RADI-ANCE；PKPM-Daylight
	室内天然采光模拟	方案设计阶段	主要功能房间	
热环境	建筑节能模拟计算	初步设计阶段	建筑围护结构	PKPM；Equest；斯维尔BECS；EnergyPlus
	采暖空调能耗模拟	初步设计阶段	暖通空调系统	
	城市热岛效应模拟	建筑规划阶段	红线内建筑群	斯维尔 GARD；Fluent
声环境	环境噪声模拟	建筑规划阶段	红线内建筑群	SoundPLAN；Cadna/A
	室内噪声模拟	方案设计阶段	主要功能房间	ODEON；COMSOL Multiphysics

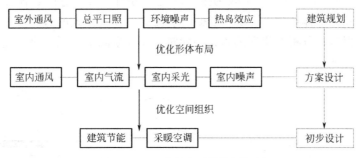

图 3-2-1　三阶段十项模拟框架图

3.2.1　室外环境性能化设计

1.室外场地风环境模拟

（1）室外风环境模拟

可以利用计算流体动力学（CFD）手段，通过不同季节典型风向、风速对建筑室外风环境进行模拟，通过模拟分析建筑群体之间、场地高差，通过定性或定量分析确定其公共机构群体规划布局是否有利于舒适的室外风环境。

（2）方法和途径

1）Fluent：通用 CFD 软件包，用来模拟从不可压缩到高度可压缩范围内的复杂流动。由于采用了多种求解方法和多重网格加速收敛技术，因而 Fluent 能达到最佳的收敛速度和求解精度。

2）Phoenics：Phoenics 是英国 CHAM 公司开发的模拟传热、流动、反应、燃烧过程的通用 CFD 软件，网格系统包括：直角、圆柱、曲面（包括非正交和运动网格，但在其 VR 环境不可以）、多重网格、精密网格。可以对三维稳态或非稳态的可压缩流或不可压缩流进行模拟，包括非牛顿流、多孔介质中的流动，并且可以考虑黏度、密度、温度变化的影响。

3）其他风洞试验，CFD 数值模拟：Ansys；Airpak 建筑流体模拟软件；FDS 软件等。

2.室外场地日照模拟

（1）模拟内容

进行日照模拟时应按照当地的地理纬度、地形条件和建筑物周围环境，分析对阳光的遮挡情况及建筑物阴影的变化，合理地确定城乡规划的道路网方位、道路宽度、街坊位置、街坊布置形式和建筑体形；根据日照标准中对建筑物中各房间日照的要求，分析邻近建筑物阴影遮挡情况，合理地选择和确定建筑物的朝向和间距，以保证建筑物内部的房间有充足的日照；根据阳光通过采光口进入室内的时间、面积和太阳辐射强度等变化的情况，确定采光口及建筑构件的位置、形状及其大小；同时还应正确设计遮阳构件及计算其遮阳效果。

（2）方法和途径

1）Ecotect：Ecotect 是一个与三维建模工具链接的，具有高度可视化、交互性的建筑设计和分析工具。它可对包括太阳能、热量、能量、照明、听觉、资源使用以及费用等方面进行分析。Ecotect 是当今市场上较为全面的建筑分析软件，它的建模和分析功能可以处理任何复杂的几何形体模型，给设计者提供了视觉上和交互式的有用反馈信息，除了标准化的图表信息报告，分析结果还能直接在建筑表面和空间上显示出来，使得建筑师能够直观地了解建筑性能，见图 3-2-2。

图 3-2-2　室外场地日照模拟示意图

2）Sunlight：三维日照分析软件 Sunlight 软件提供三维建筑实体精确建模、多种格式的外部三维模型导入、曲面地形场地等造型手段，简单高效的"自造建筑"功能，直接建造常见的基于拉伸体的建筑轮廓，并有多种布置门窗、单双坡、多坡屋顶等各种造型屋顶自动生成和编辑功能。任意建模工具可输入多种几何造型，解决了一般软件中无法处理的复杂三维建筑模型建造、任意曲面造型等问题。

3.室外场地热岛效应模拟

（1）模拟内容

《绿色建筑评价标准》GB/T 50378—2014 指出建筑设计阶段可以通过模拟判断夏季典型日（典型日为夏至日或大暑日）的日平均热岛强度（8：00～18：00 的平均值）是否达到不高于 1.5℃的要求。热岛模拟可通过计算流体动力学（CFD）完成，为了方便起见，可以只比较 9：00、12：00、15：00 以及 18：00 四个典型时刻结果的平均值。

（2）方法和途径

1）斯维尔 GARD：绿建设计 GARD 构建于 AutoCAD 平台，作为绿色建筑系列软件的前端软件，即绿色建筑 BIM 的创建工具，既满足设计单位的设计出图需要，又为绿色建筑的建筑物理环境分析奠定基础，满足设计方案初期快速获取日照和采光等基本绿色建筑指标，并可快速计算室外场地平均热岛强度。

2）Fluent：利用 CFD 流体力学计算基础的 Fluent，除了可以模拟建筑风环境外还可模拟项目室外场地热岛效应，本质上，热岛效应也极大程度上基于建筑群体规划下的风环境设计。

4. 室外场地环境噪声模拟

（1）模拟内容

环境噪声模拟主要针对项目的室外环境，在规划阶段和通风、日照等模拟一同作用于规划决策。在建筑设计及规划过程中，室外声学环境的优劣会直接影响到建筑和环境的舒适性和使用功能。如何在设计的方案阶段做好声环境的设计与分析，避免声缺陷或环境噪声干扰，可通过计算机模拟的手段，在规划和方案设计阶段就对项目的声学特性进行模拟，从而指导声环境的设计和优化。

（2）方法和途径

1）SoundPLAN：自 1986 年由 Braunstein Berndt GmbH 软件设计师和咨询专家颁布以来，迅速成为德国户外声学软件的标准，并逐渐成为世界关于噪声预测、制图及评估的领先软件。SoundPLAN 是包括墙优化设计、成本核算、工厂内外噪声评估、空气污染评估等的集成软件。目前 SoundPLAN 是噪声评估界使用最广泛的软件。

2）Cadna/A：该系统是一套基于 ISO9613 标准方法、利用 WINDOWS 作为操作平台的噪声模拟和控制软件。Cadna A 软件广泛适用于多种噪声源的预测、评价、工程设计和研究，以及城市噪声规划等工作，其中包括工业设施、公路和铁路、机场及其他噪声设备。软件界面输入采用电子地图或图形直接扫描，定义图形比例按需要设置。对噪声源的辐射和传播产生影响的物体进行定义，简单快捷。按照各国的标准计算结果和编制输出文件图形，显示噪声等值线图和彩色噪声分布图。环境噪声模拟示意见图 3-2-3。

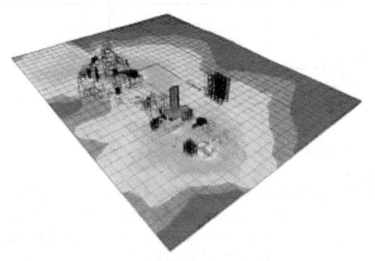

图 3-2-3　环境噪声模拟示意图

3.2.2 室内环境品质性能化设计

1. 室内自然通风模拟

（1）模拟内容

自然通风模拟根据侧重点不同有两种模拟方法：一种为多区域网络模拟方法，其侧重点为建筑整体通风状况，为集总模型，可与建筑能耗模拟软件相结合；另一种为 CFD 模拟方法，可以详细描述单一区域的自然通风特性。

（2）方法和途径

1）scSTREAM：基于结构化网格（直角或圆柱坐标）的通用热流体仿真软件。和其他通用热流体分析软件一样，scSTREAM 采用有限体积法进行离散。scSTREAM 求解一百万网格模型所消耗的内存不到 300MB，用户界面也提供了许多实用的功能，如 VB 接口和表格用户函数输入功能。scSTREAM 适合模拟的几何模型往往由很多矩形部件为主组成。任何的曲面和斜坡都以阶梯形状近似地表示，不会对流场或热传导造成不利的影响。成功案例包括通风系统模拟，室内通风分析和电子冷却等。scSTREAM 也适合于那些对几何精度要求低于对处理和计算时间要求的分析。

2）Fluent、Phoenics 等软件同样适用于室内通风模拟分析，同一项目可考虑使用统一软件进行风环境相关分析。同时，清华大学开发的 DeST 软件，在进行通风模型和热模拟模型的耦合计算时采取了两种不同的耦合方式，即，onion 耦合方式和 sequential 耦合方式。实现真正意义的耦合计算。室内自然通风模拟示意见图 3-2-4。

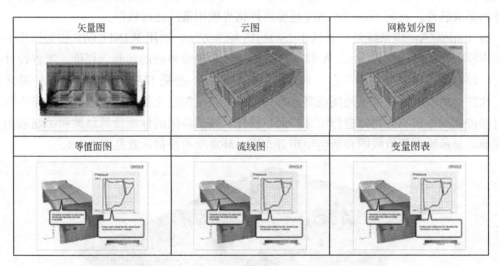

图 3-2-4 室内自然通风模拟示意图

2. 室内气流组织模拟

（1）模拟内容

在暖通空调工程设计过程中，可以提高室内空气品质的途径不外乎增加新风量、加强过滤和改善气流组织方式这三种。在前两者确定的情况下，气流组织就成为能否有效改善室内空气品质，实现设计者意图的重要一环。设计时应充分考虑围护结构的气密性和建筑物内压力分布，保证室内通风换气效果；合理设计通风气流组织，保证不同工况、不同参数时能将新鲜空气送到工作区，及时有效排出污染物。工程实践表明，在条件相同的情况下，不同的气流组织形式，会对室内空气品质产生一定影响。所以，研究气流组织对室内空气品质的具体影响是必要的。

（2）方法和途径

1）Airpak：同样是 Fluent 公司的产品，专门为暖通专业设计，内置了许多模型，如房间、墙、风口、人员、热源等，能够自动网格化，能生成报表、动画，功能虽然没有 Fluent 全面，但比 Fluent 专业；其界面较粗糙，仍采用 Fluent 作为求解器。对于比较规则的建筑物的模拟比较精确，对于特殊外形的建筑物建模过程比较烦琐。

2）Fluent、Phoenics 等 CDF 模拟软件和 Floven 等暖通空调模拟软件均可用于室内气流组织模拟分析。室内气流组织模拟示意见图 3-2-5。

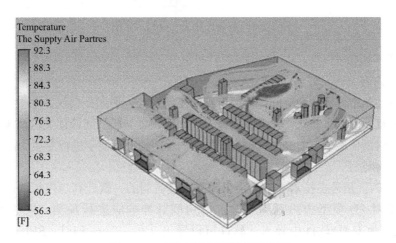

图 3-2-5　室内气流组织模拟示意图

3.室内天然采光模拟

（1）模拟内容

室内自然采光决定了室内环境质量和品质，也决定了对照明、采暖能耗的影响。因此，在方案设计阶段对主要功能房间进行排布时，室内天然采光模拟可以有效帮助设计者衡量室内自然光照条件，形成量化数据并随优化调整随时变化，是前期绿色设计的重要手段。

（2）方法和途径

1）Ecotect：Ecotect 可以进行人工，自然光照明计算。并以三维图表输出采光系数，照度等数据。Ecotect 提供了一系列的分析功能。在这些分析中，自然照明分析是一个重点，而且它对于以后的人工照明也具有影响力。Ecotect 中使用的是 CIE 全阴天分布（Overcast Sky Distribution）计算模型。可以通过当前分析网格或独立的传感点来计算自然光照明。使用采光系数，该软件也可以计算一年中任意日期任意时间的全自然光照明照度。从而也就可以确定每一点上照度超过某一确定值的频率。

2）Radiance：Radiance 是美国能源部下属的劳伦斯伯克利国家实验室（LBNL）于 20 世纪 90 年代初开发的一款优秀的建筑采光和照明模拟软件包，它采用了蒙特卡洛算法优化的反向光线追踪引擎。Ecotect 中内置了 Radiance 的输出和控制功能，这大大拓展了 Ecotect 的应用范围，并且为用户提供了更多的选择。Radiance 广泛地应用于建筑采光模拟和分析中，其产生的图像效果完全可以媲美高级商业渲染软件，并且比后者更接近真实的物理光环境。

Radiance中提供了包括人眼、云图和线图在内的高级图像分析处理功能，它可以从计算图像中提取相应的信息进行综合处理。室内天然采光模拟示意见图 3-2-6。

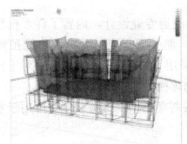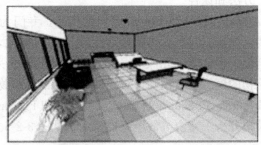

图 3-2-6　室内天然采光模拟示意图

4.室内噪声模拟

（1）模拟内容

公共机构建筑中许多功能空间都需要专项的声学设计，例如：会议、厅中各个部位的观众席都要获得良好的音质效果；在政务服务大厅中使顾客与职员间谈话交流清晰而又不被他人听到等，此时需依赖于室内噪声模拟来评价室内噪声情况以便于进行专项优化设计。

（2）方法和途径

1）ODEON：是丹麦技术大学的声学研究人员研制的一款计算与模拟软件，进行室内声学模拟，即对 3D 模型中声源到接收点的房间脉冲响应进行预测，这些模型可以从 SketchUp 或其他 CAD 软件中导入。软件可以导出 T30，T20，EDT，SPL，STI，Clarity 等声学参数。通过控制室内反射、声吸收和界面散射性质，可使音乐、语音及扬声器系统达到想要的声学或降噪效果。这款声学预测软件能很好地处理室内声学、扩声系统，从而用于几何形状比较复杂的厅堂、剧院、音乐厅、教堂、体育馆、开放式办公室、门厅、餐厅、录音室、工业环境等场所。

2）COMSOL Multiphysics：和 APP 相结合的室内噪声模拟软件，可对既有空间噪声情况进行实时测量并将数据录入模型用于优化设计。室内噪声模拟示意见图 3-2-7。

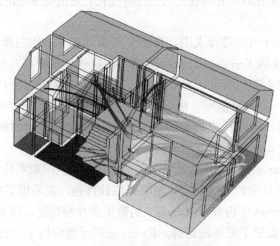

图 3-2-7　室内噪声模拟示意图

3.2.3 建筑遮阳导光性能化设计

1.遮阳模拟

（1）模拟内容

在绿色设计过程中，遮阳经常作为室内采光模拟或室内能耗模拟的一项变量参数，不进行单项模拟。但随着幕墙的广泛应用和遮阳设计手法的不断丰富，尤其在可动遮阳装置甚至智能遮阳装置出现后，遮阳对建筑环境质量的影响日益加大。因此，应在初步设计阶段对遮阳进行专项模拟和设计优化，能够很大程度上改善室内环境，降低整体能耗。除了在传统采光模拟 PKPM、能耗模拟软件 DOE-2 中控制变量模拟遮阳外，还有能够应用于活动遮阳模拟的 EnergyPlus 等。

（2）方法和途径

1）Energyplus：能够模拟固定遮阳和活动遮阳，百叶、窗帘这样的活动遮阳也能够模拟的。能够结合日光照明模拟，计算房间的采光系统。

2）PKPM-Daylight：PKPM 的自然采光模拟软件的采光变量参数包含项目所在地、建筑类型、光气候分区、门窗污染程度、天花板高度、内饰面和床体构造等，计算配置包含网格间距、计算范围、计算方法和阳台、遮阳的影响，当把窗体构造作为唯一变量时，可以模拟计算遮阳对建筑采光的影响。室外风环境模拟示意见图 3-2-8。

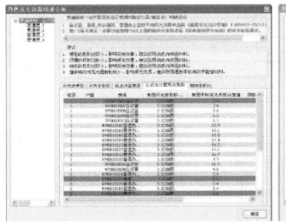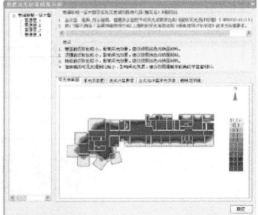

图 3-2-8 室外风环境模拟示意图

2.导光模拟

（1）模拟内容

在初步设计阶段对建筑导光进行模拟分析，并根据模拟结果分析导光管可行性，进而进行设计优化，能够很大程度上改善室内环境，降低照明能耗。

（2）方法和途径

1）SkyVision：由于光导管效率实际测量的复杂性以及条件的限制，很多软件被开发用于仿真模拟不同规格光导管并计算其各种系统参数。加拿大国家研究委员会（national research council Canada，NRCC）提出一种可以预测自然光照明系统性能的工具软件——SkyVision，可以预测采光天窗、传统天窗以及光导管的自然照明特性及节能分析。

2）Radiance 等软件程序还可以用来评估所选择的室内垂直和水平光照度及昼光因数。

3）HOLIGILM 采用的是空心光导管室内照度法（hollow light guide interior illumination method），可运用此软件进行光导管在标准阴天和晴天模式下的效率。HOLIGILM 模型以射线追踪解决方案为基础，对标准天空条件进行考虑和分析，并可以预先规定太阳高度角及方位角和光导管规格。导光模拟界面见图 3-2-9。

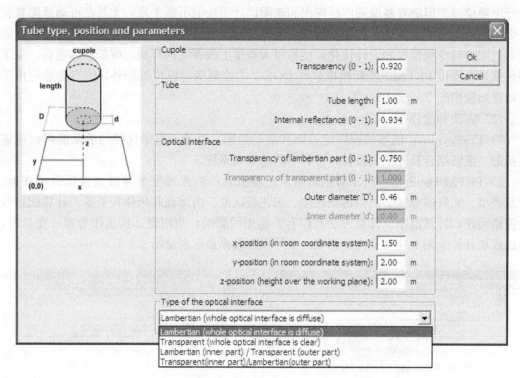

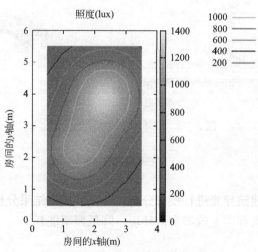

图 3-2-9　导光模拟界面示意图

第4章 建筑围护结构节能构造设计与关键技术

4.1 低能耗围护结构关键技术与应用

4.1.1 非透明幕墙节能设计与技术应用

1.非透明幕墙节能设计与构造技术

行政办公、学校、医院等公共机构常常采用不透明幕墙的做法，不透明幕墙与基层墙体间设置保温材料，构造如图 4-1-1 所示。为了加强外墙的防水性能，找平层外侧宜采用聚合物水泥防水砂浆、普通防水砂浆或聚合物水泥防水涂料、聚合物乳液防水涂料、聚氨酯防水涂料做防水层。当保温材料为岩棉类材料时，保温层外侧宜采用防水透气膜做防水层。幕墙板与保温材料间常常有空气层空隙，可设置为通风层，但空气层对保温材料的防火极为不利，当保温材料起火时，空气层导致的烟囱效应将加速火焰的蔓延，故保温材料应选择不燃的材料，如岩棉、玻璃棉、发泡陶瓷保温板等。

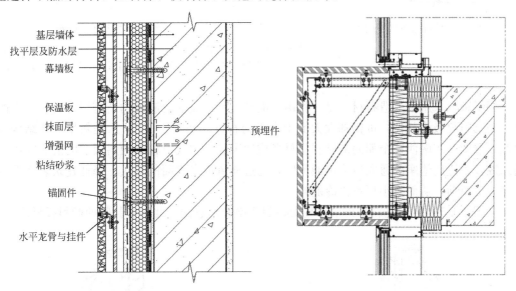

基层墙体
找平层及防水层
幕墙板
保温板
抹面层
增强网
粘结砂浆
锚固件
水平龙骨与挂件
预埋件

图 4-1-1　不透明幕墙外保温系统构造

2.非透明通风幕墙节能设计与构造技术

外墙的保温隔热还常常采用含通风层的外墙，即背通风外墙（特朗勃墙）。通风层中的热空气由于质量更轻往上通过排风口排出墙体，利用空气流动带走外界热量，可减弱太阳辐射对墙体的影响，大大降低墙体的内外表面温度。背通风外墙一般采用建筑不透明幕墙的做法，基层墙体采用保温性能好的新型墙体材料，或者在其墙体外侧增加保温材料，背通风外墙构造如图 4-1-2 所示。

如图 4-1-3 所示为一种新型特朗勃装饰幕墙构造，A 级不燃岩棉保温层一侧固定在外墙体上，另一侧与定位龙骨相连。金属垫座固定在保温层和定位龙骨上的凸檐结构上，且从外墙结构的顶端至底端有多个金属垫座。凸檐结构上布置有通风孔，相邻金属垫座之间为倾斜板材，该板材与墙体的夹角为 15°。连接件由底座和连接杆构成，可以调整倾斜板材的倾斜角度。表面齿条为三角锥形，并与倾斜板材自成一体。

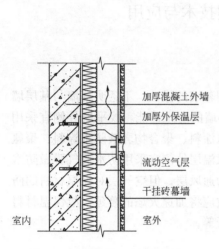

图 4-1-2　一种背通风外墙的做法

加厚混凝土外墙
加厚外保温层
流动空气层
干挂砖幕墙
室内　室外

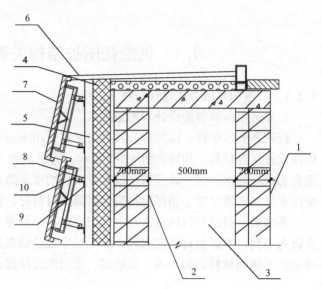

图 4-1-3　新型节能外墙结构示意图

1—内墙体；2—外墙体；3—空气间层；4—岩棉保温层；5—定位龙骨；
6—金属垫座；7—倾斜板材；8—连接件；9—底座；10—连接杆

倾斜板材采用了人造石材，是一种由水泥和天然石渣混合制成的新型装饰材料，它的外观与真石材极为相似，价格却大大低于真正的石材。如图 4-1-4 所示是新型外墙结构通风腔示意图，东南西三个朝向的倾斜板材形成通风腔，空气由相邻倾斜板层间的空隙进入通风腔，由金属垫座的通风口流出通风腔，通过通风带走表面的热量，降低建筑表面温度和建筑冷负荷，从而减小夏季供冷能耗。

如图 4-1-5 所示的是新型外墙结构北向封闭空腔示意图。北向的封闭的倾斜板材形成

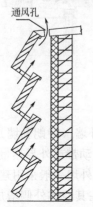

通风孔

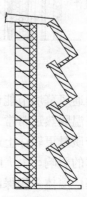

图 4-1-4　新型外墙结构东南西向通风腔示意图　　　图 4-1-5　新型外墙结构北向封闭空腔示意图

封闭的空腔，形成空气隔层，大幅降低北向建筑围护结构的传热系数，提高保温性能，从而降低冬季采暖能耗。

天津南部新城社区文化活动中心采用了此新型外墙，该节能墙体的设计传热系数为 0.37W/（m²·K）。运行一年后通过在内外墙表面安装热流密度板对传热系数进行实测，通过多通道巡检仪测量，实测结果显示该新型外墙平均传热系数 0.367W/（m²·K），相比于《公共建筑节能设计标准》GB 50189—2015）中 0.5W/（m²·K）的限值降低了 26.6%。噪声实测结果显示，白天室外噪声均值为 52.0dB（A），室内办公区噪声均值为 35.3 dB（A），墙体有明显的隔声降噪效果。

3. 保温装饰一体化板材幕墙

为满足建筑产业化外装的要求，外墙越来越多地采用保温装饰（一体化）板。保温装饰板是将保温板、增强板、表面装饰材料、锚固结构件等在工厂按一定模数生产出的成品装配式复合板，构造如图 4-1-6 所示。目前保温板一般采用岩棉带、发泡陶瓷保温板等 A 级不燃材料或 B1 级聚氨酯板、酚醛树脂板等。面层一般采用无机板材（硅钙板、水泥增强板等）或金属板材。表面装饰材料可采用氟碳色漆、氟碳金属漆、仿石漆等，或直接采用铝塑板、铝板作装饰面板。保温装饰板将常规外墙建造的工地现场作业大部分变为工厂化流水线作业，从而使建筑质量更加稳定和可靠，现场工作量大大减少，施工方便快捷。

4.1.2 透明幕墙节能设计与技术应用

1. 单层幕墙

（1）单层幕墙的物理性能

一般情况下，单层幕墙见光部分综合传热系数≤1.71 W/（m²·K），遮阳系数≤0.60，不见光部分综合传热系数≤0.6 W/（m²·K），抗风压性能等级最大处为 2 级，水密性能等级为固定部分 3 级，开启部分 3 级，气密性能等级为 3 级，平面内变形性能为 2 级，光学性能可达到 3 级，空气声隔声性能为 3 级，玻璃幕墙均采用反射比不大于 0.30 的玻璃。

（2）玻璃幕墙用材

玻璃幕墙玻璃采用 HS6＋1.14pvb＋HS6＋12Ar＋TP6＋16Ar＋TP6 双银 Low-E 暖边双中空超白夹胶玻璃，开启扇和消防救援窗采用 TP6＋12Ar＋TP6＋12Ar＋TP6 双银 Low-E 暖边双中空超白钢化玻璃。

层间部位板块背板采用 2mm 厚粉末喷涂铝单板，内层采用 1.5mm 厚镀锌钢板，中间部位满填至少 100mm 厚防火保温岩棉板，耐火极限不小于 1.0h。层间楼板部位防烟带采用至少 100mm 厚防火岩棉以 1.5mm 厚镀锌钢板承托。

设计隔热断桥铝型材，室内、外铝型材不直接接触，设有隔热垫块或隔热垫片；玻璃采用低辐射 LOW-E 中空玻璃，金属铝板幕墙的面材后面设置保温岩棉，见图 4-1-7。

（3）构造和材料要求

1）中空玻璃的物理性能要求见表 4-1-1。

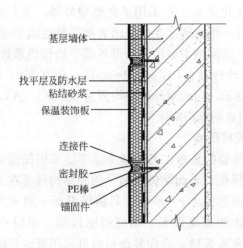

基层墙体

找平层及防水层
粘结砂浆
保温装饰板

连接件
密封胶
PE棒
锚固件

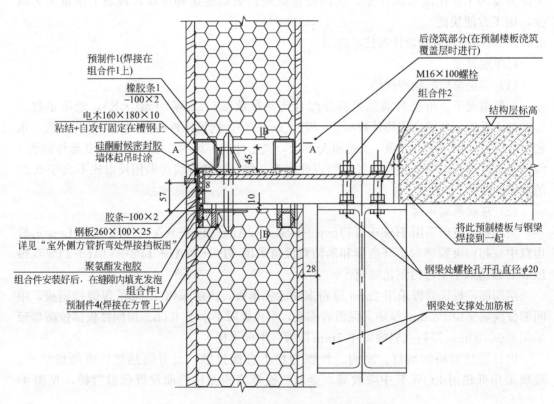

预制件1(焊接在
组合件1上)

橡胶条1
—100×2
电木160×180×10
粘结+自攻钉固定在槽钢上

硅酮耐候密封胶
墙体起吊时涂

胶条-100×2
钢板260×100×25
详见"室外侧方管折弯处焊接挡板图"

聚氨酯发泡胶
组合件安装好后，在缝隙内填充发泡
组合件1
预制件4(焊接在方管上)

后浇筑部分(在预制楼板浇筑
覆盖层时进行)

M16×100螺栓
组合件2

结构层标高

将此预制楼板与钢梁
焊接到一起

钢梁处螺栓孔开孔直径φ20

钢梁处支撑处加筋板

图 4-1-6　保温装饰板及其外墙外保温系统构造

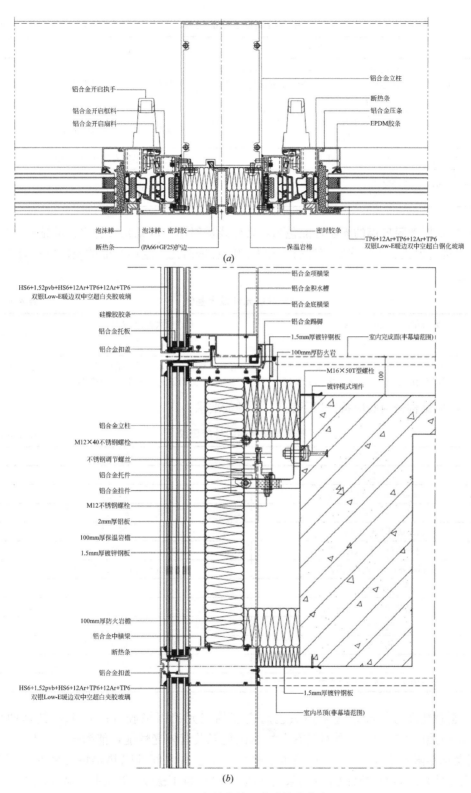

图 4-1-7　高性能单层幕墙构造节点

（*a*）横剖节点；（*b*）纵剖节点

铝合金开启执手
铝合金开启框料
铝合金开启扇料

铝合金立柱
断热条
铝合金压条
EPDM胶条

泡沫棒　**泡沫棒·密封胶**
断热条　　（PA66+GF25）护边

密封胶条
保温岩棉
TP6+12Ar+TP6+12Ar+TP6
双银Low-E暖边双中空超白钢化玻璃

（*a*）

HS6+1.52pvb+HS6+12Ar+TP6+12Ar+TP6
双银Low-E暖边双中空超白夹胶玻璃
硅橡胶胶条
铝合金托板
铝合金扣盖

铝合金顶横梁
铝合金积水槽
铝合金底横梁
铝合金踢脚
1.5mm厚镀锌钢板
100mm厚防火岩
室内完成面（丰幕墙范围）
M16×50T型螺栓
镀锌模式埋件

铝合金立柱
M12×40不锈钢螺栓
不锈钢调节螺丝
铝合金托件
铝合金挂件
M12不锈钢螺栓
2mm厚铝板
100mm厚保温岩棉
1.5mm厚镀锌钢板

100mm厚防火岩棉
铝合金中横梁
断热条
铝合金扣盖
HS6+1.52pvb+HS6+12Ar+TP6+12Ar+TP6
双银Low-E暖边双中空超白夹胶玻璃

1.5mm厚镀锌钢板
室内吊顶（非幕墙范围）

（*b*）

中空玻璃物理性能要求 表 4-1-1

试验项目	试验条件	性能要求
密封	在试验压力低于气压(10+0.5)kPa,厚度增长必须≥0.8mm,在该气压下保持 2.5h 后,厚度增长偏差<15%为不渗漏	全部试样不允许有渗漏现象
露点	将露点仪温度降到≤40℃,使露点仪与试样表面接触 3min	全部试样内表面无结露或结霜
紫外线照射	紫外线照射 168h	试样内表面不得有结雾和污染的痕迹
气候循环及高温高湿	气候试验经 320 次循环,高温\高湿试验经验 24 次循环试验后,进行露点测试	总计 12 块试样,至少 11 块无结露或结露

2）低辐射镀膜玻璃的光学性能包括：紫外线透射比、可见光透射比、可见光反射比、太阳光直接透射比、太阳光直接反射比和太阳能总透射比。这些性能的差值应符合表 4-1-2 的规定。

光学性能允许最大差值 表 4-1-2

项目	允许偏差最大值(明示标称值)	允许最大差值(未明示标称值)
指标	±1.5%	≤3.0%

注：对于明示标称值（系列值）的产品，以标称值作为偏差的基准，偏差的最大值应符合本表的规定；对于未明示标称值的产品，则取三块试样进行测试，三块试样之间差值的最大值应符合本表的规定。

3）硅酮结构密封胶应符合以下表 4-1-3 性能要求。

硅酮结构密封胶性能要求 表 4-1-3

项目	技术指标
邵氏硬度	34～35 度
极限粘结拉伸强度	≥0.7N/mm^2
延伸率(哑铃型)	≥100%
粘结破坏(H 型试件)	不允许
内聚力(母材)破坏率	100%
剥离强度(与玻璃、铝)	5.6～8.7N/mm(单组分)
撕裂强度(B 模)	4.7N/mm
抗臭氧及紫外线拉伸强度	不变
耐热性	150℃
热失重	≤10%
流淌性	≤2.5mm
完全固化后的变位承受能力	12.5%≤δ≤50%

4）密封垫和密封胶条应采用黑色高密度的三元乙丙橡胶（EPDM），其延伸率>20%、抗拉强度>11MPa，并且具有良好的抗臭氧及紫外光性能，能耐−50～150℃的温度，耐老化年限不小于 30 年。玻璃承重垫块、铝合金之间的隔热垫块及两种不同金属（不锈钢除外）之间的防腐蚀垫片均采用硬质 PVC 或氯丁橡胶；均应挤压或模压成形。

2.呼吸幕墙

呼吸式幕墙，又称双层幕墙、双层通风幕墙、热通道幕墙，它由内、外两道幕墙组成，内外幕墙之间形成一个相对封闭的空间，空气可以从下部进风口进入，又从上部排风口排出。与传统幕墙相比，它的最大特点是由内外两层幕墙之间形成一个通风换气层，由于此换气层中空气的流通或循环的作用，使内层幕墙的温度接近室内温度，减小温差，因而它比传统的幕墙采暖时节约能源42％～52％；制冷时节约能源38％～60％。另外由于双层幕墙的使用，整个幕墙的隔声效果得到了很大的提高。呼吸式幕墙根据通风层结构的不同可分为"封闭式内循环体系"和"敞开式外循环体系"两种。

封闭式内循环体系呼吸幕墙一般在严寒和寒冷地区使用，其外层原则上是完全封闭的，一般由断热型材与中空玻璃组成外层玻璃幕墙，其内层一般为单层玻璃组成的玻璃幕墙或可开启窗。两层幕墙之间的通风换气层一般为100～200mm。通风换气层与吊顶部位设置的暖通系统抽风管相连，形成自下而上的强制性空气循环，室内空气通过内层玻璃下部的通风口进入换气层，使内侧幕墙玻璃温度达到或接近室内温度，从而形成优越的温度条件，达到节能效果。在通道内设置可调控的百叶窗或垂帘，可有效地调节日照遮阳，为室内创造更加舒适的环境。

敞开式外循环体系呼吸式幕墙与"封闭式呼吸式幕墙"相反，其外层是单层玻璃与非断热型材组成的玻璃幕墙，内层是由中空玻璃与断热型材组成的幕墙。内外两层幕墙形成的通风换气层的两端装有进风和排风装置，通道内也可设置百叶等遮阳装置。冬季时，关闭通风层两端的进排风口，换气层中的空气在阳光的照射下温度升高，形成一个温室，有效地提高了内层玻璃的温度，减少建筑物的采暖费用。夏季时，打开换气层的进排风口，在阳光的照射下换气层空气温度升高自然上浮，形成自下而上的空气流，由于烟囱效应带走通道内的热量，降低内层玻璃表面的温度，减少制冷费用。另外，通过对进排风口的控制以及对内层幕墙结构的设计，达到由通风层向室内输送新鲜空气的目的，从而优化建筑通风质量。

一般来讲，北方寒冷地区因采暖时间长，选用呼吸式幕墙时，主要是利用换气层的"温室效应"来减少室内热量的散失。内层采用中空LOW-E玻璃、断热铝型材，以及相对较大的换气层宽度将会达到较好的节能效果。

南方温暖地区，因冷气使用时间较长，利用呼吸式幕墙换气层的"烟囱效应"来降低内层玻璃表面的温度可达到节能目的。因此外层采用热反射玻璃，以及相对较小的换气层宽度，将会增强烟囱效应的效果，来达到最佳的节能状态。

进出风口的设计也是呼吸式幕墙的一个重点，选用不当时一方面会造成换气层循环气流的短路，降低节能效果；另一方面进风口会带入大量的灰尘而影响建筑的外观效果，尤其是西北风沙较大的地区更应慎重。由于换气层的烟囱效应会造成消防上的隐患，所以在通风换气层的设计时应与大厦防火分区设计相结合。

4.1.3 太阳能阳光房节能设计与技术应用

太阳能蓄热根据储热机制的不同可分为显热蓄热、潜热蓄热与化学蓄热。显热蓄热是热能储存最为简单的一种蓄热方式，它通过加热固体或液体使其内能增加从而储存能量。显热储热的优点是性能稳定、价格便宜，但蓄热密度低，蓄热装置体积庞大。潜热蓄热是通过蓄热材料的相变（固-固、固-液、固-气）来储存能量，相变过程中温度保持不变或变化很小。与显热蓄热相比具有储能密度高，蓄热体积相对小等优点。但是在实际应用中潜热蓄热还存在着很多问题：如相变材料（PCMs）的热导率低；在持续循环后的密度变化、相变分离问题及性能的稳定性下降；对于水化盐还存在相变材料的过冷问题。化学蓄热是利用可逆化学反应通过热能与化学能的转换来蓄热的，它在受热和受冷时可发生可逆反应，分别对外吸热或放热，这样就可以把热能储存起来。其优点是储热密度高，利于能量的长期储存。

1. 直接利用阳光采暖和保温阳光房

阳光房是建筑南向立面外墙上用玻璃等透明材料围合一个独立空间。这个缓冲区域增加了围护结构的保温效果。当太阳辐射透过玻璃，不断加热阳光房内空气，就形成了"温室效应"。同时，阳光照射在室内墙或地面上，热量被吸收后墙和地面升温，逐渐向外辐射热量。

冬季白天阳光加热阳光房内空气后，可以打开阳光房与室内之间的窗户为房间供暖；夜晚关闭窗户保温，蓄热的墙体仍然可以向室内放热。为加强蓄热效果，可以在墙面和地面抹一层胶囊式相变材料颗粒砂浆来延时供热、减小室内温度波动。通过相变过程，材料可以向室内释放所吸收的热量。由于阳光房玻璃面积较大，可以安装室内外卷帘，冬季夜晚拉开起到保温作用。夏季可以在温室外安装遮阳板或室内百叶，根据室内温度控制阳光射入室内的多少。也可以拆卸或打开部分阳光房玻璃窗，避免温室效应。

2. 辅助通风换气的阳光集热墙

如果建筑南向立面外墙的面积足够大，可以利用 Trombe 墙体技术吸收太阳辐射，冬季白天通过加热玻璃和墙体之间的空气层，向室内对流换热，并在夜间有效阻隔室内热量散失；夏季白天开启玻璃窗顶部和底部的通风口，保持空气层内空气流动，避免热空气在间层聚集，并在夜间对墙体降温，排出室内热量（图 4-1-8）。这种阳光集热墙玻璃罩内的吸热墙顶部和底部开有通风口，并设有可开启挡板。当阳光集热墙内空气升温高于室内空气温度时，打开上面通风口让热空气进入室内。热空气随着向室内深处流动而降温、下沉。同时阳光集热墙内由于从上部空气排出形成负压，底部的通风口开始吸进室内空气，空气在阳光集热墙内加热上升，形成了阳光集热墙和室内空气的环流。当需要换气时，打开玻璃罩下部的进风口，阳光集热墙对新鲜空气加热，实现预热空气作用，冬季夜晚不需要新鲜空气时关闭通风口。玻璃罩上部的通风口在夏季打开，利用热压吸入室内空气排出，带动建筑背阴面相对凉爽的空气流入室内。在墙上安装涂成黑色的镀锌薄钢板或铝板可以加强系统集热率。空气通过集热板上的小孔进入集热板与墙的夹空中，被加热后由风机带入室内。

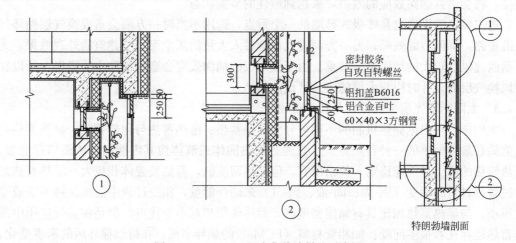

图 4-1-8　Trombe 阳光集热墙做法示意图

3.空气和液体复合供热阳光集热墙

液体的比热较大、蓄热系数高，可流动的液体能把热量带到指定的位置。同时，通过液体的汽化相变可以达到降温的效果。利用液体的特性可以优化阳光集热墙的设计，通过调节墙体内的间层或导管内液体量多少能够控制该集热墙体的隔热性能以及热容量。冬季白天，墙体导管可以与阳光房内壁挂式集热管相连蓄热，集热管可以为室内提供更多的热量。在夏季，墙体内的液体流可以与地下设施设备往复循环换热，带走墙体吸收的多余热量。

4.1.4 构造节点节能设计与技术应用

1.构造技术集成与实施要求

本书形成了具有针对性的低能耗建筑节能构造技术集成，主要针对其实施控制要求进行定性和定量的分析，明确必须满足和提升要求技术策略，以便设计单位和建设管理单位具有针对性的使用。表 4-1-4 为低能耗建筑节能构造技术集成实施应用清单。

低能耗建筑节能构造技术集成实施应用清单　　　　表 4-1-4

分项	具体构造节点优化设计	实施控制要求(必须满足,提升要求)
窗墙构造	外保温材料与窗体侧边的高气密性构造	必须满足
	外保温材料与窗体下沿的防水构造	必须满足
	窗下沿防渗透坡水板构造	必须满足
	墙体转角处外保温构造	必须满足
	墙体外挑构件外保温构造	提升要求
屋面构造	出屋面管道的高气密性保温构造	必须满足
	女儿墙顶侧盖板保温构造	必须满足
	屋面设备安装垫件构造节点	必须满足
地下室构造	地下室底板与侧墙交接处保温构造	必须满足
	地下室穿墙套管高气密性构造	必须满足
	地下室楼板或一层楼板保温构造	必须满足
设备安装构造	设备安装基垫构造节点	提升要求
	设备穿墙套管高气密性构造节点	必须满足
	电气管线高气密性安装构造节点	提升要求
	水暖管线高气密性安装构造节点	提升要求
外保温安装构造	墙体外保温安装锚固构造节点	必须满足
	外墙挑板下沿保温安装锚固构造节点	必须满足
	玻璃幕墙安装洞口高气密性构造	必须满足
	集成保温墙板锚固及拼接高气密性构造节点	必须满足

2.构造节点技术措施

（1）外窗（门）洞口交接处应提高其构造节点的保温和防水性能，保证窗墙洞口热桥部位的内表面温度不低于设计状态下的室内空气露点温度。

为减少窗墙之间的缝隙，可通过设置具有保温隔热性能的附加型材等构造措施，使门窗框的加工尺寸与门窗洞口尺寸一致，提高其窗框和洞口尺寸对应的准确度，尺寸偏差不大于 5mm；为增加外窗台处节点的保温和防水性能，避免雨水渗漏造成保温层的破坏，外窗台处应设置金属成品窗台板，该窗台板可采用整块热镀锌钢板轧制而成，与门窗框及窗洞口接触的部位采用连续上翻的隔水构造，窗台板外檐采用下翻的排水构造，其与窗框之间的缝隙采用双组分硬泡聚氨酯密封；外窗与墙体内侧安装缝隙处均应粘贴防水隔汽膜，外侧应粘贴防水透汽膜；门窗框与门窗洞口周边的缝隙采用发泡聚氨酯密封。

（2）提高管线（道）穿墙、穿楼板构造节点、设备管道和排风（烟）道构造节点保温性能。

提高管线（道）穿墙、穿楼板构造节点保温性能，在结构楼板或墙面施工时，管线（道）穿墙或穿楼板时应将预留孔（穿墙套管）与管线套管之间的缝隙采用岩棉或聚氨酯发泡剂封堵，并在端部采用耐候密封胶进行密封，最后采用抗裂水泥砂浆内置耐碱玻纤网格布一道密封抹平。

提高设备管道和排风（烟）道构造节点保温性能，伸出屋面外的管道应采取外保温措施或采用具有保温性能（100mm 厚聚氨酯发泡）预制排气管，预埋套管与设备管道（包括屋面雨水管道和女儿墙预留洞口之间的缝隙）之间的缝隙采用气干性聚氨酯发泡填充，并在表面用抗裂耐碱玻纤网格布和抗裂砂浆做抹面处理。对于室内的成品设备管道和排风（烟）道外管道或墙面应粘贴保温板或包裹玻璃棉等保温材料。

（3）提高墙体内各类设备管线铺设的构造节点保温和隔声性能。

提高墙内电气线路构造节点保温和隔声性能，开关和插座接线盒不得直接置于外围护墙体上，以防止破坏外墙保温性能；电气接线盒和电气预埋管线在敷线后，需用玻璃胶或聚氨酯发泡剂封堵，封堵长度不小于 2cm；在相邻房间同一墙体的背向开关和插座接线盒的净距不小于 300mm。

（4）外墙出挑构件及女儿墙等热桥部位保温层应连续。外墙与屋面热桥部位以及外墙出挑构件热桥部位的热阻与外墙主断面热阻的比值大于 0.60。

对女儿墙等突出屋面的结构体，其双侧和顶面均应设置与外墙同性能的保温层，使屋面和墙面保温层得以连续，避免出现结构性热桥。其顶盖（金属）处应设置保护其保温层的盖板，以防雨水渗漏；盖板（金属）与结构体连接部位，应采取避免热桥的构造措施。

屋面保温层的防水层应延续到女儿墙顶部盖板内，使保温层和防水层得到可靠防护；屋面结构层上，保温层下应设置隔汽层；屋面隔汽层设计及排气构造设计应符合现行国家标准《屋面工程技术规范》GB 50345 的规定。

提高外墙出挑构件整体保温性能，外墙出挑构件是建筑中容易产生热桥的部位。外墙出挑构件采用悬挑梁，可以使外墙外保温连续设置，从而大幅度地减少主体结构热桥。

可在屋面铺设隔热降温涂料，其具有明显的降温效果，融反射、辐射和隔热三种降温机理于一体。可将屋面表面温度大幅度降低，极大降低建筑夏季制冷能耗，同时具有优良的耐候性、耐水性、耐玷污性和耐洗刷性。

（5）提高地下室、围护结构、首层地面、非供暖空间和供暖空间之间的隔墙的保温性能。严寒和寒冷地区，无地下室的建筑首层地面应采取保温措施，设有地下室的建筑除应在建筑首层地面采取保温措施外，还应在地下室顶板粘贴保温板；为隔断地下室穿墙管道与墙体之间的热桥，管道除应严格做好防水处理外，所有穿外墙的管道与套管之间的净距不小于100mm，以便聚氨酯发泡保温层有足够的厚度来防止穿墙管道与地下外墙之间发生热传递。

（6）外墙的各类设备设施和雨落管的龙骨、支架等可能导致热桥的部件安装处，均应采取防热桥构造处理。应在外墙上预埋断热桥的锚固件，增设隔热间层及使用非金属材料。

提高构件安装构造节点保温性能，为消除与外墙连结的金属构件与墙体接触部位所产生的热桥，凡是与外围护结构接触的各类设备设施支架、雨落管支架等节点部位，均必须做防热桥处理。金属支架与墙体之间加两层15mm厚的塑钢隔热板，作为防热桥垫板。

4.1.5 屋面节能设计与技术应用

1.屋顶降温技术

屋顶节能降温的形式多种多样，使用降温涂料是目前较为常用的一种方式。屋顶节能降温涂料是一种水性丙烯散热降温涂料，具有明显的降温效果，融反射、辐射和隔热3种降温机理于一体。涂料采用水性丙烯酸乳液为成膜基料，添加多种具有反射、辐射和隔热功能的颜填料，辅以多种功能性助剂，具有高强耐候性。同时具有优良的太阳热反射比、半球发射率及隔热性能，在夏季能显著降低混凝土、金属、木材以及泡沫塑料等被涂敷物的表面及内部温度，降温涂料的实际应用外观如图4-1-9所示。

图 4-1-9　某办公楼屋顶降温涂料实物图

2.屋面绿化技术

屋面绿化可增加城市绿地面积，降低热岛效应，有利于吸收有害物质。屋面绿化利用植物培植基质材料的热阻与热惰性，不仅可以避免太阳光直接照射屋面，起到隔热效果，而且由于植物本身对太阳光的吸收利用、转化和蒸腾作用，大大降低了屋顶的温度，降低内表面温度与温度振幅，从而减轻对顶楼的热传导，起到隔热保温作用。资料显示，种植屋面的内表面温度比其他屋面低2.8~7.7℃，温度振幅仅为无隔热层刚性防水屋顶的1/4。

屋面绿化不仅要满足绿色植物生长的要求，而且最重要的是还应满足排水和防水的功能要求，其主要构造层包括基质层、排水层和蓄水层、防根穿损的保护层与防水密封层。

按照种植植物的方式和结构层的厚度，屋面绿化可分为粗放绿化和强化绿化。粗放绿化的植物生长层比较薄，仅有20~50mm厚，种一些生长条件不高的植物和低矮、抗旱的植物种类；强化绿化选种的植物品种一般有草类、乔木和灌木等，其基质层的厚度需要根据植物的生长性能要求确定。近年来发展起来的轻型屋面绿化是在屋顶面层上，铺设专用结构层，再铺设厚度不超过 50mm 的专用基质，种植佛甲草、黄花万年草、卧茎佛甲草、白边佛甲草等特定植物。该技术与传统的屋面绿化相比具有总体重量轻、屋面负荷低、施工速度快、建设成本低、适用范围广、使用寿命长、养护管理简单，管理费用低等优点。图 4-1-10、图 4-1-11 为屋面绿化的具体实施方法示意图。

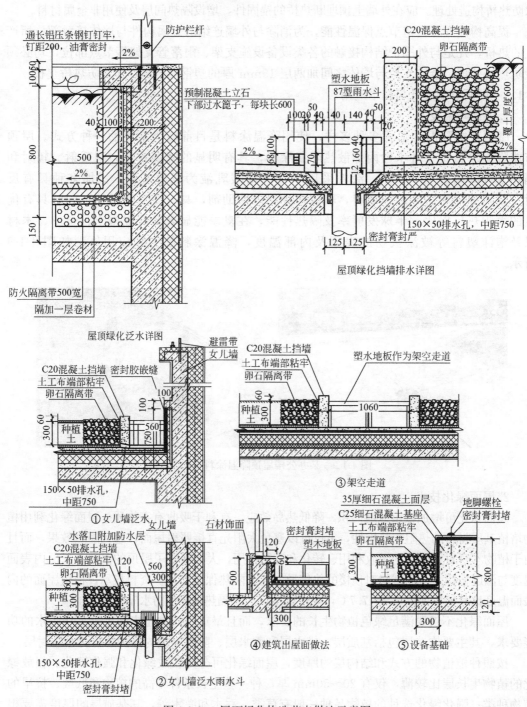

图 4-1-10　屋面绿化构造节点做法示意图

图 4-1-11 天津南部新城社区文化活动中心屋面绿化示意图

4.2 其他节能技术在围护结构中的应用

4.2.1 相变材料在围护结构中的应用

1.相变材料节能技术

相变材料（phase change material，PCM）是指在一个相对稳定的温度下发生状态转变，利用相变潜热储存或释放大量热量的材料。相变材料最大的特点是可以将环境中的能量储存起来，并且在需要的时间释放出来。PCM 在其状态发生物理变化（融化或凝固）的过程中会向环境释放热量或者从环境中吸收大量的热量，材料本身的温度几乎维持不变，将相变热转移到环境中。因此，将相变材料应用在建筑的围护结构中既可以减弱建筑室内外的热流波动幅度，减小室内温度波动范围，保证房间温度舒适度，又可多次重复使用，利用相变材料的相变储热实现能量储存和分配使用，提高围护结构的蓄热能力，使建筑围护结构实现对气候的适应性和可调节性，如图 4-2-1 所示。

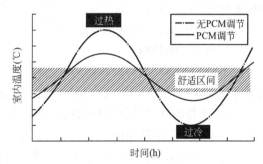

图 4-2-1 相变材料调温原理

相变材料储能性能：相对于日常建筑材料的显热吸热和放热，相变材料的相变潜热储能潜力十分巨大。相变焓可衡量物质相变潜热储能的能力，比热容则反映物质显热吸放热的能力。水的比热容为 4.2kJ/kg，属于显热吸放热能力较大的液体，而常用相变材料的相变热均在 100kJ/kg 以上，多数正烷烃或结晶水合盐的相变焓在 200kJ/kg 以上，是其显热蓄热能力的 40～50 倍。水因为显热储能性能显著常被用作调节室内温度的良好载体，而 1kg 水在固液态相变过程中吸收释放的相变潜热相当于液态水温度升高 80℃所需要的能量，由此可见相变储能材料的巨大储能和调节室温的能力。表 4-2-1 为常用相变材料的相变温度、相变潜热等属性。

常用相变材料的物理属性   表 4-2-1

材料名称	相变温度(℃)	相变焓(kJ)
十水硫酸钠	32.4	250.8
六水氯化钙	29	180
正十六烷	16.7	236.6
正十八烷	28.2	242.4
正二十烷	36.6	246.6
癸酸	30.1	158
月桂酸	41.3	179
十四烷酸	52.1	190
软脂酸	54.1	183
硬脂酸	64.5	196
新戊二醇	43	130
50%季戊四醇 + 50%三羟甲基丙醇	48.2	125.4

2. 相变材料的应用

当前，建筑围护结构多使用轻质材料建造，热容小，而使用填有相变材料的轻质围护结构可以利用相变材料巨大的相变潜热在夏季温度过高时蓄热，冬季温度较低时蓄冷，达到减小室内温度波动的目的，克服轻质围护结构热惰性小的缺陷。

(1) 相变墙体

由于夏季进入室内的热量主要来自墙体，因而，相变墙体多用于夏季蓄冷降温，如德国路德维希港公寓楼房屋内墙涂有一层含有充满蜡粒的微囊体的石膏材料，在夏季白天温度较高时，微囊体中的蜡粒熔化吸收热量贮存起来，在不使用空调的情况下也能保持室内凉爽。

(2) 相变特朗勃墙

传统特朗勃墙常采用高热容的重质墙体，而具有高储热性能的相变材料构成的轻质相变墙可克服这一缺点。图 4-2-2 显示一种自然通风相变特朗勃墙的工作原理。夏季白天较热时，PCM 特朗勃墙吸收围护结构受到的太阳辐射，同时，热压作用驱动背阳面冷风流动，带走室内和围护结构的热量。同时，相变墙贮存冷量。冬季关闭室外通风口，相变特朗勃墙吸收太阳辐射，形成的热压促进热空气的室内循环，同时，蓄存热量。而在初冬气温较高时，可开启室外通风口将室外新风引入室内，形成完全新风循环。

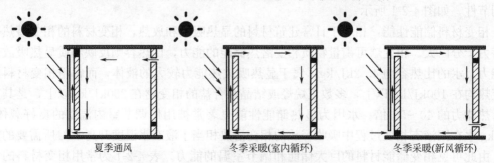

夏季通风   冬季采暖(室内循环)   冬季采暖(新风循环)

图 4-2-2　太阳能通风相变特朗勃墙运行示意图

（3）机械通风相变墙体

机械通风相变墙体通过较低能耗的机械通风将夏季夜晚室外冷空气的冷量贮存在相变材料中，白天开启室内循环降低室内空气温度。如图4-2-3所示，机械通风相变墙体的室外通风口接室外风机与室外相连，夜间开启室外风机，将室外低温空气引入相变墙体中，当室外空气温度低于相变材料的凝固点时，相变材料会凝固放热，低温空气与相变管进行换热后，通过通风口流入室内。室内通风口也接有风机，白天关闭室外风机，开启室内风机，室内空气流入相变

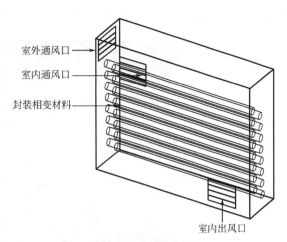

图4-2-3　机械通风相变墙体构造

墙，当空气温度高于相变材料的熔点时，相变材料熔化吸收空气热量，被冷却的空气通过室内出风口流回室内，从而达到夜间蓄冷、白天释放冷量的作用。

（4）相变地板

冬季太阳高度角较低，热量多来自于地板吸收的太阳辐射，为了尽可能贮存白天的太阳辐射能，在夜晚释放出来提高室内温度，冬季采暖房间多采用相变地板储能。如清华大学超低能耗示范楼将定形相变材料填充于常规的活动地板内，将白天由玻璃幕墙和窗户进入室内的太阳辐射热储存在相变材料中，晚上温度较低时相变材料发生相变向室内放出白天储存的热量，测试结果表明室内温度波动控制在6℃以内。也可将不稳定的太阳能采暖系统与相变材料的储能特性相结合，将太阳能光热系统产生的中低温热水通入蓄能地板填有相变材料的盘管中，以提高其稳定供暖的性能，具体构造如图4-2-4所示。

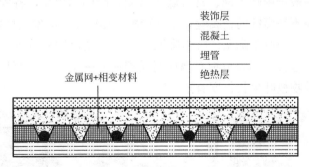

图4-2-4　太阳能相变储能地板构造

（5）相变蓄能建筑构件

除了与建筑墙体、地板和吊顶结合外，相变材料还可以以建筑构件的方式独立存在。如相变材料与遮阳百叶结合，制成相变遮阳构件（图4-2-5）。常规遮阳虽然能够有效遮挡太阳辐射，但百叶温度随着太阳辐射的增多而逐渐增高，由此产生的热辐射会给附近工作的人带来不舒适的感觉。加入相变材料后，百叶温度稳定在较低的水平，不会产生过多的

热辐射。而在夜晚，可以利用室外冷空气冷却百叶。

图 4-2-5　相变遮阳百叶

4.2.2　墙面绿化在围护结构中的应用

墙面绿化是指用藤本植物或其他适宜植物来装饰各类建筑物和构筑物立面的一种绿化形式。将适宜的绿色植物种植或攀爬附着在墙面上，形成丰富多彩的绿化墙面，使原本冰冷生硬的建筑立面富有了立体感和季相变化，增加绿化面积，美化环境。外墙绿化可减弱太阳辐射对墙体的影响，降低墙体的内表面温度，起到隔热效果，另外还可增加空气湿度、滞尘、降低室内温度、改善小气候等。墙面绿化做法主要有自然攀爬型、容器栽培型、模块化墙体绿化等几种类型。

1. 自然攀爬型

是攀援植物自身的勾刺、卷须、吸盘、气生根等将植物依附或悬挂于墙面，枝叶覆盖墙面的绿化形式。一般选用爬山虎、常青藤等喜阳也耐阴的植物，特别是在朝西的墙面，从屋顶往下挂几十条不易腐蚀的金属丝，让常青藤、爬山虎之类攀援植物爬上去，既不会影响墙体安全，夏季又能遮阳降温，吸尘降噪，还可给城市增添风景。（图 4-2-6）。但是不是所有材质墙面都适合，部分植物对墙面材质寿命有一定影响，而且植物生长速度慢，种植成型时间长，植物枝叶生长长度有限。

图 4-2-6　爬墙虎墙面绿化

2. 容器栽培型

是在墙体、窗台或露（平）台栏板等处设置固定槽，放置相应的容器种植植物，并在容器上加固定网（栅）（图 4-2-7）。其具有基质容量大，植物生长旺盛，可事先预培养，并便于更换，日常管理成本较低等特点。

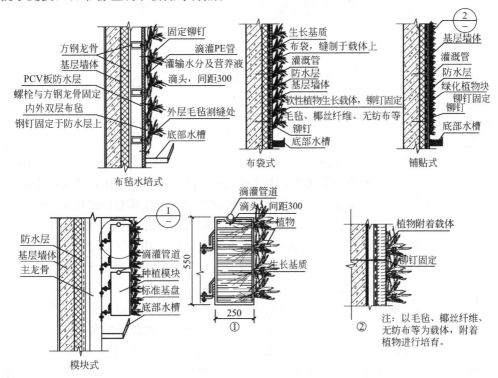

图 4-2-7　容器栽培型与固定网（栅）结合的墙面绿化

3. 模块装配型

是由预制好的单元模块，按一定要求拼装组合，并设置灌溉系统。每一个预制种植块可以是独立的、自给自足的植物生长单元，也可以互相联系形成整体。单元植物模块可以预培养，施工便捷。虽然初装成本较高，但性能可靠，可节约大量维护成本。模块装配型墙面绿化是目前国内外研究最多的技术形式，如图 4-2-8 所示。

图 4-2-8　模块装配型墙面绿化

第5章 低能耗建筑蓄热与通风耦合关键技术

5.1 夜间通风房间热平衡方程及降温原理

5.1.1 夜间通风机理及动态模型

1.夜间通风降温

在夏季空调建筑中，白天建筑受到太阳辐射及室外空气的综合作用，使得围护结构内外表面及室内空气都处于吸热升温状态，由于建筑构件的蓄热特性，围护结构中会储存很多热量。对于间歇运行的空调建筑如公共机构办公建筑来说，夜间空调停止运行时，建筑构件中的热量散到室内空气中引起空气温度的升高。如果这部分热量不及时排出，这部分由构件蓄积的热量将增加第二天的空调运行负荷。而夜间的室外空气温度比较低，如果能够利用这部分较冷的室外空气来降低建筑构件及室内空气的温度，那么就能够降低空调运行的负荷，从而达到节约能源的目的。

夜间通风实际上属于一种被动式供冷系统，在室内外风压和热压，或者是借助于机械设备（如风机），或者是在两者的共同作用下，利用夜间温度比较低的室外空气降低室内的温度，从而提高室内的热舒适性。除此之外，在夜间，利用墙体的蓄热特性把室外空气中的冷量蓄存在围护结构中，再利用墙体结构延迟和衰减特性，到第二天空调运行的时候把冷量释放出来，从而减少空调运行时间，降低空调系统能耗。这种系统尤其适用于我国日较差比较大的西北和东北地区。

2.夜间通风研究方法

国内外的学者们对于夜间通风技术的研究方法主要有三种：理论分析、实测研究和数值模拟。早期研究以理论分析和实验测试为主，随着近年来计算机仿真模拟技术的快速发展，数值模拟在夜间通风问题的研究中愈发重要。

（1）夜间通风房间热平衡方程及降温原理分析

对于具有自然通风的室内热状况，可以根据房间围护结构内表面热平衡方程和室内空气的热平衡方程组成的热平衡方程组求解室内热环境，即，可以计算出各个围护结构内表面以及室内空气温度。通过对方程组的分析，找到影响夜间通风降温效果的因素。

1）围护结构内表面热平衡方程

对于房间每个围护结构内表面，都可以建立一个热平衡方程式，用文字表达为：

导热量＋与室内空气的对流换热量＋各表面之间的互辐射热量＋直接承受的辐射热量＝0

对于 τ 时刻单位面积第 i 表面来说，其热平衡方程式为

$$q_i(\tau) + \alpha_i^e [t_r(\tau) - T_i(\tau)] + \sum_{k=1}^{N_i} C_b \varepsilon_{ik} \varphi_{ik} \left[\left(\frac{T_k(\tau)}{100} \right)^4 - \left(\frac{T_i(\tau)}{100} \right)^4 \right] + q_i^r(\tau) = 0$$

$$(5\text{-}1\text{-}1)$$

式中　　$t_r(\tau)$ ——室温（℃）；

$T_i(\tau)$、$T_k(\tau)$ ——第 i 和第 k 围护结构内表面温度（℃）；

α_i^e ——第 i 围护结构内表面的对流换热系数（W/m²·℃）；

C_b ——黑体辐射常数，等于 5.67W/m²·℃；

ε_{ik} ——该围护结构内表面 i 与第 k 围护结构内表面之间的系统黑度，约等于 i 与 k 表面自身黑度的乘积，即 $\varepsilon_{ik} = \varepsilon_i + \varepsilon_k$；

φ_{ik} ——围护结构内表面 i 对内表面 k 的辐射角系数；

N_i ——房间不同围护结构内表面总数；

$q_i(\tau)$ ——由于两侧温度，第 i 围护结构内表面所获得的传热得热量（W/m²）；

$q_i^r(\tau)$ ——第 i 围护结构内表面直接获得的太阳辐射热量和各种内扰的辐射热量（W/m²）。

由于上述方程为一组微分方程，为了求解围护结构内表面的温度，必须把上述方程按某种方法离散为代数方程，这里利用反应系数法进行变换。

① 对于有惰性的板壁围护结构：

$$q_i = \sum_{j=0}^{N_s} Y_i(j) t_{oi}(\tau-j) - \sum_{j=0}^{N_s} Z_i(j)(\tau-j) \tag{5-1-2}$$

式中　　t_{oi} ——该围护结构外表面温度（℃）；

$Y_i(j)$、$Z_i(j)$ ——该围护结构的传热反应系数和内表面吸热反应系数（W/m²·℃）；

N_s ——取用的反应系数的项数。

② 对于门窗围护结构，可以忽略其蓄热性，为了简化计算将其传热得热量按稳态求解：

$$q_i(\tau) = \frac{1}{\dfrac{1}{K_i} - \dfrac{1}{\alpha_i}} [t_{oi}(\tau) - t_i(\tau)] = \frac{K_i \alpha_i}{\alpha_i - K_i} [t_{oi}(\tau) - t_i(\tau)] \tag{5-1-3}$$

式中　　K_i ——第 i 面门窗的传热系数（W/m²·℃）；

α_i ——第 i 面门窗的内表面对流换热系数（W/m²·℃）。

③ 围护结构内表面之间的互辐射计算式的线性化近似：

$$\sum_{k=1}^{N_i} C_b \varepsilon_{ik} \varphi_{ik} \left[\left(\frac{T_k(\tau)}{100} \right)^4 - \left(\frac{T_i(\tau)}{100} \right)^4 \right] = \sum_{k=1}^{N_i} \alpha_{ik}^r [t_k(\tau) - t_i(\tau)] \tag{5-1-4}$$

式中　　α_{ik}^r ——围护结构内表面 i 和 k 之间的辐射换热系数（W/m²·℃）。

$$\alpha_{ik}^r = C_b \varepsilon_{ik} \varphi_{ik} \frac{\left[\left(\dfrac{T_k(\tau)}{100} \right)^4 - \left(\dfrac{T_i(\tau)}{100} \right)^4 \right]}{t_k(\tau) - t_i(\tau)} \approx 4 \times 10^{-8} C_b \varepsilon_{ik} \varphi_{ik} \left[\frac{t_k(\tau) + t_i(\tau)}{2} \right]^3 \tag{5-1-5}$$

④ τ 时刻某围护结构内表面接收到的辐射得热量 $q_i^r(\tau)$ 可以利用下式近似计算：

$$q_i^r(\tau) = \frac{\mathrm{SHG}_d(\tau) + HG_l(\tau)(1-G_l) + HG_{bs}(\tau)(1-G_b) + HG_{as}(\tau)(1-C_a)}{\displaystyle\sum_{k=1}^{N_i} F_k}$$

$$+ \frac{SHG_i^D(\tau)}{F_i} \tag{5-1-6}$$

式中　$SHG_i^D(\tau)$——τ 时刻投射到 i 表面上的太阳直射辐射得热量（W）；

$SHG_d(\tau)$——τ 时刻射入房间的总太阳散射得热量（W）；

$HG_l(\tau)$——τ 时刻来自照明的得热量（W）；

$HG_{bs}(\tau)$——τ 时刻来自人体的显热得热量（W）；

$HG_{as}(\tau)$——τ 时刻来自设备的显热得热量（W）；

G_l、G_b、C_a——照明、人体和设备显热等得热量中对流部分所占的百分比；

F_k、F_i——第 k 和第 i 面围护结构的内表面积（m³）。

将上述各项代入式（5-1-1）后，得到

$$\sum_{j=0}^{N_s} Y_i(j)t_{oi}(\tau-j) - \sum_{j=0}^{N_s} Z_i(j)(\tau-j) + \alpha_i^e[t_r(\tau)-t_i(\tau)] + \sum_{k=1}^{N_i} \alpha_{ik}^r[t_k(\tau)-t_i(\tau)] + q_i^r(\tau) = 0$$

（5-1-7）

（$i=1$，2，$\cdots$，m）

$$\frac{K_i\alpha_i}{\alpha_i-K_i}[t_{oi}(\tau)-t_i(\tau)] + \alpha_i^e[t_r(\tau)-t_i(\tau)] + \sum_{k=1}^{N_i} \alpha_{ik}^r[t_k(\tau)-t_i(\tau)] + q_i^r(\tau) = 0$$

（5-1-8）

（$i=m+1$，$\cdots$，N_i）

将未知项和已知项放到等式两边，式（5-1-8）可以改写为

$$-[\alpha_i+Z_i(0)]t_i(\tau) + \sum_{\substack{k=1\\k\neq i}}^{N_i} \alpha_{ik}^r t_k(\tau) + \alpha_i^e t_r(\tau) = -\sum_{j=0}^{N_s} Y_i(j)t_{oi}(\tau-j) + \sum_{j=1}^{N_s} Z_i(j)t_i(\tau-j) - q_i^r(\tau)$$

（5-1-9）

（$i=1$，2，$\cdots$，m）

$$-\left[\alpha_i+\frac{K_i\alpha_i}{\alpha_i-K_i}\right]t_i(\tau) + \sum_{\substack{k=1\\k\neq i}}^{N_i} \alpha_{ik}^r t_k(\tau) + \alpha_i^e t_r(\tau) = -\frac{K_i\alpha_i}{\alpha_i-K_i}t_{oi}(\tau) - q_i^r(\tau)$$

（5-1-10）

（$i=m+1$，$\cdots$，N_i）

2）房间空气热平衡方程

房间空气热平衡用文字表达为：

与各壁面的对流换热量＋各种对流得热量＋空气渗透得热量＋采暖系统显热得热量＝单位时间内房间空气中显热量的增值

数学表达式则为：

$$\sum_{k=1}^{N_i} F_k\alpha_k^e[t_k(\tau)-t_r(\tau)] + [q_1^e(\tau)-q_2^e(\tau)] + L_a(\tau)(c\rho)_a[t_a(\tau)-t_r(\tau)]/3.6 +$$

$$HE_s(\tau) = V(c\rho)_r \frac{t_r(\tau)-t_r(\tau-1)}{3.6\times\Delta t}$$

（5-1-11）

式中　$q_1^e(\tau)$——τ 时刻来自照明、人体显热和设备显热等的对流散热量（W），等于

$$q_1^e(\tau) = HG_1C_l + HG_{bs}C_b + HG_{as}C_a$$

（5-1-12）

$q_2^e(\tau)$——τ 时刻由于吸收房间热量致使水分蒸发所消耗的房间显热量（W）；

$L_a(\tau)$——τ 时刻的空气渗透量（m^3/h）；

$(c\rho)_a$，$(c\rho)_r$——空气的单位热容（kJ/m^3·℃），下角码 a 和 r 分别表示室外环境和室内环境；

V——房间体积（m^3）；

$HE_s(\tau)$——τ 时刻空调系统的显热除热量（W）。

由于房间构造尺寸和内外扰量，以及 τ 时刻以前的房间空气温度均已知，把已知量和未知量分别写在等号两边，整理后式（5-1-11）变为

$$\sum_{k=1}^{N_i} F_k \alpha_k^e t_k(\tau) - \left[\sum_{k=1}^{N_i} F_k \alpha_k^e + \frac{L_a(\tau)(c\rho)_a}{3.6} + \frac{V(c\rho)_r}{3.6 \times \Delta t}\right] t_r(\tau) - HE_s(\tau)$$
$$= -\left[q_1^e(\tau) - q_2^e(\tau) + \frac{L_a(\tau)(c\rho)_a t_a(\tau)}{3.6} + \frac{V(c\rho)_r}{3.6 \times \Delta t} t_r(\tau-1)\right] \quad (5\text{-}1\text{-}13)$$

利用围护结构内表面热平衡方程和房间空气热平衡方程组成的房间热平衡方程组，即可求解出室内温度。

其中，对于具有自然通风的室内空气热平衡方程，式（5-1-13）中的 $HE_s(\tau)=0$。室内的空气温度由室外的气象条件和建筑围护结构的材料特性共同决定。

分析房间内表面和空气热平衡方程发现，夜间通风主要对式（5-1-13）方程中的以下几项产生影响：

1）空气流动得热量

这部分的热量表达式为：

$$Q_3(\tau) = L_a(\tau)(c\rho)_a [t_a(\tau) - t_r(\tau)] / 3.6 \quad (5\text{-}1\text{-}14)$$

式中　$Q_3(\tau)$——空气流动的得热量（W）。

从上式看出，τ 时刻的通风换气量 $L_a(\tau)$ 和房间室内外温差是影响通风换气得热量的两个因素。其中，通风换气量 $L_a(\tau)$ 又受通风驱动力、建筑物开口特性以及建筑平面布局等因素的影响。通风换气量和室内外温差越大，由通风带走的热量就越多，降温效果就越明显。

2）内壁面与空气的对流换热量

上述公式中，描述围护结构内表面和空气之间的对流换热量的一项为：

$$Q_{kc}(\tau) = F_k \alpha_k^e [t_k(\tau) - t_r(\tau)] \quad (5\text{-}1\text{-}15)$$

式中　$Q_{kc}(\tau)$——在 τ 时刻第 k 表面与室内空气的对流换热量（W）。

从式（5-1-15）可以看出，内表面与室内空气之间的对流换热量由表面对流换热系数以及表面与室内空气温差决定。内表面换热系数主要受气流所受浮升力影响，与表面热量状态有关。其主要影响因素除了流体的性质、换热表面的形状和大小以外，与流速也有密切的关系。对于采用自然通风的房间，自然通风形成的惯性力会增加内壁面附近的空气流速，增大内表面的对流换热系数，从而增加内表面与室内空气之间的对流换热量。

3）改变围护结构蓄放热特性

例如对于间歇运行的空调建筑，白天随着室外气温的升高，建筑围护结构处于吸热升温状态，到了夜晚，空调停止运行时，由于室内温度的升高，同样会使围护结构蓄存一定的热量，这些蓄存的热量中的一部分会因为夜间室外温度的逐渐减低而散失到室外空气中

去，但是大部分的热量都变成了第二天空调运行时的除热量。夜间通风通过降低空气温度以及构件温度的方式排除了白天蓄存在构件中的热量，改变了围护结构的蓄放热特征，减少了除热量。这样一来，夜间通风建筑围护结构的蓄放热特征与密闭的空调建筑相比存在明显的不同。

通过上述热过程的分析可看出，影响夜间通风效果的因素可归纳为三种参数：气象参数、建筑参数和技术参数。

（2）气象参数

通过以上的分析可以看出，影响夜间通风降温效果的气象参数主要包括：太阳辐射、室外空气温度、室外风速、风向以及室内温度等。

而且气候条件是最主要的一个因素，它直接影响着夜间通风的降温效果，从前面得到的方程可看出，日间室内蓄热体表面温度和空调房间空调冷负荷的波动都是受室外空气温度及振幅影响的。同时，室内外空气温差还会影响蓄热体表面对流换热强度的大小，这也是影响夜间通风效果的最关键因素之一。

实际上，围护结构是在太阳辐射和室外空气温度的综合作用下，先提高围护结构外表面的温度，由于围护结构都具有各自的热阻和热容，所以，外扰的影响是逐渐反映到围护结构内表面的，然后通过内表面与室内空气的对流以及与其他壁面等的辐射作用影响室内环境的温度。

（3）建筑参数

对夜间通风效果产生影响的主要建筑参数包括两类：

第一类是影响房间蓄热性的各种参数，这主要是建筑材料的各种热物性指标，包括建筑构件材料密度、比热及其尺寸厚度、围护结构热惰性指标，空气流温度变化和蓄热体表面对流换热系数等。这些参数会直接影响建筑内部蓄热体的蓄热能力，从而对夜间通风的效果产生影响。

第二类是影响建筑通风换气次数的相关参数，主要包括建筑的平面布局和开口形式等。其中，建筑平面布局主要对夜间通风的通风路径影响较大，它决定了通风的阻力特征，在一定程度上影响建筑的通风换气次数。而建筑开口形式包括开口的位置和大小，它主要对夜间自然通风效果产生影响。

（4）技术参数

与技术参数有关的因素包括通风时段、空气流动速率和通风方式等，如何控制建筑得热也是影响夜间通风效率的一个重要方面。

1）通风时段

由于不同气候区在不同天气状况下室外气象条件差异较大，因此合理确定夜间通风的起始时间可以有效提高通风效率。

关于夜间通风时间的确定，李峥嵘等确定夜间通风时间为晚8点到第二天早晨6点；M. Kolotroni提出在午夜到清晨7点这段时间内，当室外空气温度高于12℃，但低于室内空气温度时进行夜间通风；而王昭俊等通过实验得出，哈尔滨夜间通风原则为晚6点至第二天上午，当室外空气温度低于室内空气温度时，开窗进行自然通风，当室内空气温度超过27℃时，关窗进行空调通风制冷。

2）空气流动速率

当建筑有通风时，室外空气以其原有的温度进入室内空间并在流动过程中与室内空气相混合，而且根据室内外的温度差与室内各表面进行对流换热。室外空气与室内空间的热交换量随着通风率和室内外温差的增大而增大。空气流动速度影响着通风率的大小，空气流动速度越高，室外空气与室内蓄热体之间的热交换量越大。室内外温差决定着通风的效果，当室内气温高于室外时，通风可以降低室内温度，室内外温差越高，通风换热量越大如果条件相反，则通风的效果也相反。由于室外气温一天中总是呈周期性变化的，建筑的围护结构的温度受到室外环境的影响也呈周期性变化，但由于围护结构具有一定的热惰性，其变化会滞后于室外气温的变化。一般情况下，傍晚及夜间的室温常高于室外，所以在此期间进行通风能收到较好的降温效果。

3）通风方式选择

夜间通风有自然通风、机械通风和混合通风三种方式，通风方式的选择对夜间通风效果也有影响。比如对于一些室外风速大，室内外温差比较显著的地区，选择自然通风既可以达到提高室内空气品质而且还可以降低空调系统的运行能耗；而有些地区虽然夜间室内外温差较大，但夜间室外风速较小，单纯采用自然通风不能达到较好的降温效果，这时就要考虑采用机械通风或者混合通风；而对于一些大型公共建筑，由于其建筑立面可自由开启的面积较少，无法实现夜间自然通风，因此需要采用机械通风的方式。

5.1.2 建筑围护结构蓄热特性分析

1.围护结构蓄热概述

（1）围护结构蓄热原理

室外环境的热作用通过建筑物的外围护结构影响着房间的热环境，为保证冬夏季室内热舒适要求，必须采取相应的保温或隔热措施。如在夏季条件下，室外气温和太阳辐射综合作用下，昼夜间温度变化剧烈，这时围护结构的蓄热作用对于抵抗室外剧烈的温度波动起着重要作用，一般按非稳态传热计算。下面介绍与蓄热有关的围护结构的几个参数，表面蓄热系数，材料蓄热系数以及热惰性指标。

围护结构的表面蓄热系数的物理意义是：在周期性的热作用下，当表面温度波的振幅为1℃时，通过围护结构表面所能传过的热流波的振幅，因此，如果热流波的振幅一定，围护结构的表面蓄热系数 Y 值越大，则表面温度波动的振幅就越小，这表明围护结构热惰性大，热稳定性能好。反之，围护结构的表面蓄热系数 Y 越小，则当热流密度波振幅一定时，表面温度波动的振幅就越大，围护结构的热稳定性能就越差。

例如对于直接受益的太阳房，也就是利用直接透过玻璃窗的太阳辐射热量进行采暖的房间，白天受太阳辐射的作用，室温升高，而夜间没有太阳辐射作用时，温度就要降低；这样，该房间昼夜间室温波动幅度的大小，就与其围护结构的表面蓄热系数值有直接关系。如果房间围护结构的蓄热系数值比较大，白天太阳辐射透过玻璃窗照射到房间墙内壁面或者地板表面时，地板表面温升较小，因此从壁面以对流方式向房间空气传递的热量就较小，白天室温的升高也就较小；夜间，壁面得不到太阳辐射热，内表面温度必然下降，可是由于围护结构的蓄热系数较大，表面温度每降低1℃，从表面向房间空气传出的热量就比较大，从而使室内温度降低的幅度减小，这就是说，围护结构表面蓄热系数大的房间，由于在得热峰值阶段，房间的得热量能较多的蓄存于围护结构内表面，而待到房间没有得热时，再将这些热量从内表面放出，传给室内空气，所以，围护结构的表面蓄热系数越大，房间的热惰性越大，房间的热稳定性就越好。

材料蓄热系数 S 的物理意义就是，在一定周期的热作用下，当表面温度波动幅度为 1℃时，消耗于加热无限厚板壁的热流波的振幅。当热流波周期 T 一定时，材料的蓄热系数只取决于材料本身的热物性，即材料的导热系数、比热和密度。因此，凡是重的、比热大的、导热性能好的材料，其蓄热系数 S 值就大，抵抗温度波动的蓄热能力就强，壁体材料内部温度的波动就小，反之，它抵抗温度波动的蓄热能力就越弱，壁体材料内部温度的波动就越大。由于室外空气温度和太阳辐射具有逐日、逐年的周期变化特性，所以，一般给出的材料蓄热系数值几乎均以 24 小时为周期。

围护结构热惰性指标：一般采用围护结构材料层的热阻与材料的蓄热系数的乘积作为评价围护结构热工性能的指标，称为热惰性指标。

$$D = RgS \qquad\qquad (5\text{-}1\text{-}16)$$

式中　R——材料层的热阻（$m^2 \cdot ℃/W$）；
　　　S——材料的蓄热系数（$W/m^2 \cdot ℃$）。

对于 n 层不同材料组成的围护结构，其热惰性指标 D 可取各层热惰性指标之和，即：

$$D = R_1 g S_1 + R_2 g S_2 + \cdots + R_n g S_n = \sum_{i=1}^{n} R_i S_i \qquad (5\text{-}1\text{-}17)$$

式中　R_i——第 i 层材料的热阻（$m^2 \cdot ℃/W$）；
　　　S_i——第 i 层材料的蓄热系数（$W/m^2 \cdot ℃$）。

由于热阻表达材料层抵抗热流波的能力，蓄热系数表达材料层抵抗温度波的能力，所以，热惰性指标则是表达了围护结构抵抗热流波和温度波在材料中传播的指标。热惰性指标越大，说明外来的热流穿过围护结构需要的时间越长，波动幅度被减弱的程度越大，板壁热惰性越好。当然，由于不同材料组成的建筑围护结构，尽管其热惰性指标相同，其内表面对室外温度波的衰减倍数不会完全相同；但是，当材料层的蓄热系数不是很小时，热惰性指标相同的围护结构，其内表面对室外空气温度波的传热衰减倍数和延迟时间大体上差不多，所以，对于一般建筑围护结构来说，以热惰性指标作为评价值是可以的。

建筑中可以存储和释放能量的物质都可以看作蓄热体。蓄热体在建筑中的存在形式很多，如外围护结构、地板、家具等。根据建筑蓄热能力的不同，蓄热体可分为轻质和重质两种，前者如木材、瓦片材料等，后者如混凝土、砖、岩石等。按照蓄热体所处位置的不同，则可分为内蓄热体和外蓄热体两种，直接暴露在阳光下的称为外蓄热体，例如建筑的外围护结构；不直接暴露在阳光下的则称为内蓄热体，例如家具、建筑内墙、地板、天花板等。按照蓄能方式的不同，可以分为主动式蓄热和被动式蓄热，主动式蓄热是指通过机械的方式对蓄热体进行加热或降温，例如一些商业建筑为缓解用电高峰而采取的夜间机械冷却楼板蓄冷方式等；被动式蓄热则是指通过蓄热体本身的热性能在无需借助机械设备的情况下的蓄放热，此方式可减少建筑能耗。合理的建筑蓄热设计可以达到减少建筑能耗、节约能源的效果。

建筑蓄热对建筑热环境的影响主要体现在两个方面：第一，稳定室内温度，减少温度的峰值，进而降低建筑的冷热负荷。第二，可以延迟峰值出现的时间。

建筑蓄热性能的影响因素很多，主要有以下几方面：蓄热材料本身的物理性质，例如材料的热容量、导热系数、厚度等；建筑蓄热墙体的结构、朝向等；其他因素，例如气候条件、冷热源系统及其运行模式、建筑的使用规律等。

（2）围护结构蓄热对冷热负荷的影响

建筑围护结构对冬夏季建筑的热、冷负荷起着重要的决定因素，建筑负荷一般是根据建筑室内温度的波动规律来决定，围护结构对室外波动规律的影响直接决定着室内温度的衰减和延迟，以至于影响着建筑冷热负荷的波动规律，下面就对于夏季冷负荷与冬季热负荷的影响介绍如下。

针对夏季空调系统，长期处于各种扰量作用之下，可大致分为外扰和内扰两大类，外扰主要有室外空气温度、湿度、太阳辐射强度、风速、风向等，其主要作用的参数是室外空气温湿度和太阳辐射强度；内扰主要有室内人体、设备的发热及散湿等。

夏季建筑冷负荷一般可由两部分组成，通过太阳辐射直射直接照射到室内的部分热量直接转化为冷负荷，成为瞬时冷负荷，另一部分则被围护结构或者室内重质物体所吸收，形成潜热潜藏起来，这部分热量将形成潜热冷负荷，因此可以看出围护结构的蓄热作用，对建筑冷负荷具有很大的影响作用。而且在夏季，室内外温度差导致的传热方向并不总是一致的，而在夜间可能由室内传向室外方向，但是，在有空调设备的建筑中，外围护结构热阻的作用仍与冬季相似。不过，由于夏季室内外温差与室外空气温度的日波动值相比，不相上下，所以，在决定室内热环境方面，围护结构热阻的相对重要性就减小了，而围护结构的蓄热作用的重要性增大了。

对于冬季建筑热负荷，围护结构蓄热亦起着重要的作用，很早的采暖设计计算热负荷方法大多采用稳态计算法，在建筑节能日益重要的今天，热负荷计算方法多采用非稳态计算，进而利用动态建筑供热或者间歇采暖的方法以减低采暖能耗。

围护结构的蓄热作用如集热蓄热式外围护结构，这种形式是由透光玻璃罩和蓄热墙体构成，中间留有空气层，集热蓄热墙一般可根据上下是否留有通风孔分为有通风孔和无通风孔的集热蓄热墙，有通风孔的墙体上下部位设有通向室内的风口。日间利用南向集热蓄热墙体吸收穿过玻璃罩的阳光，墙体会吸收并传入一定的热量，同时夹层内空气受热后成为热空气通过风口进入室内；夜间集热蓄热墙体的热量会逐渐传入室内，此类围护结构，可以将白天过多的室外热量蓄存起来，用于夜间使用，起到移峰填谷的作用，见图5-1-1。

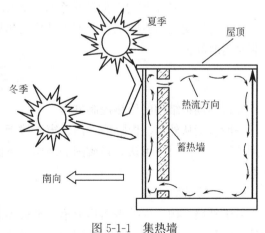

图 5-1-1　集热墙

2.蓄热围护结构的衰减延迟特性

（1）衰减特性

室外介质温度简谐波的振幅与平壁内表面温度振幅之比，为该围护结构的衰减倍数，数学表达式为：

$$\nu_0 = \frac{A_e}{A_{if,e}} = 0.9 e^{\frac{\sum D}{\sqrt{2}}} \cdot \frac{S_1 + a_i}{S_1 + Y_{1,e}} \cdot \frac{S_2 + Y_{1,e}}{S_2 + Y_{2,e}} \cdot \dots \cdot \frac{S_n + Y_{n-1,e}}{S_n + Y_{n,e}} \cdot \frac{\alpha_e + Y_{n,e}}{\alpha_e} \quad (5\text{-}1\text{-}18)$$

式中 $\sum D$——平壁总的热惰性指标，等于各层材料层的热惰性指标之和；

S_1、S_2、$\cdots$、S_n——各层材料的蓄热系数（W/m² · ℃）；

$\quad\quad\quad\alpha_i$——平壁内表面的换热系数（W/m² · ℃），通常取 8.7；

$\quad\quad\quad\alpha_e$——平壁外表面的换热系数（W/m² · ℃），通常取 23.3；

$\quad\quad\quad e$——自然对数的底，$e=2.718$；

$Y_{1,e}$、$Y_{2,e}$、$\cdots$、Y_n——各材料层外表面蓄热系数（W/m² · ℃）；当各层材料热惰性指标 $D<1.0$ 时，各层外表面蓄热系数可由式（5-1-19）表示，当各层材料热惰性指标 $D\geqslant1.0$ 时，该层的 $Y=S$，内表面蓄热系数可从该层算起，后面各层不再计算。

$$Y_{i,e}=\frac{R_iS_i^2+Y_{i-1,e}}{1+R_nY_{i-1,e}} \tag{5-1-19}$$

式中 i——围护结构各层结构的编号，编号从室内向室外方向编起，与周期波动热流方向相反。

（2）延迟特性

总的相位延迟时间是指室外介质温度谐波出现最大值的相位与围护结构内表面温度谐波出现最大值的相位之差，按式（5-1-30）计算为：

$$\Phi_o=40.5\sum D+\arctan\frac{Y_{ef}}{Y_{ef}+\alpha_e\sqrt{2}}-\arctan\frac{\alpha_i}{\alpha_i+Y_{if}\sqrt{2}} \tag{5-1-20}$$

式中 Φ_o——总相位延迟角（deg）；

$\quad\quad Y_{ef}$——围护结构外表面蓄热系数（W/m² · ℃）；

$\quad\quad Y_{if}$——围护结构内表面蓄热系数（W/m² · ℃）。

通常习惯用延迟时间来表示围护结构的热稳定性，根据时间和相位角的变换关系即可得到延迟时间为：

$$\xi_o=\frac{Z}{360}\Phi_o \tag{5-1-21}$$

3. 蓄热围护结构的传热控制方程

一般包括从外墙、内隔墙、门、窗、楼板、地面等，其中外墙、楼板和地面可认为重质围护结构，而门窗可认为轻质围护结构，下面针对以上围护结构，列出其传热控制方程如下。

（1）重质围护结构

对于外墙结构，内外表面均为第三类边界条件，室外条件可看作日周期性变化，外墙的传热过程为无限大平壁的导热问题，列导热微分方程为：

$$\frac{\partial t}{\partial\tau}=\alpha_{1i}\frac{\partial^2t}{\partial x_i^2}\quad 0<x<\delta,\ \tau>0 \tag{5-1-22}$$

式中 α_{1i}——第 i 面外墙围护结构的热扩散系数（m²/s）。

围护结构传热过程见图 5-1-2。

对于围护结构的内表面，都可以建立一个热平衡方程，用文字表示其通式，应为：

导热量＋与室内空气的对流换热量＋各表面之间互辐射热量＝0

对于 n 时刻单位面积第 i 表面来说，其内表面热平衡方程式为：

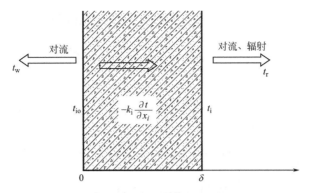

图 5-1-2 围护结构传热过程图

$$q_i(n) + a_i^c[t_r(n) - T_i(n)] + \sum_{K=1}^{N_i} C_b \varepsilon_{ik} \varphi_{ik} \left[\left(\frac{T_K(n)}{100} \right)^4 - \left(\frac{T_i(n)}{100} \right)^4 \right] = 0 \quad (5\text{-}1\text{-}23)$$

式中　　　$t_r(n)$ ——室温（℃）；

$T_K(n)$，$T_i(n)$ ——第 k 和第 i 围护结构内表面温度（℃）；

a_i^c ——第 i 面外墙围护结构内表面的对流换热系数（W/m²·℃）；

C_b ——黑体辐射常数，等于 $5.67 \text{W/m}^2 \cdot$ ℃；

ε_{ik} ——该围护结构内表面 i 与第 k 面围护结构内表面之间的系统黑度，约等于 i、k 表面黑度的乘积，即 $\varepsilon_{ik} \approx \varepsilon_i \varepsilon_k$；

φ_{ik} ——围护结构内表面 i 对内表面 k 的辐射系数；

N_i ——房间不同围护结构内表面总数；

$q_i(n)$ ——由围护结构两侧温差，第 i 围护结构内表面所获得的导热得热量（W/m²）。

注：下文中与式（5-1-23）形式类似的相同各符号意义相同，下文不再详述。

其中围护结构可看为无限大平壁，导热只发生在法向方向上，围护结构导热系数为 k_i，室外壁面温度随时间变化，则围护结构内表面所获得的导热得热量为：

$$q_i(n) = -k_i \left. \frac{\partial t}{\partial x_i} \right|_{x=\delta} \quad (5\text{-}1\text{-}24)$$

将式（5-1-24）代入式（5-1-25）得：

$$-k_i \left. \frac{\partial t}{\partial x_i} \right|_{x=\delta} + a_i^c[t_r(n) - t_i(n)] + \sum_{K=1}^{N_i} C_b \varepsilon_{ik} \varphi_{ik} \left[\left(\frac{T_K(n)}{100} \right)^4 - \left(\frac{T_i(n)}{100} \right)^4 \right] = 0$$

$$(5\text{-}1\text{-}25)$$

外墙围护结构外表面热平衡方程：

$$-k_i \left. \frac{\partial t}{\partial x_i} \right|_{x=0} + a_i^d[t_w(n) - t_{i0}(n)] = 0 \quad (5\text{-}1\text{-}26)$$

式中　k_i ——第 i 面外墙围护结构导热系数（W/m²·℃）；

a_i^d ——第 i 面外墙围护结构外表面的对流换热系数（W/m²·℃）；

$t_{i0}(n)$ ——第 i 面围护结构外表面温度（℃）；

$t_w(n)$ ——如为东、南、西向外墙，为室外综合空气温度 t_Z，如为北向外墙，则为室外温度（℃）。

则由式（5-1-22）、式（5-1-25）和式（5-1-26）有导热微分方程：

$$\frac{\partial t}{\partial \tau} = \alpha_{1i} \frac{\partial^2 t}{\partial x_i^2} \quad 0 < x < \delta, \ \tau > 0$$

边界条件：

$$-k_i \frac{\partial t}{\partial x_i} + a_i^d [t_w(n) - t_{i0}(n)] = 0 \quad x = 0, \ \tau > 0$$

$$-k_i \frac{\partial t}{\partial x_i} + a_i^c [t_r(n) - t_i(n)] + \sum_{K=1}^{N_i} C_b \varepsilon_{ik} \varphi_{ik} \left[\left(\frac{T_K(n)}{100} \right)^4 - \right.$$

$$\left. \left(\frac{T_i(n)}{100} \right)^4 \right] = 0 \quad x = \delta, \ \tau > 0$$

（2）轻质围护结构

对于门窗等围护结构而言，可以忽略其蓄热性能，所以，为了简化计算将其传热得热按稳定传热考虑，即式（5-1-11）中的 $q_i(n)$ 可表达为：

$$q_i(n) = \frac{1}{\frac{1}{K_i} - \frac{1}{a_i}} [t_{i0}(n) - t_i(n)] \tag{5-1-27}$$

式中 $t_{i0}(n)$——第 i 面门窗结构外表面温度（℃）；

       K_i——第 i 面门窗的传热系数（W/m² · ℃）；

       a_i——第 i 面围护结构（门窗）内表面总换热系数（W/m² · ℃）。

将式（5-1-13）代入式（5-1-11）可得门窗围护结构内表面的热平衡方程为：

$$\frac{a_i K_i}{a_i - K_i} [t_{0i}(n) - t_i(n)] + a_i^c [t_r(n) - t_i(n)] +$$

$$\sum_{K=1}^{N_i} C_b \varepsilon_{ik} \varphi_{ik} \left[\left(\frac{T_K(n)}{100} \right)^4 - \left(\frac{T_i(n)}{100} \right)^4 \right] = 0 \tag{5-1-28}$$

对于门窗外表面围护结构，热平衡方程为：

$$\frac{a_i K_i}{a_i - K_i} [t_{0i} - t_i(n)] + a_i^d [t_w(n) - t_{i0}(n)] = 0$$

上式中各项的意义和式（5-1-26）相同，在此围护结构为外门窗。

外门窗导热微分方程：

$$\frac{\partial^2 t}{\partial x_i^2} = 0 \quad 0 < x < \delta, \ \tau > 0 \tag{5-1-29}$$

边界条件：

$$\frac{a_i K_i}{a_i - K_i} [t_{0i}(n) - t_i(n)] + a_i^d [t_w(n) - t_{i0}(n)] = 0 \quad x = 0, \ \tau > 0$$

$$\frac{a_i K_i}{a_i - K_i} [t_{0i}(n) - t_i(n)] + a_i^c [t_r(n) - t_i(n)] +$$

$$\sum_{K=1}^{N_i} C_b \varepsilon_{ik} \varphi_{ik} \left[\left(\frac{T_K(n)}{100} \right)^4 - \left(\frac{T_i(n)}{100} \right)^4 \right] = 0 \quad x = \delta, \ \tau > 0$$

5.2 通风蓄热耦合热工模型建立

5.2.1 自然通风建筑热过程数学模型

1.自然通风建筑的热力系统分析

自然通风建筑的室内热环境受到通风系统和热过程系统的共同作用，二者相互影响，存在耦合作用关系。

自然通风房间受到外扰和内扰的综合作用。房间内部的热源构成内扰量，它们直接对房间系统发生作用。居住建筑内热源主要包括室内灯光、人员和发热设备。外扰包括室外干球温度、湿度、风速、风向和太阳辐射量。其中发生的热量传递包括通过外围护结构与外界环境发生的传热。外围护结构外表面与室外空气发生对流换热，同时受到太阳辐射作用、外表面与内表面间通过导热传热进行热量传递、内表面与室内空气进行对流换热，并与室内其他表面进行辐射热量传递。透过玻璃窗的太阳辐射热，首先被围护结构及家具表面吸收，再以对流换热的形式传递给室内空气。房间内部不同区域间通过内墙、地板和天花板的传热以及通过建筑各种开口的空气流动带来与室内空气的对流热量交换。空气流动包括通过门、窗等大开口的自然通风以及通过缝隙的渗透和通过机械设备的通风换气。将所研究的房间作为一个热力系统，围护结构和室内空气作为两个子系统，建立总的热力系统的控制方程。通过对总的热力系统控制方程的离散和联立迭代求解，可以得出室内空气温度和各围护结构的壁面温度等参数。

2.室内空气热平衡方程

进入室内空气的热量包括通过围护结构内表面传入室内的热量、室内产热直接与空气进行对流换热的部分、太阳透窗辐射直接被空气吸收的部分、室外空气的渗透的热量（自然通风作用产生的）、供暖（供冷）设备所提供的热量。这些热量之和等于室内空气的内能变化率，因此室内空气的热平衡方程公式如下：

$$Vcp\frac{\mathrm{d}t_i(\tau)}{\mathrm{d}\tau} = \sum_{j=1}^{n}F_j\alpha_{cj}(\tau)[t_j(\tau)-t_i(\tau)] + N(\tau)cp[t_0(\tau)-t_i(\tau)] +$$
$$Q_s(\tau)+Q_z(\tau)+Q_x(\tau) \tag{5-2-1}$$

式中　　　　F_j——房间第 j 面围护结构的面积（m²）；

　　　　　　α_{cj}——各个围护结构内表面对流换热系数（W/m²·℃）；

$t_0(\tau)$，$t_j(\tau)$，$t_i(\tau)$——室外空气逐时温度，围护结构内表面逐时温度，室内空气逐时温度（℃）；

　　　　　　$N(\tau)$——空气的逐时渗透量（即自然通风量）（m³/s）；

　　　　　　cp——空气的单位热容（kJ/m³·℃）；

　　　　　　$Q_s(\tau)$——太阳透窗辐射直接进入空气的部分（W）；

　　　　　　$Q_z(\tau)$——室内产热通过对流方式进入室内空气的部分（W）；

　　　　　　$Q_x(\tau)$——室内供热（供冷）设备的供热量（W）。

3.建筑热过程数学模型

（1）有限厚度建筑围护结构

如果平面板壁的高（长）度和宽度是厚度的8~10倍，按一维导热处理时计算误差不大于1%；因此，建筑物围护结构的不稳定传热通常可以按一维计算。其有限厚度围护结构的传热控制方程如下：

1) 围护结构的导热微分方程

$$\frac{\partial^2 t}{\partial x_i^2} = \frac{1}{\alpha_i} \frac{\partial t}{\partial \tau} \quad (0 < x < \delta, \ \tau > 0) \tag{5-2-2}$$

式中 α_i ——第 i 面围护结构的热扩散系数，为 $\frac{\lambda}{\rho c}$（m^2/s）；

         δ ——围护结构的厚度（m）。

2) 边界条件

对于建筑围护结构的外壁面，通过壁体的导热量等于外表面对室外的对流换热量。

$$q_i(\tau) = -\lambda_i \frac{\partial t}{\partial x_i}\bigg|_{x=0} = a_{i1}[t_z(\tau) - t_{i1}(\tau)] \tag{5-2-3}$$

式中 λ_i ——第 i 面围护结构的导热系数（$W/m^2 \cdot k$）；

   $q_i(\tau)$ ——通过第 i 面围护结构壁体的导热量（W/m^2）；

    a_{i1} ——第 i 面围护结构外壁面的对流换热系数（$W/m^2 \cdot ℃$）；

    $t_z(\tau)$ ——室外综合温度（℃）；

  $t_{i1}(\tau)$ ——第 i 面围护结构外壁面温度（℃）。

对于建筑围护结构的内壁面，通过壁体的导热量等于内表面对室内空气的对流换热量和其他围护结构内表面的辐射换热量总和。

$$q_i(\tau) = -\lambda \frac{\partial t}{\partial x_i}\bigg|_{x=\delta} = a_{i2}[t_i(\tau) - t_{i2}(\tau)] + \sum_{j=1}^{n} \alpha_{rij}[t_{i2}(\tau) - t_{j2}(\tau)] \tag{5-2-4}$$

式中 a_{i2} ——第 i 面围护结构内壁面的对流换热系数（$W/m^2 \cdot ℃$）；

$t_i(\tau)$，$t_{i2}(\tau)$，$t_{j2}(\tau)$ ——室内空气温度，第 i 面围护结构内表面温度，第 j 面围护结构内表面温度（℃）；

         α_{rij} ——围护结构内表面 i 与内表面 j 之间的当量辐射热换热系数（$W/m^2 \cdot ℃$）。

（2）薄壁厚度围护结构

对于门窗等围护结构，忽略其蓄热性，所以可以简化计算为稳定传热计算

$$\frac{1}{\frac{1}{K_i} - \frac{1}{\alpha_i}}[t_i(\tau) - t_0(\tau)] + \sum_{j=1}^{n} \alpha_{rij}[t_i(\tau) - t_j(\tau)] = 0 \tag{5-2-5}$$

式中 K_i ——第 i 面门窗的传热系数（$W/m^2 \cdot ℃$）；

         α_i ——第 i 面门窗表面的总换热系数（$W/m^2 \cdot ℃$）；

         α_{rij} ——门窗结构内表面 i 与内表面 j 之间的当量辐射热换热系数（$W/m^2 \cdot ℃$）；

$t_0(\tau)$，$t_i(\tau)$，$t_j(\tau)$ ——室外空气温度，门窗内表面温度，其余围护结构内表面的温度（℃）。

（3）地板

对于本节研究的内容，根据文献所述：建筑物地下区域传热主要包括三方面，一是室

116

外通过地下对建筑物底层房间热环境的影响，二是底层房间温度变化导致底层房间向地面的热流变化，三是建筑底层房间之间通过地下区域互相之间的影响。因此地板的传热按照三维来考虑，其导热微分方程式如下：

$$\frac{\partial^2 t}{\lambda x^2} + \frac{\partial^2 t}{\partial y^2} + \frac{\partial^2 t}{\partial z^2} = \frac{\lambda}{c_p \rho} = \frac{\partial t}{\partial \tau} \tag{5-2-6}$$

式中　t——建筑底层房间地下区域的任一点的温度（℃）；

　　　λ——地下区域各点的导热系数（$W/m^2 \cdot$℃）；

　　c_p——地下区域各点的比热 [$kJ/（kg \cdot$℃）]；

　　ρ——地下区域各点的密度（kg/m^3）。

边界条件：

根据图 5-2-1 所示，地下边界条件分 5 方面。假设室外地表温度的年平均值与地下深处恒温层 Γ_4 的温度相同，皆为 t_m，并取 $\bar{t} = t - t_m$，则式（5-2-6）的边界条件如下：

$$\left.\begin{array}{l} \bar{t} \mid_{\Gamma_1} = t_{gs} - t_m，并且 \int_{全年}(t_{gs} - t_m)d\tau = 0 \\[2mm] \bar{t} \mid_{\Gamma_{2,i}} = t_{floor,i} - t_m，其中下标 i 对应不同的底层房间 \frac{\partial \bar{t}}{\partial \bar{n}}\mid_{\Gamma_3} = 0 \\[2mm] \bar{t} \mid_{\Gamma_4} = 0 \\[2mm] \frac{\partial \bar{t}}{\partial \bar{n}}\mid_{\Gamma_5} = 0 \end{array}\right\} \tag{5-2-7}$$

式中　$\bar{t}$——建筑物底层房间地下区域任一点的相对温度（℃）；

　　t_{gs}——室外地表温度（℃）；

　$t_{floor,i}$——建筑底层第 i 个房间的地板表面温度（℃）；

　　$\bar{n}$——相应表面的法线方向。

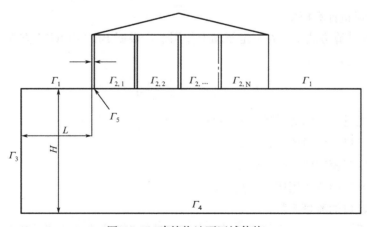

图 5-2-1　建筑物地下区域传热

根据图 5-2-1 所示，Γ_1 为室外地表面，满足第一类边界条件；$\Gamma_{2,i}(i=1，\cdots，N)$ 则表示底层房间的地板表面，也满足第一类边界条件；Γ_3 为绝热侧表面，属于第二类边界条件，定热流边界条件，就是假设离建筑足够远处，通过它们的热流为 0；Γ_4 为第一类边界条件，假定一定深度处为恒温层；Γ_5 为地表面与外墙相交的表面即邻室隔墙与地表面相交的面，由于地下区域经该表面传入墙体的热量很少，可以认为是定热流边界条件，热流为 0；H 为恒温层的深度，通常取建筑物宽度的 $0.7 \sim 1$ 倍；L 表示绝热侧离建筑物的距离，通常取建筑物宽度的 1/8。

待求室内地面 $\Gamma_{2,i}$ 的热流，可以根据叠加原理展开为两部分：一部分为是室外地面的相对温度 $t_{gs}-t_m$，另一部分为各底层室内地面的相对温度 $t_{floor,j}-t_m$。以下分别讨论两类作用造成各室内地面热流的变化。即第一部分影响下的室内地表热流的变化的边界条件：

$$
\left.\begin{aligned}
& \bar{t}\,|_{\Gamma_1}=t_{gs}-t_m \\
& \bar{t}\,|_{\Gamma_{2,i}}=0, \ i=1,\ 2\cdots \\
& \frac{\partial \bar{t}}{\partial n}\,|_{\Gamma_3}=0 \\
& \bar{t}\,|_{\Gamma_4}=0 \\
& \frac{\partial \bar{t}}{\partial n}\,|_{\Gamma_5}=0
\end{aligned}\right\}
\tag{5-2-8}
$$

第二部分影响下的室内地表热流的变化的边界条件：

$$
\left.\begin{aligned}
& \bar{t}\,|_{\Gamma_1}=0 \\
& \bar{t}\,|_{\Gamma_{2,j}}=t_{floor,j}-t_m,\ \bar{t}\,|_{\Gamma_{2,i}}=0,\ i \neq j \\
& \frac{\partial \bar{t}}{\partial n}\,|_{\Gamma_3}=0 \\
& \bar{t}\,|_{\Gamma_4}=0 \\
& \frac{\partial \bar{t}}{\partial n}\,|_{\Gamma_5}=0
\end{aligned}\right\}
\tag{5-2-9}
$$

5.2.2 自然通风量计算模型

在 network 计算方法中，在一定驱动力作用下，根据 BERMOULI 方程，通过每个开口的风压通风量为：

$$
G_w=c_d \cdot A \cdot \left(\frac{2\Delta p}{\rho}\right)^{1/n}
\tag{5-2-10}
$$

式中　G_w——通过开口的通风量（m^3/s）；

　　A——开口有效通风面积（m^2）；

　　ρ——空气密度值（kg/m^3）；

　　Δp——开口两侧作用压差（p_a）；

　　c_d——开口的流量系数；

　　n——系数，自然通风气流通过复合开口时气流为完全紊流流动状态，可取 $n=2$。

气流通过每个开口时的流量成为压差的函数，这里压差可以是风压作用、热压作用或机械压力作用，也可以是它们的综合作用。在热压和风压都存在时，建筑物的通风受到热压、风压共同作用。这时自然通风的通风量并不等于二者的线性叠加，而仅是两者中作用较强的起作用。

1. 热压通风量的计算

行政办公建筑的室内各个开口间不存在明显的高度差，热压通风基本发生在单个开口处。单面开口房间热压通风如图 5-2-2 所示。

当 $T_0 < T_i$ 时，开口处的热压分布如图 5-2-2 所示。图中 T_0、T_i 为室内外温度；H 为开口高度；h 为中和界高度；对应室内外空气密度为 ρ_0、ρ_i。

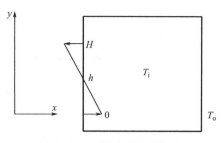

图 5-2-2　热压通风示意图

单区域单开口房间，如果忽略垂直方向的温度梯度，开口处任意高度上的余压计算如下：

$$\Delta p_{\text{heat}}(y) = -g(\rho_0 - \rho_i)(y - h) \tag{5-2-11}$$

在忽略垂直温度梯度条件下，在只有热压作用的单面开口的房间，其中和界的高度在开口的中央，由热压引起的空气交换量可用式（5-2-11）计算：

$$G_{\text{heat}} = \frac{2}{3} \times w \times c_{\text{d}} \times \left(2 \times \frac{g(\rho_0 - \rho_i)}{\rho_0}\right)^{1/2} \times \left(\frac{H}{2}\right)^{3/2} \tag{5-2-12}$$

式中　w——开孔的宽度（m）；

　　　c_{d}——开口的流量系数。

室内外空气的密度差是引起热压通风的驱动力，室内空气的密度受室内空气温度的影响，因此，计算热压通风量需要已知室内空气温度值。

2. 风压通风量的计算

对于矩形的建筑物来说，如果假设在建筑同一立面上的风压作用值都相同，则作用于开口的风压值可以用式（5-2-12）进行计算：

$$\Delta p_{\text{wind}} = p_{\text{wind}} - p_{\text{ref}} = c_{\text{p}} \times \rho \times v_{\text{h}}^2 \big/ 2 \tag{5-2-13}$$

式中　p_{wind}——作用于开口的风压值（P_{a}）；

　　　p_{ref}——大气压（p_{a}）；

　　　ρ——空气密度值（kg/m³）；

　　　c_{p}——风压系数值，反映建筑物形状、开口位置、风向的影响因素的综合作用；

　　　v_{h}——风速，一般指建筑物高度处的风速（m/s）。

行政办公建筑的风压通风是在复合区域（multi-zone）作用下形成的，风压通风的作用压差 Δp 为作用于两个外开口的风压值之差。这种情况下必须考虑内部气流路径对整体自然通风量的影响作用。在复合区域自然通风量的宏观模型计算方法中，最常见的是所谓 network 方法。如果假定建筑每个区域的温度、压力都可以用一个值来表示，并且假设进入每一个区域的空气与原有的空气充分混合，建筑的通风就可以用图 5-2-3 的网络形式体现。

除上述两个假设外，network 方法的计算还包括下面两个假设条件：不考虑惯性力的作用及忽略室内气流的作用，即认为作用于外开口的压力经过开口后完全转变为静压力。根据质量守恒定律，复合区域中通过外开口的总进风量等于总出风量。根据网络模型的串并联关系，由公式可导出各个开口的通风量大小。如果穿越式通风空气流动的阻力为两个

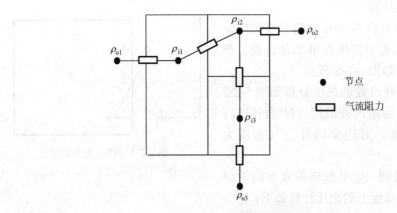

图 5-2-3 复合区域网络模型

开口，通风量的计算公式为：

$$G_{wind} = \sqrt{\frac{\Delta p}{\frac{\rho}{2 \cdot c_{d1}^2 \cdot A_1^2} + \frac{\rho}{2 \cdot c_{d2}^2 \cdot A_2^2}}} \qquad (5\text{-}2\text{-}14)$$

如果穿越式通风空气流动的阻力为多个开口，则通风量为：

$$G_{wind} = \sqrt{\frac{\Delta p}{\frac{\rho}{2 \cdot c_{d1}^2 \cdot A_1^2} + \cdots + \frac{\rho}{2 \cdot c_{dn}^2 \cdot A_n^2}}} \qquad (5\text{-}2\text{-}15)$$

3. 热压和风压联合通风量的计算

在热压和风压都存在时，建筑物的通风受到热压、风压共同作用。这时自然通风量并不等于二者的线性叠加。由于集合式居住建筑的热压通风特性，中和面总是穿过开口的，这种情况下的总通风量根据风压和热压最大值的相互关系可分为如图 5-2-4 所示的三种情况。

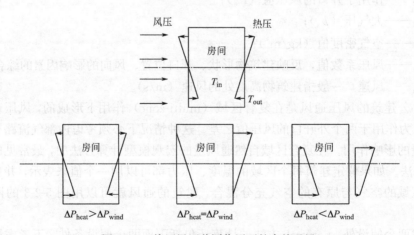

图 5-2-4　热压风压共同作用下的自然通风

热压作用于单个开口的最大值为：$\Delta P_{heat} = gh\,(\rho_0 - \rho_i)\,p_a$

$$A:G \cong G_{heat} \qquad B:G \cong G_{heat} \cong G_{wind} \qquad C:G \cong G_{wind}$$

式中　　G——为热压和风压综合作用下的通风量（m^3/s）；

G_{heat}、G_{wind}——分别为热压和风压单独作用时的通风量（m^3/s）。

可见，对于中和面穿过开口的情况，风压和热压共同引起的气流交换作用并不等于二者简单的叠加，而仅是两者中作用较强的起作用。这一结论 Warren 在 1978 年也曾指出，通过证明发现浮力和风压共同作用于开口时，总换气量等于它们分别作用于开口时的较大的一个换气量。

5.2.3　通风模型与热过程的耦合模型

1.通风模型和热过程模型耦合的发展

目前在自然通风与渗透计算问题上，应用最广泛的是多区域网络模型方法。多区域网络模型是将建筑内部各个空间（或者一空间内各个区域）视为不同节点，在同一区域（节点）内部，假设空气充分混合，其空气参数一致；同时将门、窗等开口视为通风支路单元，从而由支路和节点组成流体网络。计算中，每一时间步长内各节点温度保持不变，空气流动满足定常流伯努利方程，各节点内空气满足质量守恒定律。多区域网络模拟从宏观角度进行研究，把整个建筑物作为一个系统，把各房间作为控制体，用实验得出的经验公式反映房间之间支路的阻力特征，利用质量守恒、能量守恒等方程对整个建筑物的空气流动、压力分布进行研究。

多区域网络模型经过近 20 年的发展，在国外正得到日益广泛的应用。不同国家的学者已开发了多种此类软件，比较著名的有：①COMIS；②CONTAM 系列；③BREEZE；④NatVent；⑤PASSPORT Plus；⑥AIOLOS 等。所有这些软件都需要使用者预先输入气象参数、建筑表面风压系数、建筑内各开口位置及阻力函数。其中①，②，③为单纯的通风计算软件，可以通过图形界面输入复杂的建筑通风网络，给定每个节点的空气温度，计算出各房间与外界或房间之间的通风量。计算中各节点空气温度保持不变。这三种软件不能直接用于计算室温变化或室温未知情况下建筑内的通风或渗透情况，也不能计算由通风造成的建筑能耗。④是专用于分析自然通风问题的软件，具有热模拟计算的功能。在给定气象条件后，它可以计算出房间温度、自然通风量以及自然通风的降温效果。但它只能用于特定结构 2 个房间的工况，不具有通用性。⑤和⑥都包括通风计算模型和热模拟模型，但两个模型之间无法实现耦合迭代计算。

Kendrick 对通风模型与热模拟模型的耦合问题进行了总结。已有的模型均采用最基本的"sequential coupling"形式，用先假设的节点温度作为参数，计算通风量，再将通风计算结果引入热模拟模型，热模拟模型的计算结果对通风模型没有反馈作用。

Hensen 提出了两种通风模型和热模拟模型的耦合方式："ping-pong"和"onion"方式。在第一种方式中，通风模型用前一时刻热模拟模型得到的结果作为参数，将计算出的通风量输出给热模拟模型，热模拟模型再将计算出的温度输出给下一时刻的通风模型。在第二种方式中，通风模型将计算结果输入热模拟模型，后者再将计算结果反馈回前者，如此循环，直到前后两次计算结果之差满足精度要求，再进入下一时刻的计算。三种耦合如图 5-2-5 所示。可以看出，只有 onion 方式才真正实现了完全耦合，最符合模型的物理意义。

2.自然通风

模型对自然通风的处理。

本书对自然通风这一影响因素作了更符合实际情况的处理，根据使用者的需要和计算

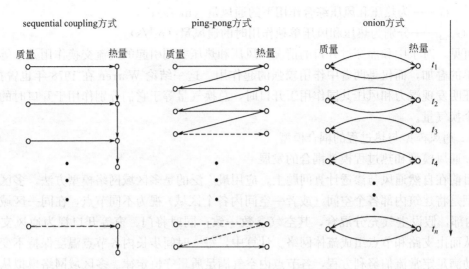

图 5-2-5　三种通风模拟与热模拟模型耦合计算公式

所掌握的有关建筑通风能力的信息情况设置了自然通风计算中的两种模式：

（1）确定通风次数的计算模式

在这种计算模式下，用户设定一个固定的房间通风次数（默认值），房间通风量在一年之中的变化则通过定义逐时的通风作息来反映，房间的自然通风量就按照这个作息和固定的通风次数进行计算。

（2）可变通风次数的计算模式

在这种计算模式下，用户可以根据对建筑通风能力信息的掌握情况来设定一个房间的通风范围：$[G_{min}, G_{max}]$，房间的逐时通风能力则在计算时根据充分利用新风使得能耗最小化的原则在通风范围中选取。

根据人们的日常行为习惯，对于自然通风的利用与室外空气的干球温度和人们耐受的室内空气温度有直接关系，因此在讨论自然通风的利用问题时，我们引入房间耐受温度 $[T_{min}, T_{max}]$ 的概念，这是一个常人耐受的室内空气温度的范围。在计算过程中，当房间温度处于房间耐受温度范围内时不开启空调，房间温度超出耐受温度范围时则开启空调，而且空调一旦开启，室内空气温度将会处理到房间温度设定范围 $[T_{set,min}, T_{set,max}]$ 以内（室内空气的湿度处理到湿度设定范围 $[D_{set,min}, D_{set,max}]$ 内），很明显，房间温度设定范围是房间耐受温度范围的子集。

3. 不同自然通风模式下的建筑的能耗计算

（1）确定通风次数下单房间的能耗计算

用户如果将房间的通风次数选为确定值（默认值），房间的耗热量按以下步骤计算：

1）计算 t_{bz}，其中包含了非空调热扰及历史上投入的空调热扰的作用（通风按最小风量 G_{min} 计算），即 $t_{bz} = t_{k, base(\tau)} + \sum_i e^{\lambda_i \Delta \tau} w_i(\tau - \Delta\tau)$；

2）如果 $t_{bz} \in [T_{min}, T_{max}]$，则该房间无需空调，冷热负荷均为 0，不考虑湿度因素；

3）如果 $t_{bz} < T_{min}$：

房间温度：$t_r = T_{set,min}$

显热负荷：$Q_\mathrm{s}=\dfrac{T_\mathrm{set,min}-t_\mathrm{bz}}{\psi}$

加湿量：$W_\mathrm{s}=(D_\mathrm{set,min}-d_0)\times G_\mathrm{min}-W_\text{人员设备}$

室内湿度：$d_\mathrm{n}=D_\mathrm{set,min}$

若 $W<0$，则认为房间无需加湿，$W_\mathrm{s}=0$，室内湿度 $d_\mathrm{n}=d_0+\dfrac{W_\text{人员设备}}{G}$。

潜热负荷：$Q_\mathrm{q}=\dfrac{25}{36}W_\mathrm{s}$

总负荷：$Q=Q_\mathrm{q}+Q_\mathrm{s}$

4）如果 $t_\mathrm{bz}>T_\mathrm{max}$：

房间温度：$t_\mathrm{r}=T_\mathrm{set,max}$

显热负荷：$Q_\mathrm{s}=\dfrac{T_\mathrm{set,max}-t_\mathrm{bz}}{\psi}$

加湿量：$W_\mathrm{s}=(D_\mathrm{set,max}-d_0)\times G_\mathrm{min}-W_\text{人员设备}$ （$W>0$ 为加湿量，$W<0$ 为除湿量）

室内湿度：$d_\mathrm{n}=D_\mathrm{set,max}$

潜热负荷：$Q_\mathrm{q}=\dfrac{25}{36}W_\mathrm{s}$

总负荷：$Q=Q_\mathrm{q}+Q_\mathrm{s}$

（2）可变通风次数下单房间的能耗计算

用户如果在设定中将通风选择为可变，范围为 $[G_\mathrm{min},\ G_\mathrm{max}]$，房间负荷按以下步骤计算：

1）计算 t_bz，其中包含了非空调热扰及历史上投入的空调热扰的作用（通风按最小风量 G_min 计算），即 $t_\mathrm{bz}=t_\mathrm{k,\ base(\tau)}+\sum\limits_i e^{\lambda_i\Delta\tau}w_i(\tau-\Delta\tau)$；

2）如果 $t_\mathrm{bz}\in[T_\mathrm{min},\ T_\mathrm{max}]$，则该房间无需空调，冷热负荷均为 0，不考虑湿度因素；

3）如果 $t_\mathrm{bz}<T_\mathrm{min}$，首先考虑能否利用通风：

① 若外温 $t_0\leq T_\mathrm{min}$，则认为不能利用室外新风，那么此时的通风量为最小通风量，即按固定通风次数的情况确定（默认值情况）；

② 若外温 $t_0>T_\mathrm{min}$，则根据公式：$t_\mathrm{r}=\dfrac{t_\mathrm{bz}+A(G_\mathrm{max}-G_\mathrm{min})t_0}{1+A(G_\mathrm{max}-G_\mathrm{min})}$，计算出最大通风情况下对应的房间温度：

如果 $t_\mathrm{r}<T_\mathrm{min}$，则房间还需要供暖，此刻不宜利用新风，认为通风量为 G_min，即负荷按照固定通风次数的情况计算。

如果 $t_\mathrm{r}>T_\mathrm{min}$，则通风量过大，应减小通风量，风量：

$$G=\dfrac{\dfrac{(T_\mathrm{set,min}+T_\mathrm{set,max})}{2}-t_\mathrm{bz}}{A\left(t_0-\dfrac{(T_\mathrm{set,min}+T_\mathrm{set,max})}{2}\right)}，\text{此时室内温度控制在 } t_\mathrm{r}=\dfrac{(T_\mathrm{set,min}+T_\mathrm{set,max})}{2}，\text{显热负}$$

荷为 0；

如果 $T_\mathrm{min}\leq t_\mathrm{r}\leq T_\mathrm{max}$，则可以利用新风，此时的室内温度即为 t_r，显热负荷为 0。

如果新风可利用，湿度不保证，除湿量 $W_s=0$，此时房间内的含湿量 $d_n=d_0+1000\dfrac{W}{G}$，房间负荷为 0。

4）如果 $t_{bz}>T_{max}$：

① 若外温 $t_0 \geqslant T_{max}$，则认为通风量为最小 G_{min}，负荷按照固定通风次数的情况确定；

② 若外温 $t_0<T_{max}$，则需要根据公式：$t_r=\dfrac{t_{bz}+A(G_{max}-G_{min})t_0}{1+A(G_{max}-G_{min})}$，计算出最大通风情况下对应的房间温度：

如果 $t_r>T_{max}$，则房间还需要供冷，此刻不宜利用新风，认为通风量为 G_{min}，负荷按照固定通风次数的情况确定；

如果 $t_r<T_{min}$，则通风量过大，应减小通风量，风量：

$$G=\frac{\dfrac{(T_{set,min}+T_{set,max})}{2}-t_{bz}}{A\left(t_0-\dfrac{(T_{set,min}+T_{set,max})}{2}\right)}，此时室内温度控制在 t_r=\frac{(T_{set,min}+T_{set,max})}{2}，显热负$$

荷为 0；

如果 $T_{min} \leqslant t_r \leqslant T_{max}$，则可以利用新风，此时的室内温度即为 t_r，显热负荷为 0。

如果新风可利用，湿度不保证，除湿量 $W_s=0$，此时房间内的含湿量 $d_n=d_0+1000\dfrac{W}{G}$，房间负荷为 0。

5.2.4 蓄热通风耦合理论模型

蓄热材料的热特性和临近蓄热材料表面的空气会影响蓄热材料的蓄热能力。建筑蓄热材料的蓄热特性由下面四个因素决定。

1. 建筑物结构的物理特性；

2. 建筑物负荷的动态特性；

3. 蓄热材料和所处区间的空气之间的热耦合作用；

4. 吸收和释放蓄热能量的手段；

此外，蓄热特性与建筑物的空气调节系统的控制手段相关，本研究不做考虑。

为了在最大程度上调节室内空气温度，蓄热材料需要暴露在室内环境中，因此，为了得到适宜的室内热环境，需要最大程度地利用室内蓄热材料的作用，本研究主要考虑的是室内蓄热材料对建筑蓄热特性的影响。模型见图 5-2-6。

1. 物理假设

通风蓄热耦合模型中考虑了一个简单的单区两开口的建筑模型，为了简化非线性问题，假设如下：

（1）室内的空气温度均匀分布。建筑物内的空气分布是均匀的，意味着室内空气是充分混合的，在这种情况下室内空气温度可以用一个简单的参数 T_i 来表示。

（2）只考虑了墙体蓄热材料的作用，不考虑室内家具以及其他蓄热体。

（3）集总的热源。我们简化建筑物的外表面蓄热放热特性，假设建筑物所有的得热和失热的总和可以看成一个热源，用 Q 表示。

（4）集总的蓄热材料。假设蓄热材料热传导率很大，可以忽略蓄热体内温度的变化。

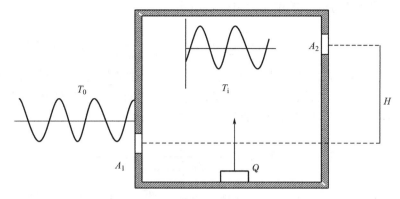

图 5-2-6　蓄热建筑模型

这就意味着热传导过程比蓄热体表面的对流传热过程要快得多，在这种情况下，在蓄热体内部的温度分部可以看成均匀分布。

（5）Boussinesq 假设。本研究中采用了 Boussinesq 假设。这意味着由于当地大气压导致密度的变化是可以忽略的。另外，室内空气流体是不可压的。因此，我们假设室内空气密度仅仅是温度的函数。

（6）室外空气温度以 24h 为周期变化。我们假设室外空气温度能用 Fourier 定律来表示，分别考虑周期为 24，12，8，6h 等情况。和其他研究类似，我们只考虑了温度周期为 24h 变化的正弦曲线。

$$T_0 = \widetilde{T}_0 + \Delta \widetilde{T}_0 \sin(\omega t) \tag{5-2-16}$$

在式（5-2-16）中，$\widetilde{T}_0$ 和 $\Delta \widetilde{T}_0$ 都是不随时间变化的，并且 $\Delta \widetilde{T} \geqslant 0$；$\omega$ 是室外空气温度波的频率，值为 $\dfrac{2\pi}{24} hr^{-1}$。

由于蓄热材料和室内空气处于热平衡状态，这意味着室内空气温度波变化的主要原因是外墙蓄热材料蓄热或者放热的热量等于建筑物的得热和失热总量减去由于自然通风引起的热量，且已知自然通风率为 q，这样假设可以推导得到一个简单的控制方程。

2. 蓄热通风耦合的控制方程

建筑物的热平衡方程：

$$\omega M C_{\mathrm{M}} \frac{\mathrm{d}T_i}{\mathrm{d}(\omega t)} + \rho C_{\mathrm{p}} q (T_i - T_0) = Q \tag{5-2-17}$$

式中　M——室内蓄热材料的质量；

　　　C_{M}——室内蓄热材料的热容。

自然通风率 q 总是为正。

把式（5-2-16）代入式（5-2-17）可以简化得出方程

$$\omega \tau \frac{\mathrm{d}T_i}{\mathrm{d}(\omega t)} + T_i = T_Q + \widetilde{T}_0 + \Delta \widetilde{T}_0 \sin(\omega t) \tag{5-2-18}$$

式中　$\tau = \dfrac{M C_{\mathrm{M}}}{\rho C_{\mathrm{p}} q}$ 是系统的时间常数，$T_Q = \dfrac{Q}{\rho C_{\mathrm{p}} q}$。

方程（5-2-18）的通解可以写成式（5-2-19），如下：

$$T_i(\omega t) = \widetilde{T}_0 + T_Q + \frac{\Delta\widetilde{T}_0}{1+\omega^2\tau^2}\sin(\omega t) - \frac{\omega\tau\Delta\widetilde{T}_0}{1+\omega^2\tau^2}\cos(\omega t) + Ce^{-t/\tau} \qquad (5\text{-}2\text{-}19)$$

其中 C 是一个常数，由初始条件决定。τ 是系统的时间常数。得到的解分成两部分。第一部分就是周期为 24h 的周期解。第二部分包含初始条件，随着时间的增长衰减为零。当 $C\neq0$，解（5-2-19）是非周期性振动的，趋近于下面的周期解。

$$T_i(\omega t) = \widetilde{T}_0 + T_Q + \frac{\Delta\widetilde{T}_0}{\sqrt{1+\omega^2\tau^2}}\sin(\omega t - \beta) \qquad (5\text{-}2\text{-}20)$$

在这里，相位移 $\beta = \tan^{-1}(\omega\tau)$，并且 $\sin\beta = \dfrac{\omega\tau}{\sqrt{1+\omega^2\tau^2}}$ 和 $\cos\beta = \dfrac{\omega\tau}{\sqrt{1+\omega^2\tau^2}}$。

经过足够长的时间，室内空气温度呈周期性变化。周期性变化温度分成三部分。第一部分是室外空气平均温度，第二部分是由于建筑的负荷导致的室内空气温度的升高。第三部分是振荡部分，如果室外空气温度波动为零，那么第三部分就为零。室内空气温度波幅是室外空气温度波幅的 $\dfrac{1}{\sqrt{1+\omega^2\tau^2}}$。波幅的衰减是室外空气温度波动 $\Delta\widetilde{T}_0$ 的频率和系统时间常数 τ 的函数。在这考虑了室外空气温度波动周期为 24h 的情况，当系统的时间常数 τ 很大的时候，室内空气温度的波动变小。

室内空气温度相位移 β 也是室外空气温度波动和时间常数的函数。其值的变化在 0 和 $\pi/2$ 之间（0 和 6h）。当时间常数趋近于无穷时，室内空气温度的相位移是 $\pi/2$（6h）。相位移 β 可以表示为

$$\beta = \frac{24}{2\pi}\tan^{-1}\left(\frac{\omega M C_M}{\rho C_p q}\right) = \frac{12}{\pi}\tan^{-1}\left(\frac{\omega M C_M}{\rho C_p q}\right) \text{（小时）} \qquad (5\text{-}2\text{-}21)$$

由式（5-2-21）可以看到，为了达到相同的相位移，蓄热材料的总量要与通风率呈正比。比较大的通风率需要质量较大的蓄热材料。

第6章 建筑设备系统节能优化设计与关键技术

6.1 低能耗照明节能优化设计与关键技术

6.1.1 节能优化设计方法与应用

1.优化目标值

行政办公建筑具有规律性使用时间段的用能特征,其主要用能空间的照明优化是建筑节能的重点,应主要针对:门厅、会议室、报告厅(多功能厅)、员工餐厅、电梯厅、卫生间、走廊、地下室以及重点照明空间进行专项照明优化设计。应将建筑装修设计与照明优化设计相结合,特别是通过灯具选用、智慧控制调光、分区控制等措施进行照明节能优化设计。某行政办公楼示范工程优化设计目标值见表6-1-1。

某行政办公楼示范工程优化设计目标值　　　　　　　　表 6-1-1

房间类型	照明功率密度(W/m²) LEED 要求的标准值	GB50034 要求照度值	LEED 要求照度值	本项目照度取值	本项目中预期实现目标 照明功率密度(W/m²) 保守值	目标值
入口门厅	14	100/200	200	200	14	10
主电梯厅	10	100/150	100	100	10	9
分电梯厅	10	100/150	100	100	10	9
公共通道	5	50/100	100	100	5	5
疏散厅	5	50/100	50	50	5	5
视频会议室	—	500	—	500	9	8
大报告厅	—	300	—	300	15	11
餐厅	—	200	200	200	8	6
卫生间	9.69	150	—	150	6	5
走廊	5.38	100	—	100	4	3.5
电梯厅	10	100/150*	100	150	10*	8*

注:* 在我国的 GB 50034 标准中,电梯前厅的地面维持照度为 100(低)/150(高)lux,但并未针对其规定功率密度,而 LEED 的 10W/m² 的功率密度值是针对 100lux 照度制定的,因此我们把根据电梯厅的标准 150lux 而使用 LEED 的功率密度限值,实际上要求了比 LEED 更为严格的目标。而由于电梯厅会多少有些装饰照明,因此对于 150lux 的照度,8~10W/m² 的 LPD 值已经很严格了。

2.优化措施要点

照明优化设计要点包括:

(1)重点空间照明优化。主要有:高大空间照明优化,走道空间照明优化,卫生间照明优化，候梯厅照明优化，开敞办公空间照明优化，会议室照明优化，报告厅照明优化，展厅照明优化。

（2）照明方式优化。主要为采用高效节能型光源和低眩光灯具，减少采用间接照明，减少采用灯带，同功能区光色统一协调。

（3）照明分区控制。根据使用模式进行回路设计，根据采光位置进行回路设计，不同功能区独立控制，不同空间形式独立控制。

（4）照明智能控制。人员日常活动规律模式控制，日光角度时钟模式控制，动静探测模式控制，光感探测模式控制，灯具软启动控制，多种智能控制模式并联，智能控制与人工控制并联，照明控制系统与空调、遮阳控制系统联动。

（5）选用适用灯具。高大空间适用金卤灯，中、低空间适用LED灯，低空间适用荧光灯，不经常开关、无调光控制适用金卤灯，筒灯和射灯适用LED灯。

3.具体优化方法

（1）入口门厅

入口门厅优化照明分区控制设计中控制分区的选取可见图6-1-1及表6-1-2。通过光感探测，控制筒灯灯具、射灯灯具的调光功能，实现采光的动态跟踪和照明的动态补偿。

通过智能控制设计优化后的照明能耗，如表6-1-3所示。

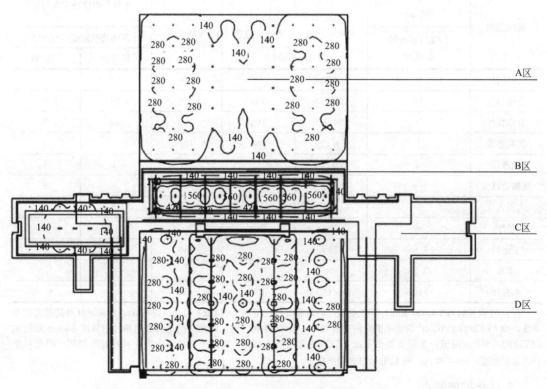

图 6-1-1　入口门厅照明分区控制及照度分布图

内容	需求	实施方式
A 区	照度需求	200lux
	日光直接采光	有日光直接采光,但由于周边阻挡原因,采光不完全
	控制形式	二级光感探测,分别控制 2 级金卤灯回路,等自然光足够强时,可以自动关闭全部灯具。采光的采样每 30min 进行一次,根据采样结果控制 2 组金卤灯具
	预计动作时间	根据北京气候气象: 1. 日平均灯具关闭时间为 4h; 2. 全年满足自然采光需求为 180d
	实现办法	公共区大系统＋开关型光感探测,24h 工作,无动静探测,晚 10 点以后时间控制关闭一半照明
B 区	照度需求	200lux
	日光直接采光	无日光直接采光,但晴天时北面天空有天空光,只不过较弱
	控制形式	二级光感探测,分别控制 2 级金卤灯回路,等自然光足够强时,可以自动关闭全部灯具。采光的采样每 30min 进行一次,根据采样结果控制 2 组金卤灯具
	预计动作时间	根据北京气候气象: 1. 日平均灯具关闭时间为 4h; 2. 全年满足自然采光需求为 180d
	实现办法	公共区大系统＋开关型光感探测,24h 工作,无动静探测
C 区	照度需求	100lux
	日光直接采光	位于东西两侧,分别接受上、下午的直接光照
	控制形式	光感探测,控制筒灯灯具、射灯灯具的调光功能,实现采光的动态跟踪和照明的动态补偿
	预计动作时间	根据北京气候气象: 1. 日平均灯具调光输出负载比例为 40％; 2. 全年满足自然采光需求为 180d
	实现办法	公共区大系统＋调光型光感探测,24h 工作,无动静探测
D 区	照度需求	200lux
	日光直接采光	有日光直接采光
	控制形式	二级光感探测,分别控制 2 级金卤灯回路,等自然光足够强时,可以自动关闭全部灯具。采光的采样每 30min 进行一次,根据采样结果控制 2 组金卤灯具
	预计动作时间	根据北京气候气象: 1. 日平均灯具关闭时间为 5h; 2. 全年满足自然采光需求为 180d
	实现办法	公共区大系统＋开关型光感探测,24h 工作,无动静探测,晚 10 点以后时间控制关闭灯带和一半金卤照明

入口门厅优化设计结果对比   表 6-1-3

区域名称	深化设计内容	结果参数
入口门厅	总区域的面积(m²)	1032
	优化后的安装功率(W)	7607.6
	标准要求功率密度(W/m²)	14
	目标功率密度(W/m²)	10
	优化后功率密度(W/m²)	7.37
	标准要求的照度值(Lux)	200
	优化后计算照度值(Lux)	222

（2）会议室

会议室优化设计应考虑会议室的不同会议形式：讨论模式、PPT 模式、电话会议模式、视频会议模式，分组控制灯具，见图 6-1-2、图 6-1-3 及表 6-1-4、表 6-1-5。

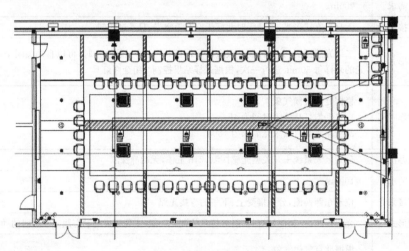

图 6-1-2 会议室平面布置图

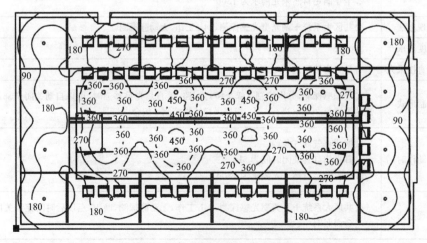

图 6-1-3 会议室照度总分布图

会议室优化设计实施方案   表 6-1-4

内容	需求	实施方式
会议室	照度需求	会议桌面 300lux
	日光直接采光	电动窗帘与照明系统联控,根据模式需求开启或关闭电动窗帘或百叶
	控制形式	预置模式的控制系统,无采光控制需求和要求。 模式 1:讨论模式(无遮阳,灯具全开启) 模式 2:PPT 模式(遮阳,前部灯具关闭,后部灯具减输出到 40%) 模式 3:电话会议模式(无遮阳,灯具全开) 模式 4:视频会议模式(有遮阳,灯具全开) 模式 5:无人 20 min 后自动关闭全部灯具
	预计动作时间	根据使用需求,无时段预设
	实现办法	小型系统+动静探测

会议室优化设计结果对比   表 6-1-5

分区名称	深化设计内容	结果参数
会议室	局部分区的面积(m²)	268.74
	优化后的安装功率(W)	1590.6
	标准要求功率密度(W/m²)	9
	本项目目标功率密度(W/m²)	7
	优化后的功率密度(W/m²)	5.92
	标准要求的照度值(Lux)	300
	优化后的计算照度值(Lux)	338

(3) 报告厅

报告厅优化设计应考虑报告厅的不同使用形式:报告模式、视频会议模式、会餐模式、联谊模式、清扫和保洁分组控制,见表 6-1-6、表 6-1-7 及图 6-1-4。

报告厅优化设计实施方案   表 6-1-6

内容	需求	实施方式
报告厅	照度需求	地面和工作面 300lux
	日光直接采光	无,除了清扫保洁外,任何模式均需要窗帘遮蔽
	控制形式	预置模式的控制系统: 模式 1:报告模式(大厅和主席台灯具全开) 模式 2:视频会议模式(大厅和主席台灯具全开) 模式 3:会餐模式(主席台灯具关闭,大厅灯具全开) 模式 4:联谊模式(主席台灯具关闭,环形灯带开启,直带灯关闭,金卤灯全开) 模式 5:清扫和保洁(窗帘打开,金卤灯具 50%开,灯带关闭)
	预计动作时间	根据使用需求,无时段预设
	实现办法	小型系统+动静探测

区域名称	深化设计内容	结果参数
报告厅	总区域的面积(m²)	1006.41
	优化后的安装功率(W)	10380.9
	标准要求功率密度(W/m²)	15
	目标功率密度(W/m²)	11
	优化后的功率密度(W/m²)	10.31
	标准要求的照度值(Lux)	300
	优化后的计算照度值(Lux)	316

报告厅优化设计结果对比　　　　　　表 6-1-7

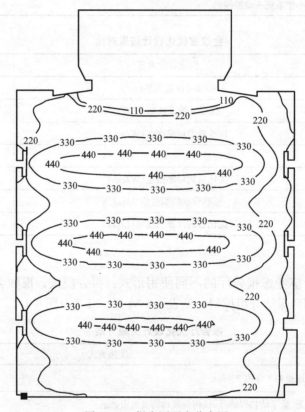

图 6-1-4　报告厅照度分布图

（4）餐厅

餐厅照明系统可以由餐厅工作人员人工控制完成，不需设置智能照明控制系统，这样既节约照明耗电又能有效减少设备成本，见表 6-1-8。

（5）电梯厅

电梯厅的控制要求和优化设计结果对比见表 6-1-9、表 6-1-10。

（6）卫生间

卫生间的控制要求和优化设计结果对比见表 6-1-11、表 6-1-12。

132

员工餐厅优化设计结果对比　　　　　　　　　　表 6-1-8

区域名称	深化设计内容	结果参数
员工餐厅	总区域的面积(m²)	1112.05
	优化后的安装功率(W)	5265.1
	标准要求功率密度(W/m²)	—
	目标功率密度(W/m²)	6
	优化后的功率密度(W/m²)	4.73
	标准要求的照度值(Lux)	200
	优化后的计算照度值(Lux)	224

电梯厅控制要求　　　　　　　　　　表 6-1-9

内容	需求	实施方式
电梯厅	照度需求	地面和工作面150lux
	日光直接采光	有日光采光,白天使用光感探测,根据照度开关或调光,晚间保持极少长明灯＋动静探测功能(下班后再过2h启动)＋手动强制启动功能。
	控制形式	预置模式的控制系统:模式的切换由中央系统统一控制完成 模式1:夜间模式动检模式 模式2:夜间强启模式 模式3:白天光感模式
	预计动作时间	下班时间＋2h启动夜间模式 早上根据天文时钟的日出时间启动白天光感模式 手动强启根据需求手动启动
	实现办法	中央系统＋动静探测＋光感探测

电梯厅优化设计结果对比　　　　　　　　　　表 6-1-10

区域名称	深化设计内容	结果参数
电梯厅	标准要求功率密度(W/m²)	LEED要求10;国标无要求
	目标功率密度(W/m²)	10
	优化后的功率密度(W/m²)	8
	标准要求的照度值(Lux)	150
	优化后的计算照度值(Lux)	155

卫生间控制要求　　　　　　　　　　表 6-1-11

内容	需求	实施方式
卫生间	照度需求	地面和工作面150lux
	日光直接采光	长明灯＋动静探测(具备延时功能)
	控制形式	独立小系统,使用动静探测器完成 人进入卫生间前厅时,卫生间内部灯具启动,延时30min后如没有人,自动关闭,只保留长明灯
	预计动作时间	全天候自动,保留现场手动面板,可以现场强制启动
	实现办法	中央系统＋动静探测

每个马桶位置一个 LED 射灯，每个小便斗位置一个 LED 射灯，一般照明的灯具布置根据照度要求设计制定。虽然装饰照明按照 50％功率计入功率密度计算，但依然尽量少使用灯带，除了洗手台位置，尽量不使用灯带。

卫生间优化设计结果对比 表 6-1-12

区域名称	深化设计内容	结果参数
卫生间	标准要求功率密度(W/m²)	LEED 要求 9.69；国标要求现行值 6，目标值 5
	目标功率密度(W/m²)	5
	优化后的功率密度(W/m²)	5
	标准要求的照度值(Lux)	150
	优化后的计算照度值(Lux)	155

（7）走廊

走廊的控制要求和优化设计结果对比见表 6-1-13、表 6-1-14。

走廊控制要求 表 6-1-13

内容	需求	实施方式
走廊	照度需求	地面和工作面 100lux
	日光直接采光	无或忽略
	控制形式	并入总控制系统 白天全部开启 夜间转为动静探测功能，无人时每间隔 4 个灯具开启一个长明灯，有人时，自动开启有人的前后位置的灯具 手动强制启动或关闭功能
	预计动作时间	时序与电梯厅同步 下班时间＋2h 启动夜间模式 早上根据天文时钟的日出时间启动白天模式 手动强启根据需求手动启动
	实现办法	中央系统＋动静探测

使用高利用系数的灯具，尽量使用 LED 灯具，否则很难达到 GB 50034 要求的 LPD 要求，使用直接照明，尽量不使用间接照明，如灯槽的使用需要严格控制，否则很难达标。

走廊优化设计结果对比 表 6-1-14

区域名称	深化设计内容	结果参数
走廊	标准要求功率密度(W/m²)	LEED 要求 5.38；国标要求现行值 4，目标值 3.5
	目标功率密度(W/m²)	5
	优化后的功率密度(W/m²)	5
	标准要求的照度值(Lux)	100
	优化后的计算照度值(Lux)	105

通过优化设计使各功能空间照明用能总功率均有所降低，降低幅度可达到 30％～50％。

134

6.1.2 智能控制与节能灯具

1. 智能控制

（1）人体感应灯光控制

人体感应类开关是基于红外线技术的自动控制产品，当人进入感应范围时，专用传感器探测到人体红外光谱的变化，自动接通灯光负载，人不离开感应范围，将持续接通灯光回路；人离开后，延时自动关闭灯光。

人体红外感应开关的主要器件为人体热释电红外传感器。人体都有恒定的体温，一般在36～37℃，所以会发出特定波长的红外线，被动式红外探头就是探测人体发射的红外线而进行工作的。人体发射的9.5μm红外线通过菲涅尔镜片增强聚集到红外感应源上，红外感应源通常采用热释电元件，这种元件在接收到人体红外辐射后温度发生变化时就会失去电荷平衡，向外释放电荷，后续电路经检测处理后就能触发开关动作。人不离开感应范围，开关将持续接通；人离开后或在感应区域内长时间无动作，开关将自动延时关闭负载。

随着技术的进步，人民生活水平的提高，传统的照明系统暴露出来许多不足：第一，由于是手动开关，人们在一片漆黑中不得不摸索电灯开关，给人们生活带来很多不便。第二，电能浪费严重，不适合低能耗建筑的要求，特别是在学校，行政办公楼等建筑，照明灯经常在光线充足的白天也工作，这不仅浪费电能，而且也造成灯泡常被烧坏，若不能及时修理又会产生其他不方便。第三，电子技术、自动控制技术和传感器技术的快速发展使人们越来越倾向于照明设备的自动控制。当前各类照明开关层出不穷，主要有声光控开关、触摸式延时开关、红外感应式开关、微波感应开关等。走廊里的声控开关是一种遥控装置，由于声控本身感应元器件属于机械式，所以易受机械疲劳影响，很难克服初装时灵敏度较好而后期灵敏度低的现象。因此，声光控开关在使用的后期，只有靠人为制造噪声才能触发，如想要灯亮需要大声咳嗽，或跺脚，这显然打扰了别人的安静，特别是夜间往往影响睡觉的人。另外声控易响应于自然界所有较大声响（如雷声、汽车喇叭声、汽车经过时发动机声、装修房间的电钻声、开关防盗门声等），误动作较多。而触摸式除了易受损坏，不安全外，还有传染病菌的弊病，很难在公关场所应用，特别是在医院这样人员复杂的场所。而红外感应式开关却能克服上述两类开关的缺陷，因而在实际使用中得到广泛的应用。

（2）定时灯光控制

定时开关从功能上分为机械式定时开关和电子式定时开关，机械式定时开关一般是由旋钮、接触簧片、弹簧、接触轮、转轴、油盒、阻力板组成，采用钟表原理进行定时通断。

定时照明可以通过定时控制有效地进行管理。通过回路搭配方式对走道照明设置为白天模式、上班模式、下班模式及晚上模式等，同时根据实际使用用途设置为一般模式、省电模式和全开模式。在控制室作集中管理与监控，达到节省用电可以达到最佳的控制效果。

定时控制器通常具备以下功能：

① 具有7×24h的时间表循环功能；可执行365d的时间表自定义功能。

② 具有天文时钟的修正功能，可根据时钟所在的经度纬度来自动判别一年四季内日出、日落时间的变化，从而自动调节和变更控制时间表来做补偿，多用于室外照明控制系统中。

③ 时钟内置驱动电源，保障时钟在供电系统断电时正常运行。

④ 可通过电脑或人工操作界面直接修改控制时间、控制任务。

⑤ 一台时钟可控制 255 个区域，250 个事件；可灵活编辑控制程序实现诸多特殊时序和功能。

（3）照度感应控制

采用光感探测结合动态调光的方式，安装光感探测器，当自然光满足设计要求时，自动关闭全部灯具；当自然光不能满足照度需求时，结合输出负载率，控制灯具的调光功能，实现采光的动态跟踪和照明的动态补偿。

照度感应探测器根据环境灯光的变化，采用电子元器件将可见光转化成电信号，从而控制照明系统来保证工作面的照度，并使之控制在一定范围内。当工作面的照度高于预设的照度值，系统关闭或者调暗调光系统，当工作面的照度低于预设的照度值时，系统开启或者调亮调光系统。

照度感应探测器主要用于对自然光的补偿和利用，若自然光充分则可以通过调节照明系统亮度，达到降低电力消耗；同时，可以充分与遮阳幕布、电动窗帘等系统联动，充分利用智能控制保证室内光环境的质量和品质要求。

（4）以太网控制

以太网控制设备通过 RS485 方式连成控制系统，经过转换器接入局域网交换机，如果连接到 TP-LINK，则可以通过 WIFI 终端，使用无线笔记本电脑、智能手机、智能触摸屏等打开嵌入式软件或者 WEB 网页控制界面，进行智能控制系统控制。

灯光控制系统网络连接网络交换机，接入以太网，则可以通过 TCP/IP 的方式，进行远程登录控制智能灯光控制系统，见图 6-1-5～图 6-1-7。

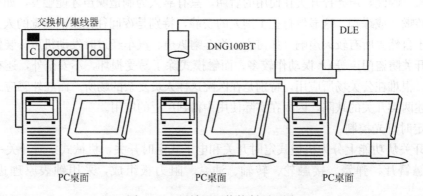

图 6-1-5　局域网网络控制原理图

2.高效能灯具

灯具和电气附件（如镇流器）的效率，对于照明节能的影响是不可忽视的，高效优质产品比低质产品的效率可以高出 50％以至 100％，足见其节能效果。

高效光源是照明节能的首要因素，不能把高效光源简单地理解为节能灯具的应用。高效光源种类很多，就能量转换效率而言，有和紧凑型荧光灯光效相当的（如直管荧光灯），有比其光效更高的（如高压钠灯，金属卤化物灯），这些高效光源各有其特点和优点，各有其适用场所，应根据应用场所条件不同，选择不同种类的高效光源。

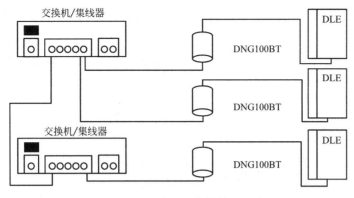

图 6-1-6　以太网网络控制原理图

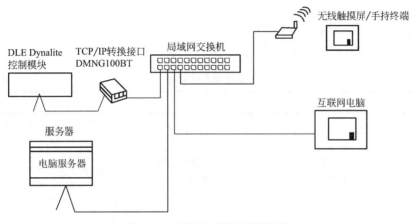

图 6-1-7　无线网网络控制原理图

LED 光源（半导体发光二极管）是一种固体光源，能在较低的直流电压下工作，光的转换效率高，发光面很小，其发光色彩效果远超过彩色白炽灯，寿命达 5 万～10 万小时。目前光效已超过 30 流明/瓦，实验室已开发出 100 流明/瓦的产品。所以，LED 光源在绿色建筑领域推广应用的潜力巨大。

6.2　空调系统优化设计与集成技术

6.2.1　空调系统优化设计方法

1.空调末端方案选择

空调末端节能在中央空调节能中有非常重要的意义。一般来讲，冷热源系统的能耗占空调系统总能耗的 55%～65%，空调系统辅助设备和末端的能耗约占 HVAC 的总能耗的 40%。选用适当的空调机组末端设备，减少末端设备的能耗十分必要。

空调末端种类繁多，按空气处理设备的集中程度分类，可以分为集中空调系统、半集中空调系统和局部式空调系统；按照负担冷热负荷的介质来分类，可分为全空气系统、全水系统、空气-水系统、制冷剂系统；按空气冷却盘管中不同的冷却介质来分类，可分为直接蒸发式系统、间接冷却式系统；按照主风道中空气的流速分类，可分为风速为

$20\sim30\mathrm{m/s}$ 的高速系统和风速为 $12\mathrm{m/s}$ 以下的低速系统。图 6-2-1 为空调系统主要分类。

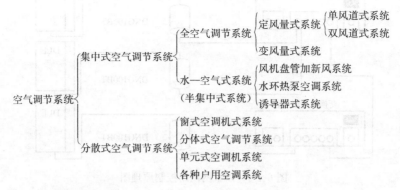

图 6-2-1　空调系统分类

2. 不同的空调系统对比

不同的空调系统具有自身的设计特点，其对比如表 6-2-1 所示。

不同空调系统对比　　　　　　　　　　　　　表 6-2-1

末端种类	特点	适用建筑
全空气定风量空气调节系统	①易于改变新回风比例,必要时可实现全新风运行;②易于集中处理噪声、过滤净化和控制空调区的温湿度;③设备集中,便于维修和管理;④风口布置易于与装修配合	①空间较大、人员较多的场合,如商场、影剧院、展览厅、多功能厅、体育馆等;②温湿度允许波动范围小的场合,如要求较高的工艺性空气调节系统;③洁净度标准要求高的场合,如净化间、医院手术室等。④噪声标准要求高的场合,如电视台、播音室等
全空气变风量(VAV)空气调节系统	是一种通过改变送风量来调节室内温湿度的全空气空调系统。变风量空调系统由空气处理机组、新风/排风/送风/回风管道、变风量空调箱、房间温控器等组成,其中变风量空调箱是该系统的最重要部分。①只需新风机房(小系统新风机还可吊装,不占机房),占地面积小。与集中式系统相比,不需回风管道,节省建筑空间;②各房间可独立控制,使用灵活。③无冷凝水;④变风量空调系统结构简单,维修工作量小,使用寿命长。⑤室内噪声偏大;⑥无新风,室内人员感到憋闷	用于公寓、医院病房、大型办公楼建筑等需分别控制各空气调节室内参数的场合
直流式(全新风)空气调节系统	各空气调节区采用风机盘管或空气处理机组,集中送新风的系统	①夏季空气调节系统的回风焓值高于室外空气焓值;②系统服务的各空气调节区排风量大于按负荷计算出的送风量;③室内散发有害物质,以及防火防爆等要求不允许空气循环使用
变冷媒流量多联系统(VRV)	是一种冷剂式空调系统,它以制冷剂为输送介质,室外主机由室外侧换热器、压缩机和其他制冷附件组成,末端装置是由直接蒸发式换热器和风机组成的室内机。①运行费用低;②无需机房;③无冷却水、冷冻水管,节省空间;④该系统控制复杂,对管材材质、制造工艺、现场焊接等方面要求非常高,且其初投资比较高;⑤对空气有一定污染	适用于中小型建筑物或须细分成多用途、多单元的较大型建筑

138

末端种类	特点	适用建筑
水环热泵空调系统	①散热途径:冷却塔、内区需要制冷的热泵向外区需要供热的热泵转换(冬季);②对于有内区和外区的大中型建筑物,当有同时供冷和供热时,可以做到热量的回收转换,特别适用于全年需要空气调节,冷热负荷接近的场合;③调节灵活,便于单独计量和计费;④与风机盘管加新风系统相若,节省空间	①适用于适中的气候,朝阳房间需供冷,背阳房间需供暖的地方;②建筑规模宜大些,核心区面积要大于周边区,或相当;核心区的总冷负荷最好与周边区热负荷相当,且这种冷热负荷平衡的时间越长越好;③冬季核心区内热负荷较大的办公楼,可利用内热负荷来抵消周边区热损失的时间越长,数量越大,则越经济
低温送风空气调节系统	①送风量和循环水量小,减少了空气处理设备、水泵、风道等的初投资,节省了机房面积和风道所占空间高度;②加大了空气的除湿量,降低了室内湿度,增强了室内的热舒适性;③利用蓄冰设备提供的低温冷水,与低温送风系统相结合,可有效减少初期投资和用电量	适用于体育场馆、影剧院、接待大厅等大空间场所

空调系统设计时,应按照如下选择原则进行:

(1) 空调系统的选择,应充分考虑建筑物的类型、功能、规模,所在城市的气象条件与能源状况等因素。

(2) 空调分区应综合考虑使用时间与功能、室内舒适度、空气洁净度、同一时段不同供冷需求、声学要求后分别设置。

(3) 选择的空调系统必须保证建筑物室内的设计参数,即满足温湿度、新风量和舒适度等要求。

(4) 充分考虑初投资和运行费用,满足经济合理的要求。

空调系统的分区在设计中需重视,应按照以下原则执行:

(1) 空气调节房间所处位置、设计参数接近、使用时间接近时,宜划分为同一系统;

(2) 温湿度基数和允许波动范围不同的空气调节区,应分设系统;使用时间不同的空气调节区,应分设系统;

(3) 有消声要求的房间不宜与无消声要求的房间划为同一系统。如必须划为同一系统时,应作局部处理;对空气洁净度要求不同的空气调节区,宜分设系统;

(4) 空气中含有易燃易爆物质的空气调节区,应独立设置系统。在同一时间内须分别进行供热和供冷的空气调节区,应分设系统;空气调节房间的瞬时负荷变化差异较大时,应分设系统;

(5) 需要划分内外区供冷时,应按内外区分设系统;通风空调系统,横向应按每个防火分区设置,竖向不宜超过五层,当排风管道设有防止回流设施且各层设有自动喷水灭火系统时,其进风和排风管道可不受此限制。垂直风管应设在管井内。

3.水系统节能调控

空调系统中,空气与水通常是冷量载体。输送过程能耗包括:通过传热的冷量损失和输送过程的流动阻力损失。对于输送冷量的水系统或空气的管路系统,克服流动阻力的能量又转变为热量导致冷量损失。一般空调制冷系统的设计中，所有的因素综合与设计工况相符合的情况是比较少的，因此空调制冷系统常常会在部分负荷下运行，据统计，空调制冷系统在满负荷情况下运行只占 20%～30%。在 70%～80%的时间是在部分负荷下运行，因此在部分负荷运行情况下如何设计才能使空调制冷系统符合"节能"的原则，这比在设计工况下提出"能耗"指标更为重要。

空调水系统最佳节能方式，不仅要考虑满负荷运行的能耗指标，还应特别注意在部分负荷下运行的节能问题。中央空调水系统变频是指对冷却水泵和冷冻水泵进行改造。通过对水泵变频，将水系统改造为变流量运行，使空调系统的负荷与实际相匹配。

通常冷水机组是在定流量设计下运行的，冷水机组要保持定流量的主要原因是：①蒸发器（或冷凝器）内水流速的改变会改变水侧放热系数，影响传热；②管内流速太低，若水中含有机物或盐，在流速小于 1m/s 时，会造成管壁腐蚀；③避免由于冷水流量突然减小，引起蒸发器的冻结。实际空调系统水泵变频改造工程表明，对空调水系统水泵进行变频运行，对冷水机组的功率几乎没有影响。因此，合理利用变频节能控制方法，对整个中央空调控制系统会起到更好的保护作用。空调系统变频节能的依据是空调系统在部分负荷的运行状态下，通过减小水流量来满足空调系统冷负荷，从而节省循环水系统中水泵的能耗。一次泵水系统是实现空调水系统节能的最佳配置。传统的空调水系统在末端设置电动两通阀或电动三通阀，通过阀门开度来调节水流量。这种方法虽然能减小空调系统的流量，但却大大增加了系统的压力，即增加系统的管路阻力，使大部分的能量消耗在阀门上。

减少输送过程的能耗主要可以从以下方面着手：

（1）一次泵定流量系统

系统较小或各环路负荷特性或压力损失相差不大时，宜采用负荷侧变流量、冷源侧定流量的一次泵定流量系统。采用一次泵定流量泵系统时，应按下列要求设计：

1）风机盘管的回水管上应设置浮点式电热阀，也可采用传统的电动两通阀（对房间温度控制要求不高时）或电动两通调节阀（对房间温度控制要求较高时）。前者与后两者相比，具有控制精度高、运行稳定性强、无噪声、体积小等优点；新风机组、组合式空调器的回水管上，应设置动态平衡电动调节阀或电动两通调节阀。前者只受房间温度设定控制，不受外网压力波动的影响，比后者具有更好的调节特性和更长的使用寿命。

2）应在总供回水管之间设旁通管及由压差控制的旁通电动调节阀，旁通管管径应按 1 台冷水机组的冷冻水流量确定。

3）冷水机组和冷冻水循环泵之间宜采用一一对应的连接方式。当采用方式连接困难时，可采用共用集管连接，但此时应在每台冷水机组的入口或出口水管道上设置电动隔断阀，并应与对应的冷水机组和水泵连锁开关。

4）应密切与电器专业配合，做好自动控制设计，使系统能够根据空调负荷的变化，自动控制冷水机组及循环水泵的运行台数。

（2）一次泵变流量系统

具有较大空调水泵节能潜力的大型系统，在确保设备的适应性、控制方案和运行管理的可靠性的前提下，可采用冷源侧和负荷侧均变流量的一次泵变流量系统，且一次泵为变频调速泵。采用一次变流量泵系统时，应按下列要求设计：

1）末端装置的回水管上应设置"慢开/慢关"型的浮点式电热阀或电动两通调节阀，且多台末端设备的启停时间宜错开。

2）应选择蒸发器流量许可变化范围大，最小流量尽可能低的冷水机组，如离心机30%～130%，螺杆机45%～120%，最小流量宜小于50%。

3）应选择蒸发器许可流量变化率大的冷水机组，每分钟许可变化率宜大于30%。

4）冷水机组和水泵台数可不对应设置，其启停分别独立控制，水泵转速一般由最不利环路的末端压差变化来控制。

5）冷水机组和水泵应采用共用集管的连接方式，并应在每台冷水机组的入口或出口水管道上设置与对应的冷水机组连锁开关电动隔断阀。

6）应在总供回水管之间设旁通管及由流量或压差控制的旁通电动调节阀，旁通管管径应按单台冷水机组的最小允许冷冻水流量确定。

7）1台冷水机组仍可采用一次泵变流量系统。

（3）二次泵变流量系统

系统较大、阻力较高，且各环路负荷特性或阻力特性相差悬殊（差额大于50kPa，相当于输送距离100m或送回管道长度在200m左右）时，应采用在冷源侧和负荷侧分别设置一级泵和二级泵的二次泵变流量系统，且一级泵为定流量运行，二级泵宜采用变频调速泵。采用二次泵变流量系统时，应按下列要求设计：

1）末端装置的回水管上应设置水量控制阀。

2）冷热源侧和负荷侧的供回水共用集管（或分集水器）之间应设旁通管，旁通管管径应按1台冷水机组的冷冻水流量确定，旁通管上不应设置因何阀门。

3）一级泵与冷水机组之间的连接方式及运行台数的控制。

4）应根据系统的供回水压差控制二级泵的转速和运行台数，控制调节循环水量适应空调负荷的变化。系统压差测点宜设在最不利环路干管靠近末端处。

（4）两管制及四管制系统

根据建筑物的具体情况，在满足舒适性要求的前提下，合理地设计负荷侧空调水系统的制式，既可减少空调系统设备和管道的初投资，又能降低空调水系统的运行能耗。负荷侧空调水系统的制式，应按下列要求设计：

1）不存在同时供冷和供热，只要求按季节进行供冷和供热转换的空调系统，应采用两管制水系统。

2）当建筑物内有些空调区需全年供冷水，有些空调区则冷、热水定期交替供应时，宜采用分区两管制水系统。

3）对于全年运行中冷、热工况频繁交替转换或需要同时使用的空调系统，宜采用四管制水系统。

（5）"一泵到顶"系统

空调冷冻水系统的静水压力不大于1.0MPa时，竖向不宜分区，宜采取水泵吸入式的"一泵到顶"系统，以减少由于分区而增大土建与设备的一次投资和电耗，并方便设备与系统的运行管理。

4.空调系统方案

空调的广泛需求、人居环境健康的需要和能源协调平衡的要求，对目前空调方式提出了挑战。新的空调应该具备的特点：减少室内送风量、高效换热末端、采用低品位能源等。不论是政府办公建筑、医院建筑还是学校建筑，除采用传统的空气处理方式，可结合建筑使用功能、运行时间、服务人群、室内舒适度等要求，尽量采用温湿度独立控制、低温送风、蒸发冷却等新型技术，降低空调能耗。

（1）温度、湿度独立控制系统

温湿度独立控制空调系统是指在一个空调系统中，采用两种不同蒸发温度的冷源，其中高温冷源作为主冷源，它承担室内全部的显热负荷和部分的新风负荷，占空调系统总负荷的50%以上；低温冷源作为辅助冷源，它承担室内全部的湿负荷和部分的新风负荷，占空调系统总负荷的50%以下。具体的技术措施为：

1）新风处理。新风处理设备的主要任务是对新风进行除湿处理，以达到湿度控制系统送风需求的含湿量水平，常见的对空气进场除湿处理的方式主要包括冷凝除湿、溶液除湿、转轮除湿、固体吸附除湿等多种方法。

2）室内末端。湿度控制系统可以选用不同的送风方式，末端设备为各种形式的风口。采用新风来承担排除室内余湿可采用变风量方式，根据室内空气的湿度或 CO_2 的浓度调节风量，其风量远小于变风量系统的风量。这部分空气可通过置换送风的方式从下侧或地面送出，也可采用个性化送风方式直接将新风送入人体活动区。

温度控制系统可以通过对流、辐射方式来承担，对应的末端设备形式主要包括干式风机盘管、辐射末端等。当室内设定温度为25℃时，采用屋顶或垂直表面辐射，即使供水平均水温为20℃，也基本可满足多数类型建筑物排出来源于围护结构和室内设备多余热量的要求。由于水温一直高于室内露点温度，因此不存在结露的危险和排冷凝水的要求。

3）高温冷水制备。由于除湿的任务由处理潜热的系统承担，因而显热系统的冷水温度不再是常规冷凝除湿空调系统中的7℃，而是提高到18℃左右，从而为天然冷源的使用提供了调节，即使采用机械制冷方式，制冷机的性能系数也有大幅度的提高。

自然冷源主要包括土壤源、地下水源、江河湖水等，只要温度条件合适即可。如深井水、通过土壤源换热器获取冷水等，深井回灌与土壤源换热器的冷水出水温度与使用地的年平均温度密切相关。我国很多地区可以直接利用该方式提供18℃冷水，在某些干燥地区（如新疆等）通过直接蒸发的方式或间接蒸发的方法获取18℃冷水。

采用机械制冷方式时，按照承担输送冷量任务的媒介不同，可以分为以冷水为媒介的机械驱动的各种高温冷水机组和以制冷剂冷媒直接输送冷量的高温多联机空调机组等。由于蒸发温度的提高，机械驱动的高温冷源性能要比常规空调系统中的低温冷源有很大提高。

4）气候条件利用。由于不同地域的气候条件不同，在设计温湿度独立控制空调系统时可应用的资源条件也就不同。在气候干燥地区，室外空气干燥、含湿量较低，因而可以将室外干燥空气作为室内潜热负荷排出的载体，只需向室内送入适量的室外干燥空气（经间接或直接蒸发冷却后送入室内）即能达到控制室内湿度的要求。由于室外空气干燥，可以通过间接蒸发冷却方式制得的冷水来满足干燥地区室内温度控制要求；在气候潮湿地区，室外空气的含湿量水平较高，需要对新风进行除湿后再送入室内。由于将温度、湿度分开控制，可以利用自然冷源或人工冷源作为温度控制的解决方案。

5）系统特点。由于用高温冷冻水取代传统空调系统中大部分由低温冷冻水承担的热湿负荷，提高了综合制冷效率，进而达到节省能耗的目的。而采用温度与湿度两套独立的空调控制系统，分别控制、调节室内的温度与湿度，避免了常规空调系统中热湿联合处理所带来的损失。温度、湿度采用独立的控制系统，可以满足不同区域和同一区域不同房间热湿比不断变化的要求，克服了常规空调系统中难以同时满足温度、湿度参数的要求，避免了室内湿度过高（或过低）的现象。此空调系统具有以下特点：

① 适应室内热湿比的变化。温湿度独立控制系统分别控制房间的温度和湿度，能够满足建筑物热湿比随时间与使用情况的变化，全面控制室内环境。并根据室内人员数量调节新风量，因此可获得更好的室内环境控制效果和空气质量。

② 末端方式不同。可采用辐射式末端或者干式风机盘管吸收或提高显热，采用置换通风等方式送干燥的新风去除显热，冬夏共用同样的末端装置。处理显热的系统只需要18℃的冷水，这可通过多种低成本的和节能的方式提供，降低运行费用。

③ 充分利用低品位能源。即使采用配套空调机组，系统能效也会大大提高。这个特点有利于能源的广泛选择利用，特别有利于利用低品位的再生能源：如太阳能、地能、热电厂余热回收等，对节能降耗意义重大。

④ 舒适度大大提高。没有强风感，没有噪声、不传播细菌，是一种健康绿色的空调方式。

温湿度独立控制系统是一项较新的技术，其节能效果非常明显。不仅仅适用于行政办公建筑的空调系统，同样可以用在医院建筑的洁净工程上。

（2）低温送风系统

所谓低温送风，即空调系统的送风温度为 4～11℃，比常温空调系统的送风温度 12～16℃低。能耗统计表明，建筑能耗的一半为空调设备能耗，而空调设备能耗中输送动力能耗占据约 50%。空调制冷能耗，特别是输送能耗已成为节能对策的重点。低温送风空调的主要意义在于节省空调系统中的输送能耗，即风机及水泵动力能耗。具体的技术措施为：

1）送风温度确定。评价最优送风温度的准则，每项工程是不同的。气候条件，热舒适与声学要求，使用功能，使用方式，及一次投资费用与运行费用的相对重要性，都可能会随项目的不同而变化。在选择一个系统来满足特定建筑目标时，应该考虑的因素包括既满足显热负荷，又满足潜热负荷要求。在所有的负荷条件下，提供足够的容量、提供足够的空气扩散、提供可接受的声学性能等条件后，最优的送风温度将选择一次投资费用与运行费用最少的方案。

2）系统配置。空调系统的整个配置包括制冷机的类型，送风系统的类型，空气处理机组的数量与位置，向房间的送风方式。向低温送风系统供冷的冷源设备必须要能提供足够低的冷流体温度，以产生所要求的送风温度。许多低温送风系统采用冰蓄冷设备作为冷源，但是低温送风系统也可以在非蓄冷制冷机条件下安装。一般是用冷冻水，或者用如乙二醇溶液这样的二次冷流体输配给空气处理机组的冷却盘管。直接膨胀与过量供液式冷却盘管也一直应用于低温送风系统。

在低温送风系统中，空气处理机组尺寸的减小能影响到配置方案的选择。服务于多楼层的大型机组更实用些，占地面积较少，且穿越楼板的竖向风管的尺寸减小了。另一方面，采用低温送风系统的每层机组可以安装在每一层的较小机房内，可以通过散流器直接向空调房间送风，或者可以利用诱导箱共用风机为动力的混合箱来调和送风温度。

3）末端配置。向房间直接送 4～11℃的空气，引起了一些有关散流器能否使送风在到达工作区以前与房间里的空气充分混合的问题。在散流器表面凝结的可能性也是一个问题。为了避免这些问题，许多低温送风系统被设计成采用以风机为动力的混合箱。以风机为动力的混合箱把一次冷风在抵达散流器之前与房间里的循环风混合。采用这种方法，在混合箱下游的送风系统是与 13℃的送风设计等效的，见表 6-2-2。

空调系统分类

表 6-2-2

空调系统类型	送风温度（℃）		冷媒温度（℃）
	范围	名义值	
常温送风系统	12～16	13	7
低温送风系统	9～11	10	4～6
	6～8	7	2～4
	≤5	4	≤2

4）系统特点。相对于常规空调系统而言，低温送风系统具有以下主要特点：

① 降低系统设备费用。减少系统设备费用一直是推动低温送风应用的一个重要因素。较低的送风温度和较大的供回水温差减少了所要求的送风量和供水量，降低了空调机组、风机和水泵以及风管和水管的投资，从而降低了系统设备的费用，一般低温送风系统的设备费用可降低约 10%。

② 降低建筑投资费用。较小的风管和水管可以降低楼层高度的要求，使建筑结构、围护结构及其他一些建筑系统的费用得到节省，同时在一些建筑物改造中有更多的选择方案。

③ 提高房间的热舒适性。因供水温度低，低温送风系统除湿量大，因此能维持较低的相对湿度，提高了热舒适性。实验研究表明在较低的湿度下，受试者感觉更为凉快和舒适，空气品质更可接受。

④ 降低运行费用。低温送风系统由于送风量和供水量的减少，可以有效地减少风机和水泵能耗，从而降低运行费用。一般低温送风系统的风机和水泵的能耗可降低约 30%。

结合以上技术特点，低温送风技术特别适用于处在南方湿度较大地区的公共机构建筑，选择时需重视室内人员对送风温度的接受范围，如医院建筑中的办公室与病房应采取不同的送风温度。

（3）天然冷源利用

天然冷源是指在自然界中存在、不需要通过人工制冷可获得的、低于外界空气温度的冷源，例如天然冰、地道风、地下水等。显然，天然冷源具有投资省、耗能低的优点。使用天然冷源，可以节省制冷过程，因而很少消耗电能，运行费用低廉、操作安全可靠和管理方便等。例如，冷却塔免费供冷技术就是很好的天然冷源利用技术，其具体的技术措施为：

1）适用的室外气象条件。对于一种结构已确定的冷却塔而言，在一定的流量下，冷却水理论上能降低到的极限温度为当地室外空气的湿球温度。在冷却塔供冷时，冷却塔内的冷却水与室外空气换热，使冷却水的温度降至符合冷却塔供冷要求的温度，发挥冷却水的冷量对室内进行降温，要求冷却塔是在室外湿球温度小于某个温度值或是达到某个温度范围时才能开始作为替代制冷机组的冷源，也即冷却塔供冷的切换温度。

实际的冷却塔供冷系统的设计和运行时，一般都需要先确定过渡季节和冬季时室内需要依赖空调系统去除的冷负荷，进而选取适当的冷冻水供水温度，根据所需冷冻水的温度再确定冷却水的温度，最后再根据所需冷却水的温度，依照冷却塔的处理能力确定冷却塔供冷的切换温度。对于间接冷却塔供冷系统，可以将切换温度以湿球温度 5～10℃ 为作上限，也即当室外湿球温度到达 10℃ 或以下时，利用冷却塔和板式换热器间接供冷便成为可能；而对于直接供冷系统，切换温度还可以升高 1～3℃，即可以取 8～13℃ 作为切换温度。

2）末端配置。空调末端辐射供冷方式包括冷却辐射顶板（chilled ceiling panel）加新风系统、冷却梁（chilled beam）加新风系统等，这种主要以辐射方式换热的末端形式主要承担室内显热负荷，由处理过的新风消除室内湿负荷，同时，若要满足相同的室内设计参数，通过辐射顶板或冷却梁的冷冻水温度可以比风机盘管等常用末端设备高 3～4℃，其切换温度可以更高，从而使冷却塔供冷时数更长，节能效益更显著，适用于冷却塔供冷技术。

3）冷却水处理。在开式冷却塔加板式换热器的免费供冷冷却水系统中，由于开式冷却塔直接与空气接触，空气中的灰尘垃圾容易进入冷却水系统中，而板式换热器的间隙较小，容易堵塞。冷却水系统必须满足《工业循环冷却水处理设计规范》GB/T 50050—2017 要求，该规范规定换热设备为板式换热器时的相应悬浮物控制指标≤10mg/L。这样就必须采用化学加药、定期监测管理、在夏季及时清洗板式换热器的方式才能避免板式换热器堵塞问题。

4）换热器选择。间接供冷系统中换热器应选择板式换热器。板式换热器与传统的管壳式换热器相比，具有高效率的换热能力。一般的板式换热器温差（冷却水入口温度与冷冻水出口端之间的温差）是 2～3℃，小的可达 1℃ 左右。当板式换热器发生泄漏时，由于接口周围有双重垫片，一层垫片发生泄漏不会导致介质混合，并可立即察觉。选择板式换热器温差时应综合考虑初投资及冷却塔供冷时数等方面，经系统的技术经济比较后确定。

5）冷却水系统的防冻。由于冷却塔供冷主要在过渡季及冬季运行，故在冬季温度较低地区应在冷却水系统中设置防冻设施。我国大部分地区冬季温度都可达 0℃ 以下，室外冷却塔集水盘易结冰，解决的方法是可根据当地室外极端最低温度，在集水盘内设置一定容量的电加热器，电加热器受集水盘内水温控制，另集水盘应采用镀锌钢板或其他金属材料以防冻裂。经过冷却塔上部风扇叶片的水汽亦可能会在风扇表面结冰，如果结冰较多就会影响冷却塔运行。解决这个问题，可以将风扇放在水汽通道之外即采用气流鼓吹式取代常用的抽吸式，从根本上避免水汽对风扇的影响。另还可以将冷却塔顶的风扇定期反转，以此把挂在风扇上的冰凌去除；同时反向气流也可把进风百叶上的冰凌去除。为了保证冷却塔的室外补水管和供、回水管在冬季能正常工作，需要对这些管线保温，一般可采用带温度控制装置的电热线进行伴热，电热线外包不吸水耐热绝热材料（如阻燃型聚苯乙烯等）。

天然冷源利用的一个典型方式是蒸发冷却技术，是利用自然环境中未饱和空气的干球温度和湿球温度差来制取冷量的。当不饱和空气与制冷剂（水）接触时，制冷剂会蒸发吸热，从而使其与空气的温度都下降。蒸发冷却按照工作原理主要分为直接蒸发冷却（DEC）和间接蒸发冷却（IEC）两种形式。其中冷却塔免费供冷是工程上应用较广、效益较好、技术较成熟的蒸发冷却技术。冷却塔免费供冷是在常规空调水系统基础上增设部分管路和设备，当室外湿球温度低至某个值以下时，关闭制冷机组，用流经冷却塔的循环冷却水直接或间接向空调系统供冷，来满足建筑空调所需的冷负荷。简单来说，冷却塔免费供冷技术就是在合适的情况下用冷却塔来代替制冷机供冷的一项技术。冷却塔供冷系统按照冷却水供往末端设备的方式主要可分为直接供冷系统和间接供冷系统；按照冷却水的来源设备形式则主要可以分为制冷剂自然循环流动方式、开式冷却塔加过滤器形式、开式冷却塔加热交换器和封闭式冷却形式。

利用冷却塔实行免费供冷能够节约制冷机的耗电量，同时节约了建筑的运行费用。特别是在要求全年供冷或供冷时间长的建筑物中，如医院建筑、学校中的实验室建筑以及内区较大的行政办公建筑等，使用冷却塔免费供冷有很大的节能效果。

5. 气流组织优化

空气调节区的气流组织是指合理地布置送风口和回风口，使得经过净化、热湿处理后的空气，由送风口送入空调区后，在与空调区内的空气混合、扩散或者进行置换的热湿交换过程中，均匀地消除空调区内的余热和余湿，从而使空调区内形成比较均匀和稳定的温湿度、气流速度和洁净度，满足生产工艺和人体舒适的要求。气流组织的形式很多，本节主要介绍能显著改善室内空气品质和具有较大的节能潜力的置换通风。

置换通风是指以非常低的送风速度（$v < 0.25 \text{m/s}$）通过地面送风口或地面侧墙散流器直接送入室内工作区。由于送风动量很低，可以忽略不计，较冷、较重的送风进入房间后，极像水那样贴着地面进行扩散，并在地面某一高度内形成一个洁净的空气分割层，当遇到热源时，空气被加热，以自然对流的形式慢慢升起。室内热源产生的热蚀气流在浮升力作用下上升，并不断卷吸周围空气，在热蚀气流上升过程中的卷吸作用和后续新风的推动作用以及排风口的抽吸作用下，覆盖在地面上方的新鲜空气也缓慢向上移动，形成类似向上的活塞流，同时污染物也被带至房间上部，最后由排风口排出，从而达到置换室内空气的目的，见图 6-2-2。

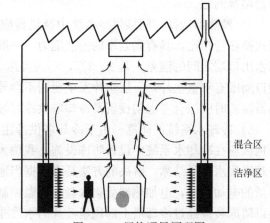

图 6-2-2 置换通风原理图

置换通风在北欧已普遍采用，它最早是用在工业厂房用以解决室内的污染物控制问题，然后转向民用建筑，如办公室、会议厅、剧院等。在以下情况时，更适合采用置换通风：

(1) 冷源或热源与污染源伴生；

(2) 人员活动区空气质量要求严；

(3) 房间高度不小于 2.4m；

(4) 建筑、工艺及装修条件许可且经济技术比较合理；

(5) 污染物质比环境空气温度高或密度小；

(6) 供给空气比环境温度低。

置换通风要求采用中央冷水机组提供集中冷源，采用空气处理设备集中处理空气，采用水泵、水管输送冷水。置换通风要求送风温度较高，冷水机组可以利用三通控制阀提供可变的换热盘管温度，因此采用这种设备稳定性好。

置换通风的优点主要体现在能显著改善室内空气品质和具有较大的节能潜力上。置换通风条件下送风与室内空气的掺混较少，在室内停留时间短，污染物不易扩散，从而在工作区创造出一个空气新鲜的环境条件。换气效率通常介于50%～70%。置换通风条件下，排风温度大于工作区温度，因此通风效率大于1，常介于100%～200%。当然，置换通风之所以受到人们的重视，最直接的原因就是它具有较大的节能潜力，由于置换通风条件下仅考虑室内工作区的热湿负荷，无需顾及房间上部的环境，这就相当于提高了室内空气的平均温度，使室内负荷减小，从而实现节能。

6. 新风热回收技术

空调系统的排风热回收是利用热回收装置回收排风中的冷（热）量达到节能的一种有效的方式。空调设计规范规定：建筑物内设有集中排风系统且符合下列条件之一时宜设置排风热回收装置：送风量≥3000m³/h的直流式空气调节系统，且新风与排风的温度差≥8℃。设计新风量≥4000m³/h的空气调节系统，且新风与排风的温度差≥8℃。设有独立新风或排风系统；排风热回收装置是利用空气—空气热交换器来回收排风中的冷（热）能对新风进行预处理。

根据回收热量的形式，主要可分为显热回收和全热回收。常见的热回收设备有转轮式换热器、板翅式换热器、热管式热交换器、中间冷媒换热器。其中转轮式换热器、板翅式换热器既可传递显热，又可传递全热；热管式热交换器和中间冷媒换热器只能传递显热。

（1）转轮式全热交换器

转轮式热交换器主要有转轮、驱动马达、机壳和控制部分组成。其构造原理及系统如图 6-2-3 所示。新风和排风分别在两个半部对向通过回转着的转轮转芯部分，转芯是用石棉纸、铝或其他材料制作的，呈蜂窝状（其中波纹板的峰高大致在 1.66～2.66mm），它蓄存着从排风中获得的能量，当转向另一侧时，这些能量为新风所带走。如果转轮用吸湿材料制作，回收显热的同时还可以回收潜热，即为转轮式全热换热器。

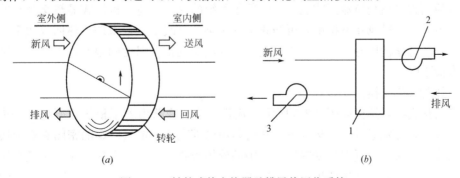

图 6-2-3　转轮式热交换器及排风热回收系统

（a）转轮式热交换器的构造原理图；（b）热回收系统

1—转轮；2—新风风机；3—排风风机

转轮以 8~10r/min 的速度缓慢转动,利用转轮材料和空气之间的温度差和水蒸气分压力差进行热湿交换,从而在排风与新风之间转移热量和湿量。转轮有较高的热回收效率,一般可达到 70%~80%;因交替逆向进风,有自净作用;可比例调节转轮速度,适应不同季节需要。

(2) 板翅式显热换热器

板翅式热交换器是应用板式换热原理工作的换热器。板翅式热交换器其结构由如图 6-2-4 所示的单体,另加外壳体组成。外壳体用薄钢板制作,其上有 4 个风管接口。板翅式显热换热器由若干个波纹板交叉叠置,其波纹板是用经过特殊处理的多孔纤维性材料制作。多孔纤维性材料具有一定的传热性能和透湿性能,当新风、排风之间存在温差和水蒸气风压力差时,则在新风、排风之间进行热湿交换,从而达到传热传质的作用。板翅式显热换热器的换热效率与迎面风速、新排风量比等因素有关,国产板式显热换热器的显热效率平均值一般为 52%~72%。

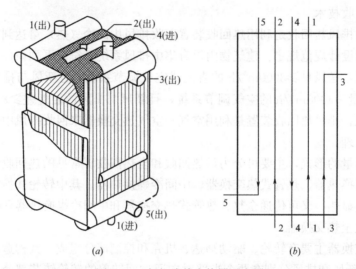

图 6-2-4 板翅式热交换器示意图

新风与室内空调排风分别呈正交叉方式流经板翅式显热换热器,进行传热显热交换过程。在夏季新风从排风获得冷量从而降温降湿;在冬季新风从排风中获得热量从而增温增湿。通过板翅式显热交换器回收能量,降低了系统的新风负荷。板翅式显热交换器的优点是结构简单;新、排风互不接触,可防止空气污染;可改变风量来调节热回收效率;无传动部件,运行可靠使用寿命长。其缺点是通过气流受到露点温度的限制,凝结水、结冰现象使其寿命下降。

(3) 热管式热交换器

热管式热交换器结构如图 6-2-5 所示。热管式热交换器由若干根热管所组成。热交换器分为两部分,分别通过冷、热气流。热管是由内部充注一定量冷媒的密闭真空金属管构成,当热管的一端(冷凝端)受热后,管中的液体吸收外界热量迅速气化,在微小压差下流向热管的另一端,向外界放出热量后冷凝成为液体,液体借助于贴壁金属网的毛细抽吸力返回到加热段,并再次受热气化,如此不断循环,热量就从管的一端传向另一端。由于是相变传热,且热管内部热阻很小,所以在较小的温差下也能获得较大的传热量。

148

（4）中间冷媒换热器

中间冷媒换热器原理较为简单。在新风和排风侧，分别使用一个气液换热器，排风侧的空气流过时，对系统中的冷媒进行加热（或冷却）。而在新风侧被加热（或冷却）的冷媒再将热量（或冷量）转移到进入的新风上，冷媒在泵的作用下不断地循环。中间冷媒换热器的优点是运行特性稳定可靠，使用寿命长；设备费用低；维修简便；安装方便、灵活，占地面积和空间小；新风与排风不会产生交叉污染。其缺点是要配备循环泵，存在动力消耗，通过中间液体输送，温差损失大，换热效率较低，一般在 40%～50%。

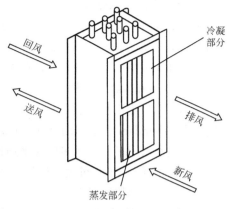

冷凝部分

蒸发部分

回风

送风

排风

新风

图 6-2-5 热管式热交换器工作原理示意图

6.2.2 空调系统智能控制

1.变频调速节能

在系统当中采用变频的方式来减少流量，可以达到节能的目的。当电源频率由之前的 60Hz 降低到 50Hz 的时候，可节约大概 26%左右的电能。在建筑工程里，可以借助变频器来对供电的频率进行改进，也可以借助变频器驱动感应电动机来防止电动机产生磁气饱和，避免产生起动电流。

2.变频调速水泵的控制

在控制系统中，如果借助压力和回水温度，将温度作为反馈信号，针对恒温度进行控制，便可以将压力信号作为目标信号。一旦回水压力减少，负荷就会增加，因此需要提高冷冻泵的转速，促使整个系统的末端压力得到增加。

采用全闭环的方式对冷冻水回水温度控制，以便在保障冷冻机组中冷冻水流量的情况下，将冷冻泵变频器的频率调到最小。借助管道当中的温度传感器对回水温度进行检测，控制器对温度的实际值和设定值进行对比，同时调控变频器的输出频率。一旦冷冻水回水温度高于设定值，那么变频器会提高输出直至回水温度达到要求水平，以保障系统的正常运行。

智能控制系统里，一旦流量降低到冷水机组的最低值，那么冷冻水泵锁频，流量不再继续减少。这个时候，可以开启旁通电动二通阀，使得过多的水被处理掉。

3.BA 网络模型

BA 系统按空调、消防、保安等分成多个子系统，每个子系统设置一台上位机，通过以太网与总控计算机构成第一层网络。上位机通过特定总线连接现场控制器，末端控制器再连接到传感器或执行器，构成整个网络监控系统。上述网络模型的优点是数据流结构与系统控制逻辑关系一致，且按建筑内部各子系统划分子网，结构清晰，管理方便。

BA 网络模型基本思想是将控制器、传感器、执行器等具备通信功能的设备看成平等的通信节点，就近接入邻近的子网段；子网段之间通过交换机、路由器等网络设备连接。控制器只完成数据处理任务，而不承担连接通信子网、实现数据路由的功能。面向数据流的 BA 网络模型的优点是控制器可以共享各个传感器信息，各通信节点处于平等的位置；节点间的控制逻辑关系不受网络硬件拓扑结构的限制，通过软件组网方式设定节点间的控制逻辑关系；节点可根据安装位置就地接入附近网络系统。

尽管面向数据流的 BA 网络模型设计理念比面向控制器的网络模型有诸多优点，但要取得实际应用，还需要在网络结构、数据通信和组网方式等方面做大量的基础性研究工作。面向数据流的 BA 网络模型为空调控制系统的网络结构提供了极具参考价值的研究思路。

4. 模糊模型和神经网络模型

HVAC 系统应用中具有代表性的智能控制模型为模糊模型和神经网络模型。模糊模型主要有以 Mamdani 模型（简称 M 模型）和 Takagi—Sugeno 模型（简称 T—S 模型）。

T—S 模型采用多个线性多项式来逼近被控对象的复杂非线性特性，不存在 Mamdani 模型所存在的维数灾难等问题。模糊聚类方法作为一个优秀的辨识算法，被认为是辨识 T—S 模型结构及参数的理想方法。T—S 模型在控制理论中的应用，可以灵活地同递阶控制、多模理论、预测控制等智能控制理论结合，提高了非线性系统的控制性能。但 T—S 模型在空调控制领域的应用较少，现有的研究主要围绕在单一部件建模及其温度控制。

神经网络因其特有的自学习、多输入多输出等非线性逼近能力，越来越广泛应用于空调系统的建模和控制中。神经网络在控制预测、模型识别、参数预测等多个领域均有着广泛的应用。目前，神经网络已成为目前建立空调系统动态特性数学模型的一种有效方法，并用于实际控制系统中。

模糊与神经网络的结合，一方面解决了传统模糊控制规则自学习和自适应调整的难题，大大改善了传统模糊控制的预测控制性能，另一方面也解决了神经网络对不便于描述专家经验的问题，特别是模糊神经网络的出现为解决空调系统非线性控制难题提供优秀的数学模型和数理基础。

5. PID 控制

PID 控制是空调自控领域应用最多、至今仍广泛应用的控制方法。随着人们对空调自动控制系统要求的不断提高，基于传统控制论的各类模型参考控制与 PID 控制器的结合、以改进 PID 控制性能的研究相继出现。此外，基于模型参考的预测控制在变风量空调系统自动控制中的应用，也为采用传统控制方法解决空调系统的大滞后控制问题提供了有益的借鉴。

6.2.3 空调系统能耗模拟

1. 模拟的目的和意义

建筑节能分析及研究主要是将建筑围护结构和采暖空调系统相结合，因而采暖空调能耗模拟和建筑节能模拟本质上都是依靠模拟和推演来展示建筑系统的耗能情况，但建筑节能模拟主要论证围护结构对能耗的影响，而采暖空调模拟主要论证暖通空调系统对能耗的影响，分别为建筑和暖通两个专业从自身角度优化能耗系统设计的工具。在实际操作过程中，两项模拟都需要构建围护结构和暖通系统信息，所以使用的软件都可以通用，只不过不同软件的侧重点有所不同。

建筑能耗模拟软件是计算分析建筑性能、辅助建筑系统设计运行与改造、指导建筑节能标准制定的有力工具。据统计，目前全世界建筑能耗模拟软件超过一百种，如美国 BLAST、DOE-2、EnergyPlus，英国 ESP-r，中国 DeST 等。DOE-2 是开发最早应用也最广泛的模拟软件之一，并作为计算核心衍生了一系列模拟软件，如 eQuest，VisualDOE，EnergyPro 等；EnergyPlus 是美国能源部支持开发的新一代建筑能耗模拟软件，目前仅是一个无用户图形界面的计算核心，以此为核心开发的软件有 DesignBuilder 等；DeST 是以

AutoCAD 为图形界面的建筑能耗模拟软件。

2. 方法和途径

（1）PKPM：PKPM 模拟建筑在使用过程中的能耗，主要包括空调、采暖、照明、设备等方面的能耗。绿色建筑就是要在保证和提高建筑舒适度的条件下，合理使用能源，不断提高能源利用效率。能耗模拟软件可以实现动态设计和分析过程；对已建、改建或新建的建筑设计方案进行建筑能耗模拟，判断其是否节能；对于还没有制定节能标准的地区，可以作为标准的制定和能耗分析工具等。

（2）斯维尔 BECS：一款专为建筑节能提供计算分析的软件，构建于 AutoCAD 平台，采用三维建模，并可以直接利用主流建筑设计软件的图形文件，避免重复录入，大大减少了建立节能热工模型的工作量，体现了建筑与节能设计一体化的思想。软件遵循国家和地方节能标准或实施细则，适于全国各地居住建筑和公共建筑的节能设计、节能审查和能耗评估等分析工作。

（3）eQUEST：该能耗模拟软件是在美国能源部（U. S. DepartmentofEnergy）和电力研究院的资助下，由美国劳伦斯伯克利国家实验室（LBNL）和 J. J. Hirsch 及其合作人共同开发。该软件的计算核心是目前使用最为广泛的能耗模拟软件 DOE2 的高级版本 DOE2-2。eQUEST 不仅吸收了能耗分析软件 DOE-2 的优点，并且增加了很多新功能，使建筑建模过程更加简单，结果输出形式更加清晰。其最大的特点和优势在于对空调、控制等机电系统的模拟，因而特别适合机电或能源工程师分析各种设备的节能潜力和全年运行状况，以确定合适的节能策略和最佳的节能方案。

（4）EnergyPlus：该软件是在美国能源部（Department of Energy，DOE）的支持下，由劳伦斯·伯克利国家实验室（Lawrence Berkeley National Laboratory，LBNL）及其他单位共同开发的，它不仅吸收了建筑能耗分析软件 DOE-2 和 BLAST 的优点，并且具备很多新的功能，被认为是用来替代 DOE-2 的新一代的建筑能耗分析软件。

（5）DOE-2：DOE-2 采用反应系数法求解房间不透明围护传热，冷负荷系数法计算房间负荷和房间温度。DOE-2 不直接计算各围护内表面的长波辐射换热，而是将其折合在内表面与空气的对流换热系数中；在考虑围护内表面与空气的对流换热时，将空气温度设为固定值，求得自围护结构传入室内的热量，当空气温度改变后，不再重新计算；在考虑邻室换热时采用邻室上一时刻的温度进行计算，以避免房间之间的联立求解。所以，DOE-2 在负荷计算时没有严格考虑房间热平衡。在 DOE-2 软件结构中，计算模块 LOADS 和 SYSTEMS 均会计算房间负荷，前者的负荷计算结果是假设各个房间全年都维持在一个恒定空调温度，而后者是考虑了室外新风利用、空调系统控制等因素后对 LOADS 负荷计算结果的修正。计算时间步长为 1h。

（6）DeST：不仅能用于自然通风模拟，也同样适用于空调系统能耗模拟，软件采用状态空间法计算不透明围护结构传热，一次性求解房间的传热特性系数，在求解过程中考虑了房间各围护结构内表面之间的长波辐射换热以及与空气的对流换热，从而严格保证了房间的热平衡。在处理邻室换热时，DeST 采用多房间联立求解的方法，同时计算出各房间的温度或投入的冷热量。DeST 采用"分阶段设计，分阶段模拟"的开发思想，结合实际设计过程的阶段性特点，将模拟划分为建筑热特性分析、系统方案分析、AHU 方案分析、风网模拟和冷热源模拟共 5 个阶段，并且采用"理想控制"来处理后续阶段的部件特性和控制效果，即假定能满足任何冷热量、水量等要求。理论上，DeST 计算时间步长可以是任意值，缺省设置的时间步长为 1h。

（7）EnergyPlus：不同于 DOE-2 和 DeST 的顺序模拟方法，EnergyPlus 采用集成同步的负荷/系统/设备模拟方法。在本研究中，EnergyPlus 采用理想的空调设备模型（IdealLoadsAirSystem）来计算理想负荷，从而与另外两种软件的负荷计算结果进行比较。EnergyPlus 将房间热平衡分为围护结构表面热平衡和空气热平衡两部分。在求解不透明围护传热时，EnergyPlus 采用 CTF（Conduction Transfer Function）或有限差分法，CTF 实质上也是一种反应系数法，但不同于 DOE-2 的基于室内空气温度的反应系数法，它是基于墙体的内表面温度，而有限差分法可以处理相变材料或变导热系数材料等问题。EnergyPlus 先采用状态空间法求解单面围护结构的热特性，基于热特性系数得到其内外表面热流与内外表面温度的关系，然后在考虑围护结构内外表面的热平衡时，考虑各围护结构内表面之间的长波互辐射换热及与室内空气的对流换热，构成围护结构表面热平衡方程，再结合空气热平衡，严格保证了房间的热平衡。在处理邻室换热时，EnergyPlus 采用邻室上一时刻的温度，但由于 EnergyPlus 在计算负荷时一般采用 10～15min 的时间步长，且各房间不断迭代求解，保证了多房间的热平衡。

6.3 可再生能源利用优化设计与集成技术

6.3.1 太阳能光热利用技术

1. 太阳能集热器

太阳能集热器是太阳能热利用系统中吸收太阳辐射并将转换的热能传递给传热介质的装置，是系统中的核心部件。太阳能集热器可作为热水系统、新风系统或地板供暖等系统的低温热源。

按照是否有真空空间，可将太阳能集热器划分为平板型太阳能集热器与真空管型太阳能集热器，如图 6-3-1 和图 6-3-2 所示。其中，真空管型太阳能集热器又分为全玻璃真空管型太阳能集热器、玻璃-金属结构真空管型和热管式真空管型太阳能集热器三类。

图 6-3-1　平板型太阳能集热器　　　　　图 6-3-2　真空管型太阳能集热器

按照不同传热介质，可将太阳能集热器划分为液态工质太阳能集热器与太阳能空气集热器两类。目前工程上使用的液态工质太阳能集热器多以平板型太阳能集热器、全玻璃真空管型太阳能集热器为主。太阳能空气集热器的总体结构与平板型太阳能集热器相类似。按照吸热芯体形式，太阳能空气集热器又分为两种类型：非渗透型及渗透型，如图 6-3-3及图 6-3-4 所示。

图 6-3-3　非渗透型

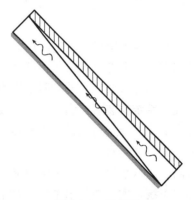

图 6-3-4　渗透型

太阳能集热器性能参数主要包括热性能、光学性能和力学性能，分别表征太阳能集热器收集太阳能并将其转换为有用热量的能力，以及集热器的承压能力、安全性和耐久性。太阳能集热器性能参数应符合《平板型太阳能集热器》GB/T 6424、《真空管型太阳能集热器》GB/T 17581、《太阳能集热器热性能试验方法》GB/T 4271、《太阳能空气集热器技术条件》GB/T 26976、《太阳能空气集热器热性能试验方法》GB/T 26977 等相关标准的要求。

2. 太阳能光热利用系统

按照太阳能建筑热利用的使用功能，可将太阳能光热利用技术分为三大应用范围：太阳能热水、太阳能供热供暖及太阳能供热制冷空调。太阳能热水只有单一的供热水功能，全年使用；太阳能供热供暖兼有供热水和供暖的功能，冬季供暖、其他季节供热水；太阳能供热制冷空调则有供热水、供暖和制冷空调三项功能，冬季供暖、夏季制冷空调、春秋季供热水。

通常，除太阳能热水系统可在全国各地全年使用外，公共机构利用太阳能供热供暖技术需技术经济分析，由于满足冬季供暖的太阳能集热器面积在夏季使用时相对过大，会影响系统的使用功能和工作寿命，则需要统筹规划、综合利用，做到尽可能地充分利用可再生能源，提高节能效益、并兼顾经济效益。而太阳能供热制冷空调技术，虽然全面体现出建筑上太阳能热利用技术的综合设计，但因其投资较高，统筹规划时更需要慎重考虑、酌情策划，需根据当地资源条件与气候条件合理选择。一般情况下，严寒、寒冷地区适宜太阳能供热供暖综合利用，夏热冬冷和夏热冬暖地区适宜供热制冷空调综合利用。

太阳能热利用系统的主要组成部分是太阳能集热系统，系统中太阳能集热器的设置是规划设计的关键。设置太阳能集热器的建筑，主要朝向宜朝南，或南偏东，南偏西 30°朝向；按照不同使用功能需求，太阳能集热器倾角宜选择在当地纬度-10°～+20°范围内布置。建筑间距除应满足所在地区日照间距的要求外，装有太阳能集热器的建筑应能满足不少于 4h 日照时数的要求，且不能降低相邻建筑的日照标准。即建筑体型及空间布局组合应与太阳能集热系统紧密结合，为充分接收太阳照射尽力创造条件。

新建公共机构建筑设计时，应做到与太阳能热利用系统设计同步进行，合理布局太阳能系统各个组成部分及其辅助设施的位置，与建筑规划及建筑设计有机结合，在满足功能需求的同时，使美观安全，节能效益与经济效益兼顾，实现太阳能与建筑一体化设计与建造。

在既有建筑上增设或改造应用太阳能热利用系统，必须经建筑结构复核，满足建筑结构及其相应的安全性要求，不得破坏建筑物的结构，影响其建筑物承受荷载的能力，也不得损害建筑的外形及室内外的附属设施，更不得破坏屋面和地面的防水构造。为确保系统的安全性，系统安装后应满足其避雷设计的要求。

在本节中，分别对三种太阳能热利用系统进行阐述。

（1）太阳能热水

太阳能热水系统是将太阳辐射能转变为热能，并将热量传递给工作介质从而获得热水的供热水系统。太阳能热水系统从功能上可划分为两个部分，一部分是太阳能集热系统，相当于常规生活热水系统的热源部分；另一部分是热水配水系统，形式与常规生活热水系统基本相同。太阳能热水系统由太阳能集热器、储热水箱、辅助热源、水泵、管道、控制系统和相关附件组成。

安装在公共机构建筑上的太阳能热水系统，根据不同的分类标准，主要可以分为以下几种形式。

1）按照太阳能集热与供热水范围可分为集中供热水系统、集中—分散系统。

集中供热水系统是指为几幢建筑、单幢建筑或多个用户供水的系统；集中—分散系统是采用集中的太阳能集热器和分散的储水箱供给单幢建筑或建筑物内某一局部单元或单个用户所需热水的系统；分散供热水系统是指为建筑物内某一局部单元或单个用户供热水的系统。

集中供热水系统的太阳能集热器、辅助热源等设备集中设置，便于集中维护管理，适用于建筑屋面可利用面积较大，热水配水点较为集中的学校、行政办公、医院等公共机构。

集中—分散系统中太阳能集热系统的太阳能集热器面积由系统所供应的全部用户共享，储水箱及辅助热源则分散设置在每个用户的户内。太阳能集热系统运行成本计入公摊物业费，管井内设置热水表，有效解决了热水的计量收费难题，适用于需要分户计量取费的公共机构中多层宿舍建筑。

2）按照太阳能集热系统运行方式可分为自然循环系统、直流式系统和强制循环系统。

自然循环系统是指太阳能集热系统仅利用传热工质内部的温度梯度产生的密度差进行循环的太阳能热水系统，也称热虹吸系统，在集中、集中—分散热水系统中基本不采用；直流式系统是指传热工质一次流过集热器系统加热后，进入储水箱或用热水处的非循环太阳能热水系统；强制循环系统是指利用机械设备等外部动力迫使传热工质通过集热器进行循环的太阳能热水系统。

3）按照太阳能集热系统加热方式分为直接式系统和间接式系统。

直接式系统是指在太阳集热器中直接加热水供给用户的系统；间接式系统是指在太阳集热器中加热某种传热工质，再利用该传热工质通过热交换器加热水供给用户的系统。由于热交换器阻力较大，间接式系统一般采用强制循环系统。考虑到用水卫生、减缓集热器结垢以及防冻因素，在投资允许的条件下，一般优先推荐采用间接式系统。

系统设计时，应综合考虑公共机构不同类型建筑的特点、使用需求及当地太阳能资源条件，对于有稳定热水需求的学校等大型公共机构优先采用集中式强制循环太阳能热水系统为建筑提供生活热水；对水质要求较低、无防冻需求时，太阳能集热循环系统推荐采用直接式系统，否则采用间接式系统；针对建筑体量较小的公共机构，推荐采用分散式供热水系统。

太阳能热水系统的设计、施工应符合《建筑给水排水设计规范》GB 50015、《民用建筑太阳能热水系统应用技术规范》GB 50364 及《建筑给水排水及采暖工程施工质量验收规范》GB 50242 的相关规定。

太阳能热水系统设计、施工技术措施可参见《民用建筑太阳能热水系统工程技术手册》、《太阳能热利用与建筑一体化》等技术手册及 15S128《太阳能集中热水系统选用与安装》、06K503《太阳能集热系统设计与安装》、11BS13《太阳能热水系统设计施工安装》相关图集。

（2）太阳能供热供暖

相对于单纯的太阳能热水系统而言，兼有冬季供暖功能的太阳能供热供暖技术系统形式较为复杂，设备较多，初投资及运行费用较高。近年来，太阳能供热供暖技术的应用和发展已有了很大进步，已成为我国继太阳能热水系统之后普及推广的又一项太阳能热利用技术。

太阳能供热供暖系统一般由太阳能集热系统、蓄热系统、末端供暖系统、自动控制系统和其他辅助加热/换热设备集合构成。

太阳能集热系统主要由太阳能集热器、循环管路、水泵或风机等动力设备和相关附件组成；蓄热系统主要包括贮热水箱、蓄热水池或卵石蓄热堆等蓄热装置和管路、热交换设备和相关附件；末端供热系统主要包括热媒配送管网、用热设备和相关附件；其他能源辅助加热/换热设备是指使用电、燃气等常规能源的锅炉和换热装置等设备。

太阳能供热供暖系统主要分为如下几种类型。

1）按照所使用的太阳能集热器类型分为液体工质太阳能集热器和空气集热器供热供暖系统。

液态工质集热器相对较成熟，可广泛应用于各类建筑中。太阳能空气集热器供热供暖系统以空气集热器作为主要集热元件，采用卵石床结合建筑围护结构作为蓄热构件，末端采用热风采暖系统为建筑供暖。系统一般仅用于供暖，不供应生活热水。该系统主要用于建筑物内需要局部热风采暖的部位，且不宜用于多层和高层建筑。

与液态工质供热供暖系统相比，以空气作为热媒的供热供暖系统的优点是系统不会出现漏水、冻结、过热等隐患，太阳得热可直接用于热风采暖，省去了利用水作为热媒必需的散热装置和换热装置；系统控制使用方便，可与建筑围护结构和被动式太阳能建筑技术很好结合，基本不需要维护保养，系统即使出现故障也不会带来太大的危害。在非采暖季，需要时通过改变进出风方式，不但不会产生过热，还可以强化建筑物室内通风，起到辅助降温的作用。此外，由于采用空气供暖，热媒温度不要求太高，对集热装置的要求也可以降低，可以对建筑围护结构进行相关改造使其成为集热部件，降低系统造价。

太阳能空气集热器供热供暖系统造价较便宜，系统更为简单可靠，适用于技术经济比较落后，太阳能资源相对丰富的地区。此外，该系统也可用于仅需白天供暖的学校、办公以及其他公共机构中。

2）按照蓄热装置蓄热能力的大小分为短期蓄热和跨季节蓄热太阳能供热采暖系统。

短期蓄热系统是指蓄热装置的蓄热能力仅供系统短期，一般不超过一周使用的系统，蓄热媒质范围较广，可有水、空气、相变材料等多种选择；跨季节蓄热系统是指蓄热装置的蓄热能力可供系统跨季节使用的系统，蓄热媒质一般为热容较大的水或相变材料。目前国内基本上是以短期蓄热系统为主，但国外已有部分跨季节蓄热太阳能供热供暖系统工程实践和十多年的工程应用经验，技术较成熟，太阳能可替代的常规能源量更大，可供我们借鉴。

太阳能的不稳定性决定了太阳能供热采暖系统必须设置相应的蓄热装置，具有一定的蓄热能力，从而保证系统稳定运行，并提高系统节能效益。应根据系统的投资规模和工程应用地区的气候特点选择蓄热系统，一般来说，气候干燥，阴、雨、雪天较少和冬季气温较高地区可用短期蓄热系统，选择蓄热能力较低和蓄热周期较短的蓄热设备；而冬季寒冷、夏季凉爽、不需设空调系统的地区，更适宜选择跨季节蓄热太阳能供热供暖系统，以利于系统全年的综合利用。夏热冬冷和温和地区的供暖需求不高，供暖负荷较小，短期蓄热即可满足要求；夏热冬冷地区的系统全年综合利用可以用夏季空调来解决，所以，在这两个气候区，不需要设置投资较高的跨季节蓄热系统。

3）按系统的运行方式分直接式和间接式太阳能供热供暖系统。

由于太阳能供热供暖系统的功能是兼有供暖和热水，一般根据卫生要求供暖和热水系统应分别运行，不能相互连通；太阳能集热系统与末端供热供暖系统之间也通常采用换热装置隔开，这种系统通常称之为间接式系统。考虑到我国是发展中国家，自然条件和技术经济发展不均衡，为降低系统造价，在气候相对温暖和软水质的地区，也可将太阳能集热系统与末端的生活热水系统连通，生活热水直接进入集热器中加热后供给用水点，供暖系统仍通过换热装置与集热系统隔开，这种系统称为直接式系统。

4）按供暖末端类型分为低温热水地板辐射供暖系统、水—空气处理设备、散热器和热风供暖系统。

太阳能集热器的工作温度越低，室外环境温度越高，其热效率越高。严寒地区冬季的室外温度较低，对集热器的实际工作热效率有较大影响，为提高系统效益，应使用低温热水地板辐射供暖系统，如因供水温度低，出现地板可铺面积不够的情况，可将地板辐射扩展为天棚辐射、墙面辐射等，以保证室内的设计温度；寒冷地区冬季的室外温度稍高，但对集热器的工作效率还是有影响，所以仍应采用低温供水采暖，选用地板辐射供暖系统或散热器均可，但应适当加大散热器面积以满足室温设计要求；而在夏热冬冷和温和地区，冬季的室外环境温度较高，对集热器的实际工作热效率影响不大，可以选用工作温度稍高的末端供暖系统、如散热器等，以降低投资；在夏热冬冷地区，夏季普遍有空调需求，系统的全年综合利用可以冬季供暖、夏季空调，冬夏季使用相同的水—空气处理设备，从而降低造价，提高系统的经济性。

通过上述介绍与分析，提出适合于公共机构推广应用的太阳能供热供暖系统。首先，由于液态工质集热器短期蓄热太阳能供热供暖系统实施时要求的技术经济水平相对较高，造价较贵，因此比较适宜在技术经济比较发达，对建筑室内热环境要求较高的发达地区公共机构推广使用。其次，对于建筑层数较低、经济条件较为落后的小型公共机构，如边远地区仅需白天供暖的学校、办公建筑宜优先使用太阳能空气集热短期蓄热供暖系统。

太阳能供热供暖系统的设计、施工应符合《民用建筑采暖通风与空气调节设计规范》GB 50736、《太阳能供热采暖工程技术规范》GB 50495 及《建筑给水排水及采暖工程施工质量验收规范》GB 50242 的相关规定。

太阳能供热供暖系统的设计、施工技术措施可参见《太阳能供热采暖工程应用技术手册》《太阳能热利用与建筑一体化》等技术手册及 06K503《太阳能集热系统设计与安装》等相关图集。

（3）太阳能制冷空调

在建筑中应用太阳能制冷空调系统的优势在于空调冷负荷越大的时候，太阳辐射越强烈，能源需求与供应呈现出良好的匹配性。与常规制冷空调系统相比，太阳能制冷空调系统具有无污染物排放、运行成本低、季节匹配性好、有利于缓解供电压力、维护方便等特点，但是太阳能能量密度低、不稳定以及系统经济性不佳使得太阳能制冷空调系统没有得到大规模的推广，仅在以科研课题支撑的示范项目中进行了应用。

太阳能制冷空调的实现主要有两种方式，一种是利用太阳能资源进行光电转换，再利用电驱动常规冷水机组制冷；另一种是利用太阳能资源进行光热转换，将产生的热能驱动热力制冷机组进行制冷。近年来，随着光伏产业的振兴与国家政策的大力支持，我国研究开发的光伏直驱变频离心机制冷技术开创了太阳能光伏空调的新纪元。但是，传统意义上的太阳能制冷空调技术泛指后者，即太阳能转化为热能驱动的制冷空调技术。

太阳能热驱动制冷空调技术是当下太阳能空调使用的最为普遍的模式，常见的形式主要有太阳能吸收式制冷、太阳能吸附式制冷、太阳能除湿空调及太阳能喷射式制冷等。太阳能吸收式制冷、吸附式制冷及太阳能喷射式制冷均是通过与太阳能集热系统联合使用，直接为建筑提供冷冻水；而太阳能除湿空调则是将干燥剂除湿与和蒸发冷却技术联合应用，直接进行建筑室内空气调节。其中，太阳能吸收式制冷技术在国内外应用的工程实例较多、相关产品与成套技术较为成熟。因此，本章节将重点介绍太阳能吸收式制冷技术。

太阳能吸收式制冷系统主要由太阳能集热器、储热水箱、辅助加热器、吸收式制冷机组和自动控制系统五个主要部分组成。其工作原理为：太阳能集热器采集的太阳能，加热水并存入储水箱，当热水温度达到一定值时，由储水箱向发生器提供热媒水，当太阳能不足以提供高温热媒水的话，可由辅助锅炉补充热量；用热水加热发生器中的溶液，使溶液中的水气化产生水蒸气，剩下含少量水的溶液进入吸收器；较高温的水蒸气进入冷凝器中，在冷却水的作用下液化成为低温高压的液体水，然后经节流阀到达蒸发器气化；气化吸热，蒸发器中的冷冻水的热量将被大量夺走，达到制冷的目的。同时，吸收器中高浓度的溶液，吸收蒸发器中出来的低温水蒸气，变回稀溶液。利用溶液泵，将稀溶液泵回发生器中，进行下一轮循环。如此反复，不断制冷。同时，在发生器和吸收器之间加入一台换热器，使从吸收器中泵回的低温低浓度溶液吸收从发生器中流出的高温高浓度溶液的热量，则循环回去的稀溶液温度升高，可节约加热溶液的热量，提高热效率。从发生器流出并已降温的热水流回储水箱，再由集热器加热成高温热水。图 6-3-5 为太阳能吸收式制冷原理图。

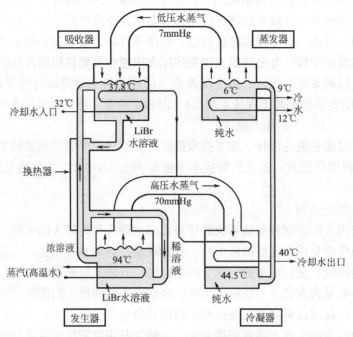

图 6-3-5　太阳能吸收式制冷原理图

太阳能吸收式制冷系统中应用广泛的工质对有溴化锂-水和氨-水，其中溴化锂-水以其COP高、对热源温度要求低、无毒和对环境友好等特点，占据了太阳能吸收式制冷研究和应用的主流地位。目前太阳能吸收式制冷中技术最成熟、应用最广泛是单效溴化锂吸收式制冷循环，其他结合方式还包括双效溴化锂吸收式制冷和两级溴化锂吸收式制冷及太阳能氨-水吸收式制冷系统。

太阳能单效溴化锂吸收式制冷系统主要由太阳能集热器和单效溴化锂吸收式制冷机组组成，驱动热源可采用表压力为 0.03～0.15MPa 的低压蒸汽或温度为 80℃ 以上的热水。适用于该系统的太阳能集热器类型有平板型太阳能集热器、真空管型太阳能集热器和复合抛物面聚焦型太阳能集热器，目前国内应用最多的形式为前两种。在冷却水温度为 30℃，制备 9℃ 冷冻水的情况下，制冷机热源温度在 80℃ 时，系统的 COP 值可达 0.7，在 85℃后即使再增加热源温度，制冷机的 COP 值也不会有明显的变化。在冷却水和冷冻水温度分别相同的条件下，当热源温度低于 65℃ 后，制冷机的 COP 会急剧下降。虽然太阳能单效溴化锂吸收式制冷系统的 COP 不高，但其可采用低温太阳能集热器，充分利用低品位能源，具有较好的节能性，因此太阳能单效溴化锂吸收式制冷空调系统在国内和国外都有较多的实际应用。

但是，太阳能吸收式制冷空调机组的投资比常规冷水机组高 10～16 倍，其经济性欠佳是制约该项技术大规模推广应用的关键因素，在利用该项技术之前，必须根据工程项目实际情况进行充分的经济性计算分析。因此，其应用仅在一些特殊条件下才具有可行性。

从建筑所处热工分区角度而言，太阳能制冷空调技术适宜在夏热冬暖地区应用，而不适用于空调期很短的严寒地区。从技术水平与发展角度而言，由于太阳能制冷空调机组小型化比较困难，制冷量低于 50kW 的小型制冷机的制造技术始终由日本、德国等发达国家掌握，因此该项技术主要应用于建筑体量较大的公共机构。从建筑特点与能源需求角度而言，太阳能空调制冷技术适宜在低层建筑中，主要以白天空调需求为主的办公、学校类公共机构中使用，对于高层建筑只能用于局部区域。为实现太阳能系统全年综合应用，降低常规能源使用量，同时提高系统运行经济性，太阳能制冷空调技术更适合于同时有供冷、供暖和生活热水需求的建筑中使用。特别地，对于全年需要空调制冷的数据中心、通信机房和一些商业建筑，利用太阳能制冷空调承担其全年稳定的空调冷负荷，将会产生较好的节能和经济效益。

太阳能制冷空调系统的设计方法与常规制冷空调系统差异较大，需要进行太阳辐照度变化和建筑空调冷负荷变化的逐时计算分析，因此其设计远比常规空调系统复杂。同时，由于太阳能资源的不稳定性，应用太阳能制冷空调系统时通常要联合设置蓄能设备、辅助热源或辅助冷源，因此需要进行综合的技术经济分析后再进一步确定。

太阳能制冷空调系统的设计、施工应符合《民用建筑采暖通风与空气调节设计规范》GB 50736、《民用建筑太阳能空调工程技术规范》GB 50787 及《通风与空调工程施工质量验收规范》GB 50243 的相关规定。

由于缺乏完善的设计手册、计算方法与设计软件，太阳能制冷空调系统的设计、施工技术措施可参见《太阳能供热采暖工程应用技术手册》《全国民用建筑工程设计技术措施暖通空调·动力》《太阳能热利用与建筑一体化》等技术手册及 06K503《太阳能集热系统设计与安装》等相关图集。

6.3.2 太阳能光电利用技术

太阳能光伏发电是一种不消耗矿物质能源、不污染环境，建设周期短、建设规模灵活，具有良好的社会效益和经济效益的新能源项目。组成太阳能光伏发电系统的核心构件是太阳能电池，因此本章节按照太阳能电池及太阳能光伏发电系统两部分分别进行介绍。

1. 太阳能电池

提高光伏材料的转换效率和降低太阳能电池的制造成本是光伏产业一直追求的两个目标。太阳能电池最重要的部分便是"光伏效应"的载体——半导体材料层，即用来产生电流的部分。有许多材料都可以用来做太阳能电池的半导体层，但是能产生有意义的能量转换效率的光伏材料并不多。目前全世界应用和研究的光伏材料主要包括单晶硅、多晶硅、砷化镓（GaAs）晶体材料以及非晶硅（a-Si）、碲化镉（CdTe）、铜铟硒（$CuInSe_2$，或缩写为 CIS）等薄膜材料。从太阳光吸收率、能量转换效率、制造技术的成熟与否以及制造成本等多个因素看，每种光伏材料各有其优缺点。

单体太阳能电池的输出电压、电流和功率都很小，一般来说，输出电压只有 0.5V 左右，输出功率只有 1~2W，不能满足作为电源应用的要求。为提高输出功率，需将多个单体电池合理地连接起来，并封装成组件。在需要更大功率的场合，则需要将多个组件连接成为方阵，以向负载提供更大的电流、电压输出。太阳能电池的单体、组件和方阵，如图 6-3-6 所示。

目前国内外使用最普遍的是单晶硅、多晶硅太阳能电池，而且国内的光伏组件生产也主要是以单晶硅、多晶硅太阳能电池为主，而其他类太阳电池市场由于技术和成本等多方面的原因尚未得到广泛的应用。晶体硅光伏组件技术成熟，且产品性能稳定，使用寿命

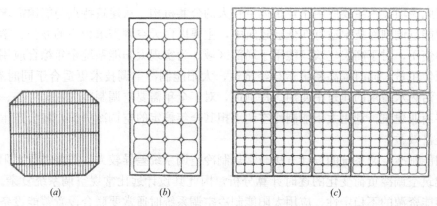

图 6-3-6　太阳能电池的单体、组件和方阵

(a) 单体；(b) 组件；(c) 方阵

长。目前大规模工业化生产的单晶硅电池光电转换效率在 19%～20%，高效单晶硅（HIT）可达到 23%～24%，而多晶硅电池的光电转换效率在 17%～18%，单晶硅电池片效率的提升空间大于多晶硅电池片。晶体硅电池组件故障率极低，运行维护最为简单。在开阔场地上使用晶体硅光伏组件安装简单方便，由于其转换效率高，单位容量占地面积少，可节约场地，比较适合在土地资源不宽裕的城市内及周边应用。单晶硅、多晶硅太阳能电池及组件如图 6-3-7 及图 6-3-8 所示。

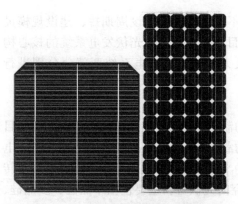

图 6-3-7　单晶硅太阳能电池及组件

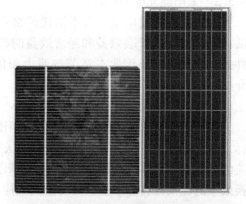

图 6-3-8　多晶硅太阳能电池及组件

2.太阳能光伏发电系统

太阳能光伏发电系统按照运行方式主要分为离网系统与并网系统两大类。其中，未与公共电网相连接的太阳能光伏发电系统称为离网系统（图 6-3-9）。离网系统需要有蓄电池作为储能装置，主要由太阳能电池方阵、蓄电池组，充电控制器和逆变器等组成；主要应用于远离公共电网的无电地区和一些特殊场所，如为公共电网难以覆盖的边远偏僻农村、牧区、海岛、高原、荒漠的农牧渔民提供照明等基本生活用电，为通信中继站、沿海与内河航标、输油输气管道阴极保护、气象台站、公路道班以及边防哨所等特殊场所提供电源。

离网系统最大的缺陷在于随着系统的运行和蓄电池寿命的到期，如不进行定期维护与更换，对作废的蓄电池回收和适当的处理，将会对当地的环境造成威胁。

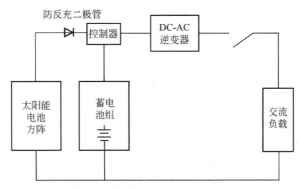

图 6-3-9　离网太阳能光伏发电系统框图

　　与公共电网相互连接的太阳能光伏发电系统称为并网系统，按照光伏系统是否向电网馈电，并网系统可分为逆流型与非逆流型两种。逆流型系统是光伏方阵所发电力除供给负载外，还可反馈给市政电网，对市政电网能够起到一定的调峰作用；在阴雨天或夜晚，负载可随时由市政电网供电。而非逆流型系统光伏方阵发电量有限，不会出现光伏系统向电网输电的情形，当发电量不够时需要联合电网一同给负载供电。逆流型与非逆流型发电系统框图如图 6-3-10 及图 6-3-11 所示。

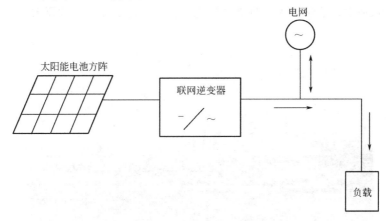

图 6-3-10　并网太阳能光伏发电系统框图（逆流型）

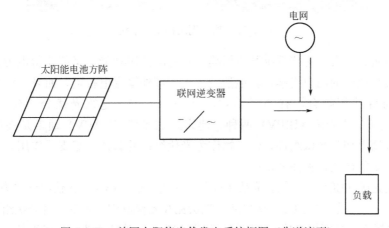

图 6-3-11　并网太阳能光伏发电系统框图（非逆流型）

并网系统无需配备蓄电池作为储能装置，这样不仅可以降低造价，也可免除维护和定期更换蓄电池的麻烦。并网系统是太阳能光伏发电进入大规模商业化发展阶段、成为电力工业组成部分之一的重要方向，是当今世界太阳能光伏发电技术发展的主流趋势。受到国家相继出台的政策激励，光伏电池与建筑相结合的并网太阳能光伏发电系统，发展迅速、前景诱人。

综上，离网系统与并网系统相比，由于必须配置蓄电池储能装置，因此整套系统造价较高；并且，离网系统使用时光伏方阵所发出的有效电能受到蓄电池荷电状态的限制，在蓄电池额定容量充满后，光伏方阵所发出的多余电力只能白白浪费，且蓄电池的自放电和充放电过程都要损耗部分电能，而并网系统随时可从市政电网中存取，可以充分利用光伏方阵所发电能，具有无可比拟的优势。

按照太阳能光伏阵列与建筑结合的具体方式，太阳能光伏发电系统主要有地面光伏系统、建筑光伏系统、光伏照明等形式。

（1）地面光伏系统可在部分非开放绿地、景观空地、观光道路两侧，以及限制性、不可作其他用途的空地上集中安装太阳能光伏发电系统，就近接入电网，作为分布式电源向城市提供电力。项目建设时应尽量采用独立支架或全钢结构基础取代传统的连片水泥基础，以减小对绿地的破坏，同时避免对绿地的完全遮挡（图 6-3-12）。光伏组件表面可直接采用绿化用水清洗，清洗污水同时浇灌绿地，符合绿色低碳环保的要求。

图 6-3-12　独立钢结构支架系统

（2）在建筑物上安装光伏系统既不影响建筑物的使用功能，又能获得电力供应；由于光伏系统安装在电网的用户终端，就地消纳，无须额外输变电投资，而且系统出力特性基本与用电负荷特性相吻合，有调峰功效，可一举多得。建筑光伏分为建筑附加光伏（BAPV）和建筑集成光伏（BIPV）两种。建筑附加光伏（BAPV）通常是在已有建筑物的屋顶或者外墙上加装光伏组件，建筑物作为光伏组件的载体，起支承作用，光伏系统本身并不作为建筑的构成，见图 6-3-13。

建筑集成光伏（BIPV）是指将光伏系统与建筑物集成一体化，光伏组件成为建筑结构不可分割的一部分，如光伏屋顶、光伏幕墙、光伏瓦和光伏遮阳装置等。将光伏组件用作建筑材料替代建筑屋面、外围护结构是太阳能光伏发电系统的独特优势，光伏组件不需要占用额

图 6-3-13　建筑附加光伏应用实例

外的建筑空间，既作为建材又能够发电，可以部分抵消光伏系统的高成本，现阶段虽然价格略高，但却是建筑光伏一体化技术在建筑中应用的最新发展方向，见图 6-3-14。

图 6-3-14　建筑集成光伏的应用实例

（3）太阳能光伏照明已成为室内外照明降低能耗的重要方式，主要应用在道路、庭院和公共机构建筑的地下空间以及景观照明等，见图 6-3-15、图 6-3-16。

对拟采用太阳能光伏发电系统的项目应进行可行性分析，并结合实时的电网用电价格和光伏发电电价补贴政策进行项目投资回收期估算。当项目投资回收期低于 15 年时，才推荐选用。对于冬季日照比较差和风力大的地区，采用光伏和风力混合发电，能够有效地减少电力系统对气候和环境的依赖，实现风光互补，从而达到更佳的发电效果。

在公共机构中应用太阳能光伏发电系统，优先考虑在热水需求量较小、业主性质单一，用电量较大的，经济水平较发达地区的建筑上安装并网太阳能光伏发电系统。系统直

图 6-3-15　太阳能庭院灯

图 6-3-16　太阳能景观照明

接接入用户侧电网，用户侧需求优先采用光伏系统满足，以市政电力作为补充。为做到光伏与建筑的完美结合，在建筑规划初期即应考虑光伏系统的设计，同时兼顾建筑的承重和美观，为装设光伏系统预留空间，实现太阳能光伏与建筑一体化（BIPV）。并网系统中的逆流型与非逆流型系统均可在各类公共机构中使用，具体选用时需要结合建筑用电特点和初投资进行判断。当建筑白天有用电需求且负荷全年连续，如行政办公类建筑，建议采用非逆流型系统。当建筑白天用电需求不稳定或全年不连续，如体育场馆等建议采用逆流型系统。

　　针对室外空地面积较大的公共机构，可在部分非开放绿地、景观空地上集中设置地面光伏系统，供公共机构内停车场及地下空间等使用。此外，建议安装太阳能路灯满足夜间路面照明要求，并依靠市政电力补充阴雨天气等日照提供电力不足时的负荷需求，保证城市街道照度及照明可靠性。

太阳能光伏发电系统的设计、施工应符合《低压配电设计规范》GB 50054、《民用建筑太阳能光伏系统应用技术规范》JGJ 203、《太阳能光伏照明装置总技术规范》GB 24460、《建筑用光伏构件通用技术要求》JG/T 492、《太阳能发电站支架基础技术规范》GB 51101、《建筑电气工程施工质量验收规范》GB 50303 的相关规定。太阳能光伏发电系统的设计、施工技术措施可参见 16J908-5《建筑太阳能光伏系统设计与安装》等相关图集。

6.3.3 热泵技术

与受季节和天气影响较大的太阳能集热技术相比，热泵具有稳定性较高的优势。不同于传统的供热制冷技术，热泵的冷热源为自然环境中的热能（土壤、空气和水）或余热。热泵具有可以把热能从低温"泵"到高温的特性，因此可以有效地利用分散于四周环境中的低温热能或低温余热，这部分低品位的能源是其他传统设备无法利用的。

热泵按照冷热源种类不同可以分为空气源热泵及地源热泵。热泵将水、土壤和空气中的热量作为冷热源，一个单位的输入电量可以获取三个单位以上的供热制冷量，机组 COP 较常规冷热源具有明显优势。

在我国，空气热能与地热能一样，通过热泵技术可以为建筑提供生活热水、冬季供暖等，但是按照我国可再生能源法的规定，一直没有将其纳入可再生能源范畴。而欧盟早在 2009 年发布的可再生能源指令（DIRECTIVE 2009/28/EC，Renewable Energy Source Directive）中，已明确将"空气热能"（Aerothermal）定义为"在环境空气中存在的能量"，与太阳能（Solar energy）、地热能（Geothermal）等并列，均属于可再生能源范围。

2015 年 11 月 25 日住房和城乡建设部科技发展促进中心正式发布了《空气热能纳入可再生能源范畴的指导手册》。北京、浙江、江苏、福建、山东等地也陆续出台了鼓励空气源热泵技术推广应用的利好政策，明确将空气源热泵技术用于热水及供暖使用的空气能纳入可再生能源范畴。空气源热泵技术的推广应用拓宽了我国可再生能源应用的范围，有力提升了我国的可再生能源利用率；实现了对燃煤等常规供热能源形式的替代，有效地降低了能源消耗、减少了大气污染。

1.空气源热泵技术

空气源热泵是把空气作为系统的低位热源，通过逆卡诺循环，消耗少量的电能，将空气中大量的低温热能转变为高温热能的节能、高效、环保的技术，是解决建筑供暖空调、热水供应的有效途径。

空气源热泵供暖技术作为"煤改电"的重要技术形式之一，具有效率高、易操作、使用灵活等特点，在我国中小型建筑中有着广泛的应用。但是在夜间或极端情况下，空气源热泵系统不但无法满足建筑热负荷的需求，而且系统自身也无法保证安全稳定的运行。首先，当空气源热泵应用于寒冷地区时，随着室外环境温度的降低，制冷剂质量流量下降，供热量急剧降低，机组制热性能系数大幅度衰减，当达到一定范围内的温度和湿度时，蒸发器表面就会结霜，影响系统安全运行；其次，环境温度降低时，压缩机排气温度随着压缩比的升高而急剧升高，在过热状态下运行将导致压缩机寿命缩短，长期运行必然会严重损坏压缩机。

为了改善空气源热泵机组的低温性能，在机组设计方面，国内外学者提出了双级压缩热泵循环系统、补气增焓热泵系统、复叠式空气源热泵系统等多种形式；在除霜技术方面，提出了逆循环除霜、电热除霜、热气旁通和蓄热除霜等多种方式。上述研究在实验室测试中取得了不错的运行效果，也已经有了在我国寒冷地区应用的不少案例。

以北京为例，为重点解决农村地区供暖清洁化问题，北京市政府纷纷开展了"煤改电"工作，低温空气源热泵供暖技术成为了主推的技术类型之一。2016年，受中国节能协会委托，由中国建筑科学研究院作为技术支撑单位，对北京市农村地区空气源热泵典型项目进行了整个供暖季的监测，以检验空气源热泵供暖实际使用效果。监测结果表明，使用该项技术后，居民冬季室内热环境得到了有效的改善，技术可行性得到了验证；15个监测项目中供暖系统季节制热性能系数大于2.0的超过了半数以上，节能效果比较可观。但是，仍然存在一些较为突出的问题，比如末端设备形式与机组不相匹配降低了系统能效性能，机组容量选型过大导致系统运行期间大马拉小车等问题。虽然已经取得了一定的工作成效，但是空气源热泵技术在寒冷地区的应用呈现的问题应引以为戒，在充分总结已有的经验教训基础上，不断拓展该项技术在其他类建筑，以及其他热工分区的应用。

针对缺水、干旱地区的中小型公共机构，由于采用地表水或地下水存在一定的困难，因此适宜推广应用空气源或土壤源热泵技术。空气源热泵技术与土壤源热泵技术相比，具有占用空间少、安装位置灵活等优势，在中小型公共机构中推广适宜性更佳。

此外，从热工分区角度分析可知，空气源热泵技术比较适合于不具备集中热源的夏热冬冷地区使用，而对于冬季寒冷、潮湿的地区使用时必须考虑该项技术的经济性与可靠性。若室外温度过低会降低机组制热量；同时若室外空气过于潮湿使得融霜时间过长，同样会降低有效制热量。因此，当空气源热泵供暖系统制热性能系数过低，与常规能源系统相比失去节能优势时，则不宜采用。随着技术的进步与发展，通过改善空气源热泵的低温适应性，着力解决室外换热器的融霜问题，提高机组在恶劣环境下的制热性能，相信该项技术在严寒、寒冷地区能够得到更为广泛的应用空间。特别地，对于需要同时供冷、供暖的公共机构，宜优先选用热回收式空气源热泵机组。

为了更好地推广和应用空气源热泵在我国寒冷地区的使用，除了在机组内部进行优化设计外，还应着眼于包括机组、输配系统、末端等在内的整个空气源热泵系统的优化设计。从热力循环的角度分析可知，提高蒸发温度、降低冷凝温度可以提高机组性能。因此，与空气源热泵机组匹配的末端形式，风机盘管、低温地板辐射供暖等方式优于散热器供暖。此外，末端选用时也应综合考虑建筑热惯性、空间高度等因素，选择合理的形式。

空气源热泵系统应用于供暖及生活热水供应时，系统设计、施工应符合《民用建筑采暖通风与空气调节设计规范》GB 50736、《建筑给水排水设计规范》GB 50015及《建筑给水排水及采暖工程施工质量验收规范》GB 50242的相关规定。

空气源热泵机组的产品性能应符合《商业或工业用及类似用途的热泵热水机》GB/T 21362、《蒸气压缩循环冷水（热泵）机组第1部分：工业或商业用及类似用途的冷水（热泵）机组》GB/T 18430.1、《低环境温度空气源热泵（冷水）机组第1部分：工业或商业用及类似用途的热泵（冷水）机组》GB/T 25127.1及《低环境温度空气源多联式热泵（空调）机组》GB/T 25857等相关标准的规定。

2.地源热泵技术

浅层地热能是存在于地下隐蔽地质体中的一种无形自然资源，是指蕴藏在地表以下一定深度（一般小于 200m）范围内岩土层、地下水和地表水中具有开发利用价值的一般低于 25℃的热能，它是深层地热能与太阳能共同作用的产物。浅层地热能不受特殊地质构造的限制，分布广泛，储量巨大。

浅层地热能利用时通过地源热泵提升可实现就地提取或释放热量，是实现供热、制冷的高效节能技术。冬季，浅层地热能的热量被提取出来，通过热泵提升温度后，给室内供暖。夏季，通过制冷循环将室内的热量取出来，释放到地下，同时对建筑物进行供冷。浅层地热能应用时地质条件是开发利用的重要前提条件，因此需要采取专门的勘察方法对其进行资源量的估算和开发适宜性的评估。

我国近年来浅层地热能开发迅速，但是由于浅层地热能资源调查、评价滞后，技术标准和开发利用技术薄弱，仍然存在开发利用地区发展不平衡的问题。2011 年，中国地质调查局浅层地温能开发与推广中心部署了 29 个省会城市浅层地温能勘测评价项目，作为"十二五"期间的重点项目启动了地热能调查与开发利用工作，该项工作为推广实施地源热泵工程提供了基础资料，降低了工程应用风险。

2017 年 1 月，由国家发改委、国土资源部及国家能源局共同编制的《地热能开发利用"十三五"规划》发布。规划明确了"十三五"地热能开发的七项重点任务，其中之一便是大力推广浅层地热能利用；在重大项目布局上，在沿长江经济带地区，以重庆、上海、苏南地区城市群、武汉及周边城市群、贵阳市、银川市、梧州市、佛山市三水区为重点，整体推进浅层地热能供暖（制冷）项目建设，实现"十三五"时期新增地热能供暖（制冷）面积 11 亿 m²，累计达到 16 亿 m²。由此可见我国在大力发展浅层地热利用的坚定决心。

我国浅层地热能利用时间相对较晚，最近几年发展比较快，到目前为止浅层地热建筑应用项目已经涵盖了三大基本利用方式，包括地下水地源热泵系统、地埋管地源热泵系统及地表水地源热泵系统。

（1）地下水地源热泵系统

地下水在冬季作为地源热泵的热源，在夏季作为冷源，能量可以实现往而复始的循环利用。由于地层的隔热作用，其温度随季节气温变化很小，深井水的水温基本常年不变，对热泵的运行十分有利。地下水地源热泵系统通常分为开式和闭式两种。开式系统是将地下水直接供应到热泵机组中进行换热；闭式系统是地下水不直接进入热泵机组，而通过换热器使地下水与机组循环水换热。开式系统可能导致腐蚀发生，一般不建议采用，除非地下水质特别适合，不会发生腐蚀风险时，才可以采用。闭式系统简单易行，综合造价适宜，水井占地面积小，适合大面积建筑物的供暖空调需求。

由于地下水地源热泵系统应用时，要求地下水丰富、稳定，而且系统运行时回灌困难，并且可能导致地下水层的污染，应谨慎采用地下水地源热泵系统，确保抽取的地下水全部回灌而且不被污染。

（2）地埋管地源热泵系统

地埋管地源热泵系统也称为土壤源地源热泵系统，它的冷热源是水平安装在地沟中或以 U 型管状垂直安装在竖井中的土壤耦合地热交换器。土壤源地源热泵系统是利用地下岩土中热量的闭路循环的地源热泵系统，它通过换热工质在封闭的地下埋管中流动，实现系统与大地之间的换热。

土壤源地源热泵系统不受地下水量的影响，不会破坏地下水层和污染地下水，应大力提倡和利用。但是地埋管热泵系统的地埋管需要占用一定的地表面积，在一些地方应用受限。土壤源地源热泵系统的埋地换热器受土壤性质影响较大，在系统连续运行时，热泵机组的冷凝温度或蒸发温度受土壤温度变化的影响而发生波动，导致热泵机组的运行工况发生波动。所以，在设计该系统时要考虑系统的冷热平衡，保证地下土壤温度的波动在所允许的范围内。

（3）地表水地源热泵系统

地表水地源热泵系统是以城市污水、消防池水、游泳水、水库水、地表河流水、地热尾水、电厂余热水、采油余热水等作为冷热源，应用热泵机组与建筑物内进行热量交换的系统。通过水源热泵机组将地表水中难以直接利用的低品位热能提取出来，为建筑供热，具有较好的经济、社会和环境效益。特别是冬季的城市污水温度高于室外温度，夏季污水温度低于室外温度，更适宜地表水地源热泵的运行。

综上，由于地下水地源热泵系统开发应用时具有破坏地下水资源的风险，地表水地源热泵系统应用时受到资源条件的约束性较强，因此在公共机构中应以推广应用地埋管地源热泵系统为主，并解决好地下土壤热平衡和地埋管打孔场地问题。

夏热冬冷地区以及干旱缺水地区的中小型公共机构宜采用空气源热泵或地埋管地源热泵系统供冷、供热。与空气源热泵系统相比，地埋管地源热泵系统以浅层地热能作为热源，受环境温度变化影响小，其性能更加稳定，具体应用时，应结合初投资、场地条件、技术适宜性进行综合衡量后决定。

地源热泵系统的设计应符合《民用建筑采暖通风与空气调节设计规范》GB 50736、《地源热泵系统工程技术规范》GB 50366 的相关规定，详细技术措施可参见 06R115《地源热泵冷热源机房设计与施工》图集。其中，涉及生活热水供应部分内容的，还应符合《建筑给水排水涉及规范》GB 50015 的规定。

水源热泵机组的产品性能应符合《水源热泵机组》GB/T 19409 等相关标准的规定，且应满足地源热泵系统运行参数的要求。水源热泵机组及建筑物内系统安装应符合《制冷设备、空气分离设备安装工程施工及验收规范》GB 50274 及《通风与空调工程施工质量验收规范》GB 50243 的规定。

3. 太阳能与热泵复合技术

在严寒、寒冷地区应用可再生能源供冷供暖时，由于所处的热工分区气候条件限制，以及每种技术使用的局限性，单独利用太阳能或者空气源热泵、地源热泵技术难以发挥其具有的优势，同时也会导致一些问题。

比如，严寒及寒冷地区建筑冬季热负荷较大，太阳能资源本身具有间歇性和不稳定性，单纯用太阳能进行供暖难以保证冬季供暖需求，同时还要配置辅助热源及蓄热装置，势必导致初投资高，经济性差。而单独利用空气源热泵系统为建筑提供供暖热源时，由于机组在低环境温度下制热性能衰减，会导致供暖可靠性差，对于严寒、寒冷地区冬季供暖的刚性需求而言，严重阻碍了该项技术的推广应用。针对地源热泵系统，由于严寒及寒冷地区的建筑热负荷远大于冷负荷，如不合理配置辅助热源，系统长期运行将导致土壤温度逐年下降，最终导致机组效率降低。虽然系统配置的辅助热源与地源热泵联合工作，提高了机组工作的稳定性，但却降低了系统经济性与节能性。

基于上述问题的分析，太阳能与空气源热泵复合系统、太阳能与地源热泵复合系统的应用能够实现多种可再生能源在建筑中的综合应用，是实现优势互补的有效措施。但是，这些技术的综合应用在我国的工程实践较少。因此，在利用可再生能源解决建筑供能需求时，应本着因地制宜的原则，充分利用多种可再生能源协同工作，建立多源互补的能源利用体系，在推广应用时对其进行充分的研究与论证，在经济可行的前提下，提高系统的节能潜力。

(1) 太阳能—空气源热泵技术

太阳能—空气源复合热泵是将空气源热泵与太阳能集热系统结合起来，取长补短。利用太阳能热量，可有效改善室外低温工况下空气源热泵的制热性能，缓解室外机结霜等问题，其典型系统组成如图 6-3-17 所示，系统包括太阳能集热器、太阳能热水侧辅助换热器、蒸发器、冷凝器和压缩机等，系统可应用单独一种能源运行模式：太阳能或空气源热泵，也可双热源联合运行。在室外温度较低时，太阳能集热器吸收太阳能热量制备热水，通过辅助换热器与空气源热泵制冷剂进行热量交换，以达到辅助换热的目的。

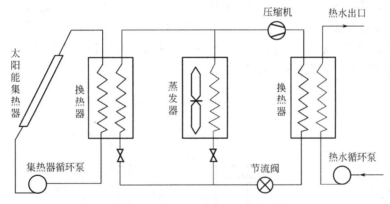

图 6-3-17 典型太阳能—空气源复合热泵系统组成

太阳能热水直接提供供暖热水或生活热水；在阴雨天气阳光不足时，可为热泵提供低温热源联合供热。系统运行稳定性强，且较为经济，但是系统结构复杂，初投资大。太阳能热泵可根据空气源热泵蒸发器和太阳能集热器的连接方式，太阳能热泵系统划分为直接膨胀式、混合连接系统和并联系统三种。

1) 直接膨胀式

在直接膨胀式太阳能热泵（DX—SAHP）热水系统中，集热器大多为平板式，太阳能集热器内直接充入制冷剂，太阳能集热器和空气源热泵的蒸发器一体化，太阳能集热器也可作为空气源热泵蒸发器来使用，如图 6-3-18 所示。夜间与阴雨天，集热蒸发器与环境中空气自然对流吸收热量，即相当于热泵蒸发器；晴天，制冷剂因吸收太阳辐射热于集热蒸发器部件中蒸发。DX—SAHP 系统因性能良好且结构简单逐渐成为学者们广泛研究的对象，并在实际项目中也得到了应用。

2) 并联式

并联式系统又称空气源热泵辅助太阳能热水系统、太阳能空气源热泵热水系统，如图

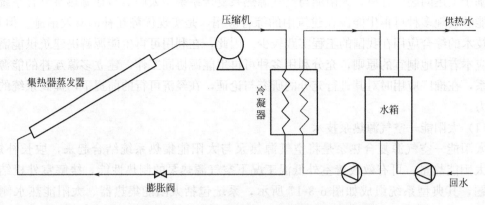

图 6-3-18 直接膨胀式太阳能—地源热泵复合系统

6-3-19 所示。该系统由传统的空气源热泵与太阳能集热器并联而成,它们各自独立运行、互为辅助,集热器收集的太阳辐射作为太阳能热水系统的热源,环境空气则作为热泵的热源。若太阳能辐射照度大,则仅太阳能热水系统工作,反之,则仅热泵系统工作或者同时运行两系统,其本质为用空气源热泵来代替传统燃气辅助加热器、电辅助加热等热源。并联式的两套系统互相独立,在现有系统的基础上变动不大,当太阳能的辐射照度较大时,能够有效地利用太阳能来加热冷水,可最大程度减少高品位热源的使用。并联式系统在大中型的热水工程中得到广泛运用。

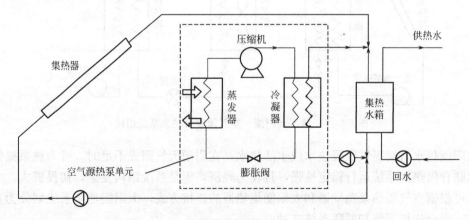

图 6-3-19 并联式太阳能复合热水热水系统

3)混联式

混联式系统又叫双热源式太阳能热泵(SA-DSHP)热水系统,该系统中设两个蒸发器,一个以环境空气为热源,另外一个以蓄热水箱中的水为热源,如图 6-3-20 所示。按照室外环境不同,该系统有以下三种运行模式:①日照充足时,只运行太阳能热水系统即可满足用户需求;②日照很小时,蓄热水箱中水温非常低,空气源蒸发器吸收环境中的空气能,运行空气源热泵热水系统模式;③当日照介于二者之间时,水源蒸发器以蓄热水箱中由太阳能加热的水作为热源运行水源热泵热水系统模式。混联式系统因结构复杂,初投资大,目前在实际工程中运用不多。

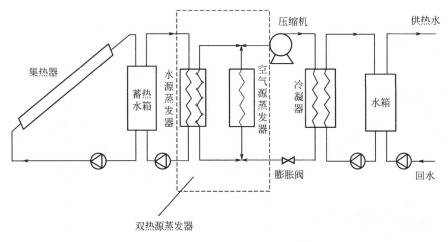

图 6-3-20 混联式太阳能—地源热泵热水系统

（2）太阳能土壤跨季节蓄热与地源热泵组合系统

为了解决太阳能供暖系统的不稳定性和地源热泵系统单独应用时所存在的缺陷，应将这两种能源联合使用，互相弥补自身的不足，提高资源利用率。跨季节蓄热太阳能—地源复合热泵系统具有以下优点：

1）采用太阳能集热器蓄热时，热泵机组的蒸发温度提高，使得热泵压缩机的耗电量减少，节省运行费用。

2）夏季太阳能的热量储存到地埋管换热器中，供冬季利用，实现跨季节蓄热。

3）在系统设计时，由于跨季节蓄热太阳能—地源复合热泵系统的地埋管换热器出水温度升高，可以减少地下换热器的装机容量，缩减地源热泵的初投资。

将太阳能组合系统大型化，利用挖掘水池、地下含水层或埋管以及相变蓄热等技术，实现太阳能跨季节蓄能，使夏季较富裕的太阳能储存起来供冬季时使用，这也是太阳能组合系统在我国发展的可行之路，是太阳能组合系统的一条发展途径。用土壤储热的太阳能长期储热系统，具有储热能力大、热损失较小的优点，它可以将太阳能集热器所获得的热量储存在土壤中，为建筑提供全年的生活用热水。经济分析表明，这种系统目前可与电加热系统相竞争，而在发展中国家，则可与用常规燃料供暖的系统相竞争。土壤储热太阳能供暖系统的年度成本仅为电加热系统的 1/3 左右，为常规太阳能供暖系统的 2/3 左右，以下为几种常见的太阳能—地源热泵系统介绍：

1）太阳能土壤跨季节蓄热—地源热泵

太阳能土壤跨季节蓄热—地源热泵组合（SGCHPSS）系统主要包括四套系统：太阳能集热系统、地下埋管换热系统、水源热泵循环系统及室内空调末端系统。与常规热泵不同，该热泵系统的低位热源由太阳能集热系统与埋地盘管系统共同或交替提供，根据日照条件和热负荷变化可采用多种不同运行流程，例如太阳能直接供暖、太阳能热泵供暖、太阳能—土壤源热泵联合（串联或并联）供暖、地源热泵单独供暖及太阳能集热器集热土壤蓄热的运行流程等，每一流程中太阳能集热器和土壤热交换器运行工况分配与组合不同，流程的切换可通过阀门的开与关来实现，见图 6-3-21。

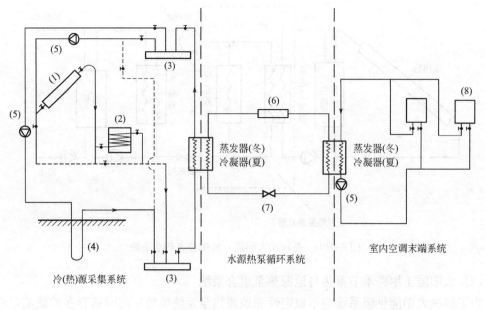

(1) 太阳能集热器　(2) 蓄热水箱　(3) 集、分水器　(4) 埋地换热器
(5) 循环水泵　(6) 压缩机　(7) 节流阀　(8) 风机盘管

图 6-3-21　太阳能土壤跨季节蓄热—地源热泵组合系统 SGCHPSS 原理图

2）太阳能—地埋管地源热泵系统

在北方寒冷地区，由于冬季供热量大于夏季供冷量，将导致地埋管地源热泵对土壤的取热量大于对土壤的放热量。若地埋管地源热泵长期运行，易使得地埋管换热器周围土壤温度逐年下降，引起土壤热失衡，地埋管地源热泵性能逐年下降。将太阳能热水系统与地埋管地源热泵系统联合应用，可形成优势互补。

联合系统流程见图 6-3-22，温度测点 T1、T3、T7 用于控制联合系统的运行模式，其他温度测点用于日常运行情况监控。联合系统主要由太阳能热水系统、地埋管换热器、热泵机组组成，通过温度监测与阀门控制，联合系统可实现供冷、供热、提供生活热水等功能。生活热水的制备方法为，蓄热水箱内热水经循环泵 S4 进入换热器，与自来水换热后回到蓄热水箱。升温后的自来水进入电热水器，若温度符合设定要求，直接供给用户使用；若不符合要求，电热水器开启加热，满足用户要求。

6.3.4　能源回收利用技术

1.热蒸汽回用

蒸汽作为一种热能载体在大中型医院内被广泛应用于制剂、消毒、餐饮、供暖、饮用及沐浴用水等领域中。蒸汽凝结水中含有大量的热量，如果予以回收利用，不仅节约能源，还可降低热水供应系统的运行费用。

医院蒸汽凝结水的温度一般高达 90℃，如果就地排放的话，不仅造成热能和水资源的浪费，而且还需要对高温凝结水作降温处理，同时医院病房、手术室、洗衣房、食堂等场所需要大量热水，因此可以将蒸汽凝结水回收利用，作为医院生活用热水的热源，以降低生活热水的能源消耗。

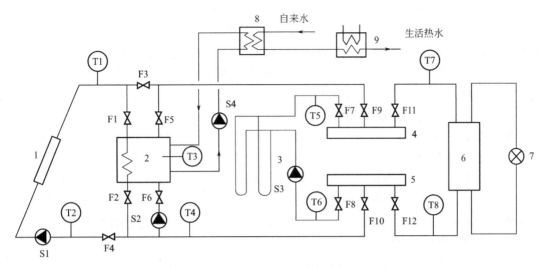

图 6-3-22　太阳能—地埋管地源热泵系统

所以，对于蒸汽完全自给自足的大型医院来说，对蒸汽使用过程中产生的冷凝水回收利用是十分必要的。一般来说，冷凝水回收系统可分为开式和闭式两大类。

（1）开式回收系统

开式回收系统是指把冷凝水回收到锅炉的给水罐中，在冷凝水的回收和利用过程中，回收管路的一端向大气敞开，通常是冷凝水的集水箱敞开于大气中。当冷凝水的压力较低，靠自压不能到达再利用时，可利用泵对冷凝水进行加压输送。系统的优点是设备简单、操作方便、初始投资小。但是，系统所得的经济效益差，且由于冷凝水直接与大气接触，冷凝水中的溶氧浓度提高，易产生设备腐蚀。该系统适用于小型医院的蒸汽供应系统，冷凝水量较小．二次蒸汽量较少的系统。该系统被采用时，应尽量减少冒汽量，从而减少热污染、水质和热能损失。

（2）闭式回收系统

闭式回收系统是指冷凝水集水箱以及所有管路都处于恒定的正压下。系统是封闭的。系统中冷凝水所具有的能量大部分通过一定的回收设备直接回收到锅炉或集水箱里。冷凝水的回收温度仅丧失在管网降温部分，由于封闭，水质有保证，减少了回收进锅炉或集水箱的水处理费用。其优点是冷凝水回收的经济效益好，设备的工作寿命长。但是系统的初始投资大，操作不方便。同时，作为一项完整的系统工程，冷凝水闭式回收系统不仅需要有解决水击、泵汽蚀、高低压共网、水质保证等问题的专有回收设备，还需要锅炉、换热设备、疏通装置、收集装置、管网、水处理装置、控制系统等各环节的有效配合，才能最大限度地发挥系统的效率和优势。

通常情况下，如若冷凝水回收装置设计选用合理。那么 1t 蒸汽产生的冷凝水，至少可回收 0.85t，其回收利用率不低于 85%。

2.数据机房能源回用

随着信息技术及全球化业务的迅速发展，互联网数据中心机房的建设与需求越来越多，同时，高功率密度计算机、服务器的不断推出，也对空调制冷技术提出了新的挑战。据统计，在机房巨大的能耗组成当中，空调占据了 40% 以上，是能耗的"主力军"，并且，随着大型数据中心高密度服务器与低密度混合模式的出现，由于服务器的密度不均衡，因而产生的热量也不均衡，传统数据中心的平均制冷方法已经很难满足需求。从目前国内外的调查数据看，目前，85%以上的数据中心存在过度制冷问题，供电量只有1/3用在IT设备上，制冷则占到总供电量的2/3。因此，降低能耗、提高制冷效率是大型数据中心建设的关键所在。目前，机房空调常用节能技术如下：

（1）室外冷空气作冷源

在冬季及室外焓值低于室内焓值的过渡季节，引入室外新风作为冷源对机房环境温度进行降温处理，是降低机房空调设备运行能耗的一种有效措施。

直接利用室外新风是通过引入室外冷空气对数据机房进行冷却，并与空调设备进行联动，从而有效降低机房空调的运行时间，降低机房电能消耗。间接利用室外新风是通过间接换热的方式提取室外空气的冷量，换热效率较前一方式要低，因此适用于小型机房。

（2）水冷式空调制冷机系统

目前数据机房的空调制冷机大多数是风冷式。这种方式受室外气象条件影响很大，冷凝温度在夏季可高达50℃，波动较大。而采用水冷式一般在40℃左右，冷凝温度相对稳定。

（3）集中空调制冷技术

目前机房中使用较多的风冷或水冷冷却式机房空调，属于分散式空调，由于每台空调所负担的冷负荷小，只能采用性能系数比较低的涡旋式或活塞式压缩机，空调能耗高。采用集中空调后，对于北方地区，冬季还可以直接利用冷却塔排出机房热量，减少制冷机的运行时间，进一步节能。因此大、中型机房采用集中空调，可以降低空调能耗。

（4）空调自适应技术

空调自适应系统将所有的可控设备通过网络连接到中央监控中心，通过在空间内、空调设备内、管道内安放的各种感测元件，掌握运行中的各种数据。然后依据科学的控制策略作出判断，并对各部件进行控制操作，使各部件协作一致，进而达到更好的节能效果。

第7章　建筑节水节材优化设计与集成技术

7.1　水资源利用优化设计与集成技术

7.1.1　节水优化技术

1.雨水回收利用

雨水作为一种自然资源，污染轻，水中有机物较少，溶解氧接近饱和，钙含量低，总硬度小。经简单处理后可用于生活杂用水、工业用水，要比回用生活废水更便宜，水质更可靠，细菌和病毒的感染率低，收集并利用来自屋顶或其他集水区域的雨水是利用自然资源的有效方法。

设计雨水收集与利用系统应结合现场条件和用水要求确定最佳方案，回用水质必须达到国家有关回用水水质标准。雨水收集利用系统主要有屋面雨水收集利用系统和屋面花园收集利用系统两类。屋面雨水收集利用系统主要以屋顶作集雨面，雨水回用于非饮用水，如浇灌、洗衣、冷却循环、消防等杂用水。屋面花园收集利用系统是一种削减暴雨流量、控制非点源污染、减轻城市热岛效应、调节建筑物温度和美化城市环境的新雨水利用技术。

（1）屋面雨水收集利用系统

屋面雨水收集利用系统可以设置成单体建筑分散式系统，也可以设置为建筑群集中系统。由雨水汇集区、输水管系、截污装置、储存、净化系统和配水系统等几部分组成。典型的雨水收集与回用的工艺流程见图7-1-1。

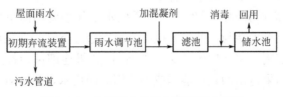

图 7-1-1　典型雨水收集与利用工艺流程

（2）屋面花园收集利用系统

屋面花园收集利用系统既可作为一种单独系统，也可作为雨水集蓄利用的一个预处理措施，可用于平屋顶和坡屋顶。绿化屋顶各构造层次自上而下一般可分为七层：植被层、隔离过滤层、排水层、耐根系穿刺防水层、卷材或涂膜防水层、找平层和找坡层。

一般情况下，屋顶花园要求提供 $500kg/m^2$ 以上的外加荷载能力，屋顶草坪要求 $150\sim200kg/m^2$。同时在具体设计中，除考虑屋面净荷载外，还应考虑非固定设施、人员数量流动、外加自然力等因素。为了减轻荷载，应将亭、廊、花坛、水池、假山等重量较大的景点设计在承重结构或跨度较小的位置上，同时尽量选择人造土、泥炭土、腐殖土等轻型栽培基质。

屋面花园防水要比一般建筑防水要求高一级，起码是二级防水，两层柔性防水层。隔离过滤层在种植层和排水层之间，采用无纺布或玻纤毡，可以透水，又能阻止泥土流失。隔离过滤层下部为排水层，排水层可采用专用的、留有足够空隙并有一定承载能力的塑料排水板、橡胶排水板或粒径为 20~40mm，厚度 80mm 以上的鹅卵石组成。耐根系穿刺防水层起隔断根系以防破坏防水层作用，通常采用铝合金卷材、HDPE 或 LDPE 土工膜、PVC 等材料。卷材或涂膜防水层是在耐根系穿刺防水层下部再铺设 1~2 道具有耐水、耐腐蚀、耐霉烂和对基层伸缩或开裂变形适应性强的卷材或防水涂料等的柔性防水层。找平层是用水泥砂浆等找平以便在其上铺设柔性防水层。找坡层则是便于迅速排除种植屋面的积水而设，坡度宜为 1%~3%。

这种系统对建筑物本身有很多优点：夏天防晒，改善屋顶隔热性能；冬天保温；种植层的覆盖还可以延长防水层寿命；降低屋面雨水径流系数（据研究可以把屋面径流系数降低到 0.3）；还可以作为室外休闲活动场所。采用此系统作为屋面雨水收集回用系统的预处理系统，还可以节省初期雨水弃流设备，增加了雨水的可利用量。

2. 中水利用

（1）回用水水质

回用水水质标准因用水对象不同而不同，中水用作冲厕、绿化、洗车、道路浇洒等，其水质应符合《城市污水再生利用城市杂用水水质》GB/T 18920 的规定；中水用于景观用水，其水质应符合《城市污水再生景观环境用水水质》GB/T 18921 的规定；中水用于空调系统冷却水等用途时，其水质应达到使用要求的水质标准；当中水满足多种用途时，其水质应满足最高水质标准。对于回用水水质标准需要注意以下两点：

1）水质标准对建筑物中水的利用具有双重的影响。一方面，不同用水项目要符合不同水质标准；另一方面，如果规定了相应的水质标准，就相应地限制了用水项目。在实际应用过程中，针对不同用途的水质标准实施不同的处理工艺是不现实的，如果扩大回用水的使用范围，必须实行一个统一的水质标准。

2）不能追求便宜而放弃对水质保证。低质供水不代表使用简单便宜的处理工艺，因为低质水进入建筑内也有可能与人的皮肤接触，或者通过空气与人接触，如果对水中的细菌、病毒指标不严格控制，将会导致传染病的流行.如果连细菌指标这种最容易控制的水质指标都不予以控制结果造出的是不能用或不适用的回用水，只会对建筑物造成污染。

（2）回用水水量

建筑物各种用水量及总用水量的比例是确定回用水量的重要依据，设计时应根据实测资料确定，无实测资料时，可参照《建筑中水设计规范》GB 50336—2002 中各类建筑物的分项给水百分率计算得到。分析回用水水量时需要注意几点：

1）单体建筑物内部有许多用水项，在《建筑中水设计规范》GB 50336—2002 中将建筑物的用水项划分为冲厕、厨房、沐浴、盥洗和洗衣五类。实际上，根据用水点位置和服务功能的不同，用水项应被进一步细分。

2）通过对用水项的分析，发现各种回用水与自来水用水量的关系时，不仅通过套用规范中简单的比例分配，还要对各用水项的用水量和分布特点进行详尽的分析，这样才能确定合理的回用水比例。水的收集和利用都会带来投资的增加和提高建筑物室内管网的复杂性，因此，要考虑每种用水项是否应该采用回用水。如体育场项目，用水点相当多，部分用水项目分散，用水比例很小，如果采用回用水需要大规模管网才能保证供应，大大增加了投资，这些用水点就不一定要采用回用水。

3) 中水水源是否能够保证所有能够使用回用水项的总用水量，在水源不能保证或与用水量差距较大时，应该评估其回用的合理性。

3. 节水器具

配水装置和卫生设备是水的最终使用单元，它们节水性能的好坏，直接影响着建筑节水工作的成效，因而大力推广使用节水器具是实现绿色建筑节水的重要手段和途径。

（1）节水型水龙头

节水型水龙头是指具有手动或自动启闭和控制出水口水流量功能，使用中能实现节水效果的阀类产品，在水压 0.1MPa 和管径 15mm 下，最大流量应不大于 0.15L/s。常用的节水龙头可分为加气节水龙头和限流水龙头两种。这两种水龙头都是通过加气或者减小过流面积来降低通过水量的。这样，在相同使用时间里，就减少了用水量，达到节约用水的目的。一个普通水龙头和一个节水龙头相比，出水量差别很大，一般普通龙头的流量都大于 0.2L/s，即每分钟出水量在 12L 以上；而一些节水龙头的流量只有 0.046L/s，每分钟出水量仅 2.76L。目前市场上最普遍的陶瓷阀芯水龙头，与旧式水龙头相比，可节水 30%～50%。

在龙头的出水口安装充气稳流器也是有效办法。安装了气泡头的水龙头，比不设该装置的龙头更节水，并随着水压的增加，节水效果也更明显。由于空气注入和压力等原因，节水龙头的水束显得比传统龙头要大，水流感觉顺畅。倘若要进一步节水，还可选用其他一些特种龙头，如感应龙头、延时龙头等。

节水型多功能淋浴喷头也属于一种节水型水龙头，它是通过对出水口部进行改进，增加吸氧舱和增压器，这样不仅减少了过流量，还使水流富含氧气。对于普通喷头来说，停止使用时喷头内部仍然会有滞留的水，这样，长时间以后就会有水垢的富集，而这种多功能淋浴喷头没有容水腔，水流直接喷射出去，停止使用时不积水，减少产生水垢的机会。

（2）节水便器

节水便器是在保证卫生要求、使用功能和排水管道输送能力条件下，一次冲洗水量不大于 6L 水的便器。节水便器主要有直冲式和虹吸式两大类。目前，国内外使用的便器大多为虹吸式。虹吸式便器是借助冲洗水头和虹吸（负压）作用，依靠负压将粪便等污物完全吸出。采用水封，卫生和密封性能好，经过长期的结构优化，其冲洗用水量一般可达到 3～6L，即大便用 6L，小便用 3L。

（3）节水器具的具体实施措施如下：

1) 行政办公建筑可选用以下节水器具：

① 可选用光电感应式等延时自动关闭水龙头、停水自动关闭水龙头；

② 可选用感应式或脚踏式高效节水型小便器、两档式坐便器及其他节水型便器，可选用免洗水小便器；

③ 可选用真空节水技术。

2) 医疗类建筑可选用以下节水器具：

① 公共洗手间可选用延时自动关闭水龙头、停水自动关闭水龙头，感应式或脚踏式高效节水型蹲便器、小便器及其他节水型便器；

② 洗衣房可选用高效节水洗衣机。

3）学校类建筑可选用以下节水器具：

① 教学楼、科研楼等的公共洗手间可选用延时自动关闭水龙头、停水自动关闭水龙头，感应式或脚踏式高效节水型蹲便器、小便器及其他节水型便器；

② 宿舍楼可选用陶瓷阀芯水龙头，感应式高效节水型蹲便器，节水型淋浴头、洗衣房可选用高效节水洗衣机。

7.1.2 海绵渗透技术

雨水渗透技术是通过保护自然系统来恢复土壤、植被和地下水的渗透、净化和储存功能；恢复已建铺地的可渗透性；通过天然土壤和生物净化过程收集并处理过剩的径流。即通过保护、恢复、利用场地的自然系统，并与之相协调，获得用水的节约。值得注意的是，土壤入渗系统不应对地下水造成污染，不应对行为活动造成不便，不应对卫生环境和建筑物安全产生负面影响，地面入渗场地上的植物配置应与入渗系统相协调。

雨水渗透技术措施种类很多，主要可以分为分散渗透和集中渗透两大类。分散渗透规模大小各异，设施简单，可减轻对雨水收集输送系统的压力，补充地下水，还可以充分利用表层植被和土壤的净化功能减少径流带入水体的污染物，但是一般渗透速率较慢，在地下水位高、土壤渗透能力差或雨水水质污染严重的地方应用受到限制。所采用的主要技术措施包括渗透地面、渗透管沟等。集中渗透规模较大，有较大的储水容量和渗透面积，净化能力强，适用于建筑群的场地。所采用的主要技术措施为：渗水池、渗水盆地等。

1.渗透地面

渗透地面就是要尽量减少铺装地面，多保留一些天然的植被和土壤。渗透地面分为天然渗透地面和人工渗透地面两大类。天然渗透地面以绿地为主，人工渗透地面为铺装透水性地面，如多孔嵌草砖、碎石地面、多孔混凝土或多孔沥青路面等，建筑场地中最不易透水的铺装地面是车行路和停车场的铺地。

绿地是透水性能很好的天然渗水措施，在建筑物周围分布，便于雨水的引入利用；还可以减少绿化用水实现节水功能；对雨水中的一些污染物具有较强的截纳和净化作用，缺点主要是渗透量受土壤性质的限制，雨水中如果含有较多的杂质和悬浮物，会影响绿地质量和渗透性能。设计绿地时可设计成下凹式绿地，尽量将径流引入绿地。为增加渗透量，可以在绿地中做浅沟（图7-1-2），以在降雨时临时储水。但要避免出现溢流，避免绿地过度积水和对植被的破坏。

在条件允许的情况下，公共机构建筑场地应尽量采用人工渗水地面。人工铺设的渗水地面主要优点有：利用表层土壤对雨水的净化能力，对雨水的预处理要求相对较低；技术简单，便于管理；建筑物周围或场地内的道路、停车场、人行道等都可以充分利用。缺点是渗透能力受土质限制，需要较大的透水面积，对雨水径流量调蓄能力差。图7-1-3为多孔沥青渗水地面示意图。

2.渗透管、沟

渗透管、沟是由无砂混凝土或穿孔管等透水材料制成，周围填砾石（图7-1-4），兼有渗透和排放两种功能。渗透管的主要优点是占地面积少，管材周围填充砾石等多孔材料，有较好的调蓄能力。缺点是发生堵塞或渗透能力下降时，难于清洗恢复；而且由于不能利用表层土壤的净化功能，雨水水质要有保障，否则必须经过适当预处理，不能含有悬浮固体。因此，在用地紧张，表层土壤渗透性能差，而下层有良好透水层的情况下比较适用。渗透沟在一定程度上弥补了渗透管的缺点，也减少了挖方。因此，在建筑物四周适于铺设多孔材料的沟渠等渗水设施。

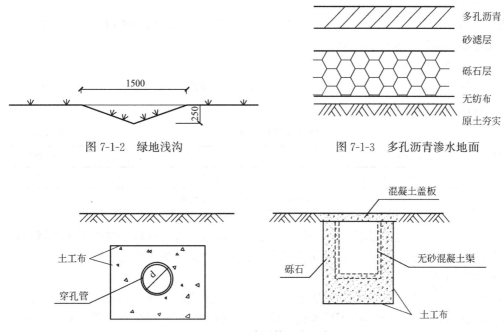

图 7-1-2　绿地浅沟　　　　　　　　　　图 7-1-3　多孔沥青渗水地面

图 7-1-4　渗透管、沟示意图

3. 渗水池

渗水池是将集中径流转移到有植被的池子中，而不是构筑排水沟或管道。其主要优点是：渗透面积大，能提供较大的渗水和储水容量；净化能力强，对水质预处理要求低；管理方便，具有渗透、调节、净化、改善景观等多重功能。这种渗透技术体现了与自然的相互作用，基本不需要维护。缺点是占地面积大，管理不当会造成水质恶化，渗透能力下降；如果在干燥缺水地区，蒸发损失大，还要做水量平衡。这种渗透技术在有足够可利用场地的情况下比较适合。

4. 渗水盆地

渗水盆地是地面上的洼地，其中的水只能渗入土壤，与渗水池的功能基本相同。可以按照敞开系统或封闭系统设计渗水盆地。敞开的渗水盆地内种植植被，可以维护多孔的土壤结构。封闭的渗水盆地采用大小不同的碎石铺设于地面下，其表面可以修建停车场或其他用途。但封闭的地下渗水盆地费用高昂，只有在土地非常紧张的情况下，才倾向于采用该类渗水盆地。渗水盆地宜靠近径流源头设置，应避免渗水盆地靠近建筑基础。

可根据实际情况对以上各种渗透技术进行组合，例如，可以在场地内设置渗透地面、绿地、渗透管和渗透池等组合的渗透系统。这样就可以取长补短，更好地适应场地多变的条件，效果会更加显著。

5.透水混凝土技术

（1）主要技术内容

透水混凝土又称多孔混凝土，由透水混凝土专用胶结剂和碎石等组成。透水地坪是由骨料、水泥和水拌制而成的一种多孔轻质混凝土铺设而成，它不含细骨料，由粗骨料表面包覆一薄层水泥浆相互粘结而成，形成孔穴均匀分布的蜂窝状结构，故具有透气、透水和重量轻的特点。

透水混凝土可形成不同的色彩配方，可根据不同的设计创意进行铺设，可实现传统铺装和一般透水砖无法实现的特殊效果。

（2）技术经济指标

透水混凝土施工技术应符合《透水混凝土路面技术规程》DB 11/T 775 等国家和地方现行相关标准和应用技术规程的规定。

材料性能对比分析 表 7-1-1

项目	易维护性	抗冻融	耐用性	散热性	整体性
透水砖	易破坏,不可修复	冻融断裂	低于沥青	低	差
透水混凝土	高压水洗即可	孔隙大,不易断裂	优于沥青	高	好

由表 7-1-1 可知，透水混凝土在性能上要优于其他地面装饰材料，减少了人工修补的费用，同时根据自身的特性，降低了安装下水道和地下管道等排水系统的费用。

（3）主要特点

1）高透水性。透水混凝土地面拥有 15％～25％的孔隙，能够使透水速度达到 31～52L/m/h，远远高于最有效的降雨排水设施的排水出速率。同时通过透水层，有效地补充地下水，缓解城市的地下水位下降等城市环境问题。

2）对城市道路系统的净化利用。透水混凝土对消除地面的油类化合物有较大的作用，对缓解城市热岛效应具有较高的实用价值。

3）减少噪声的污染。传统的密实路面，车辆高速行驶过程中，轮胎辗过时会将空气压入轮胎和路面间，空气迅速膨胀而发出噪声，雨天尤为明显。透水混凝土的排水结构，可降低轮胎辗过时的噪声，减少城市的噪声污染。

4）降低路表面温度、改善光环境。透水混凝土的着色功能以及孔隙结构对地面的降温及改善光环境发挥较大的作用，成为城市环保不可或缺的一项措施。

7.2 节材优化集成技术

7.2.1 复合外表面材料

在装饰装修中合理采用耐久性好、节约资源和易维护的材料或措施，可以节约资源，延长建筑寿命，降低建筑物的维护成本，避免有毒有害物质的排放、粉尘及噪声。

1.金属及金属复合装饰材料

复合材料可仿制各类材料的效果，满足建筑师对于建筑艺术的要求。与单纯的金属板相比，在保证同样的强度和装饰效果的前提下，除了本身节约材料外，还减轻了建筑自重，而且生产过程中的环境负荷更低。如铝塑板与具有同样抗弯强度的纯铝板、钢板相比重量分别降低了40%、70%，大大降低了主体建筑物的荷载，增加了建筑的抗振性。这意味着，在不影响建筑安全的前提下，可节约大量的结构用钢材，如与玻璃幕墙和石材幕墙相比，此方面的优势更加明显。

（1）耐久性

用于建筑幕墙和屋面的金属及金属复合装饰材料应重点关注其涂层的耐久性。涂层耐久性是彩涂板在使用过程中体现出来的性能，通常用使用寿命的长短进行衡量。美国要求超耐候彩色涂层应该有户外曝晒10年的检验指标要求。由于周期太长，我国通常以实验室模拟试验代替，具体包括耐盐雾性、耐湿热性和耐人工加速老化性能，三项指标均应通过4000h试验为最基本的要求。

（2）防火性能

金属复合装饰材料与纯金属板材相比，由于芯材或粘接材料往往使用有机材料，导致其防火性能降低，其中问题最为突出的就是铝塑复合板。防火性能一直是制约我国铝塑板发展的瓶颈。目前国内防火铝塑板，原料受到芯材聚乙烯阻燃能力上限限制，无法满足国内外建筑防火标准越来越高的要求。多数仅在原料上对阻燃改性，无法突破塑料防火性能的上限，最多只能将防火等级提升到B1级。但我国目前已有行业领军企业在原料上，创新调配了无机材料芯材。工艺上，创新设计了"无机芯料预成型，连续成型固化，无机/有机多次粘合集复合"的工艺，可实现连续化生产防火铝塑板。所产铝塑板防火等级经国家质检部门检测达到了A级，其他性能指标符合《建筑幕墙用铝塑复合板》GB/T 17748—2008的要求。目前该产品已定型，技术已基本成熟。

2.干挂陶土板外幕墙技术

（1）主要技术内容

陶土板幕墙是选用陶土板作为幕墙装饰面板的一种新材料幕墙。陶土板的原材料为天然陶土，并添加少量其他材料，通过挤压成形、1200℃以上高温煅烧制成。陶土幕墙使传统原料与现代建筑巧妙而完美地结合起来，产品具有极好的耐久性，颜色日久弥新，拥有极好的抗冲击性、抗冻性等性能。通常采用干挂开放式系统，并可与保温材料配合使用，具有良好的保温、隔音功能，而且在陶土板破损时易于单片更换。

（2）施工技术

陶土板幕墙的施工技术标准执行《金属与石材幕墙工程技术规范》JGJ 133—20相关要求。

陶土板易于切割，在切割的部位洒水后再进行加工，不产生粉尘污染，相比于传统石材切割加工时产生的大量粉尘，解决了加工环节中粉尘的排放问题。

3.陶瓷砖

目前，我国建筑陶瓷工业每年消耗的天然矿物资源约2亿t，而每年排放的陶瓷废料高达1800万t，约占原矿资源使用量的10%。在陶瓷废料中，抛光废料占了主要部分。在抛光砖的生产工序中，通常会从砖坯表面去除0.5～0.7mm厚的表面层，有时甚至高达1～2mm，相关研究表明，生产1m²抛光砖，将生产1.5kg左右的碎屑，同时磨具的损耗约0.6kg。因此，生产1m²的抛光砖约生产2.1kg的抛光废渣。按此计算，我国每年抛光砖抛光废渣的产出量可达220万t。此外，陶瓷抛光废渣是以浆状废料的形式排出，按抛光废渣含水率约35%计算，陶瓷行业每年抛光废料（包括抛光废干渣和废水）年排量约为

630 万 t。

（1）抛光废料陶瓷砖

目前，抛光废渣有 90％以上的量采用填埋方式处理，只有 10％以下的量被循环利用。抛光废料在陶瓷砖中的应用主要包括：利用抛光废渣作为发泡剂，用于多孔陶瓷和轻质隔音保温砖等产品的生产；少量掺入原料中用于低温烧结的其他陶瓷砖上。利用抛光废料生产陶瓷釉面砖是比较常见的做法，磨边废料掺入量为 7％～10％、抛光工序废料掺入量为18％～22％时最佳。根据试验调整高、低温砂，以及不同产地的黑泥的含量，研制出适合釉面砖生产的坯料配方。表 7-2-1 为抛光渣生产的釉面内墙砖各项物理性能指标。

使用抛光废渣生产的釉面内墙砖各项物理性能　　　　　　　表 7-2-1

项目	标准要求	指标	判定
吸水率（％）	$10 < E \leqslant 20$	16.8～18.2	合格
破坏强度（N）	当厚度≥7.5mm 时,平均值≥600	1588	合格
断裂模数（MPa）	平均值≥15,单个值≥12	24.8～28.6	合格
抗釉裂性	经试验后应无釉裂	符合	合格

此外，直接利用抛光废渣在高温下发泡的原理，以抛光废渣为主要原料，再引入一些陶瓷原料组成配合料，经成形、烧成、切割等工序生产轻质陶瓷材料。这种轻质陶瓷材料内部的气孔均为封闭气孔，可作为轻质保温材料和隔音材料使用。

（2）粉煤灰多孔陶瓷砖

粉煤灰，是从煤燃烧后的烟气中收捕下来的细灰，其主要氧化物组成为：SiO_2、Al_2O_3、Fe_2O_3、CaO、TiO_2 等。目前，粉煤灰已成为国际市场上引人注目的资源丰富、价格低廉、兴利除害的新兴建材原料和化工产品的原料。多孔陶瓷是一种含有较多孔洞的无机非金属材料，利用材料中孔洞的结构和（或）表面积，结合材料本身的材质，来达到所需要的热、电、磁、光等物理及化学性能，从而可用作过滤、分离、分散、渗透、隔热、换热、吸声、隔声、吸附、载体，反应、传感及生物等用途的材料。

多孔陶瓷砖的制备：以粉煤灰为成孔基础材料、普通黏土为集料、瓷粉为骨料、淀粉为造孔剂，加入少量粘结剂，调成含水率为 34％的泥浆，采用传统注浆成型工艺成型坯体，并在 1100℃下烧成，显气孔率为 37.68％，容重为 1.41g/cm³，制成粘煤灰多孔陶瓷砖。

7.2.2　固废可回收利用材料

可再利用材料包括从旧建筑拆除的材料以及从其他场所回收的旧建筑材料，如砌块、砖石、管道、板材、钢材、钢筋等。有的建筑材料可以在不改变材料的物质形态情况下直接进行再利用，或经过简单组合、修复后可直接再利用，如有些材质的门、窗等。有的建筑材料需要通过改变物质形态才能实现循环利用，如难以直接回用的钢筋、玻璃等，可以回炉再生产。有的建筑材料则既可以直接再利用又可以回炉后再循环利用，例如标准尺寸的钢结构型材等。建筑中采用可再循环建筑材料和可再利用建筑材料，可以减少生产加工新材料所需的资源和能源消耗，减少环境污染，具有良好的经济、社会和环境效益。常见可循环利用材料见表 7-2-2，常见利用垃圾生产的建筑材料见表 7-2-3。

常见可循环建筑材料 表 7-2-2

大类	小类	具体材料
金属	钢	钢筋、型钢等
	不锈钢	不锈钢管、不锈钢板、锚固等
	铸铁	铸铁管、铸铁栅栏等
	铝及铝合金	铝合金型材、铝单板、铝塑板、铝蜂窝板等
	铜及铜合金	铜板、铜塑板等
	其他	锌及锌合金板等
无机非金属材料	玻璃	门窗、幕墙、采光顶、透明地面及隔断用玻璃等
	石膏	吊顶、室内隔断用石膏板等
其他	木材	木方、木板等
	竹材	竹板、竹竿等

常见利用垃圾生产的建筑材料 表 7-2-3

类别	要求	备注
砖（不含普通烧结砖）	掺兑废渣比例不低于30%	废渣指采矿选矿废渣、冶炼废渣、化工废渣和其他废渣。 1.采矿选矿废渣，是指在矿产资源开采加工过程中产生的废石、煤矸石、碎屑、粉末、粉尘和污泥。 2.冶炼废渣，是指转炉渣、电炉渣、铁合金炉渣、氧化铝赤泥和有色金属灰渣，但不包括高炉水渣。 3.化工废渣，是指硫铁矿渣、硫铁矿煅烧渣、硫酸渣、硫石膏、磷石膏、磷矿煅烧渣、含氰废渣、电石渣、磷肥渣、硫磺渣、碱渣、含钡废渣、铬渣、盐泥、总溶剂渣、黄磷渣、柠檬酸渣、脱硫石膏、氟石膏和废石膏模。 4.其他废渣，是指粉煤灰、江河（湖、海、渠）道淤泥、淤沙、建筑垃圾、城镇污水处理厂处理污水产生的污泥
砌块		
陶粒板		
混凝土		
砂浆		
保温材料		
防火材料		
耐火材料		
其他板材、管材		
石膏板	掺兑脱硫石膏比例不低于30%	
植纤板	以秸秆为原料，且掺兑比例不低于30%	

1.利用农作物秸秆制造人造板

农作物秸秆人造板主要是以农业废弃物如小麦、水稻、玉米、薯类、油料、棉花、甘蔗和其他农作物在收获籽实后的剩余部分为原料制造的人造板，属非木质人造板，也称秸秆板、植纤板等。农作物秸秆具有优越的物理力学性能和其他一些较为显著的特点，它为非木质类人造板工业的发展提供了丰富资源空间，农作物秸秆制人造板产业将成为我国人造板工业的重要战略选择。

秸秆植物纤维板将无机阻燃剂引入农作物秸秆材料、采用无机 NSCFR 无烟阻燃剂，ACRADH 无机不燃粘结剂及制备技术，形成增强阻燃层，将利用高性能环保阻燃粘合剂可以将不同种类的农作物秸秆用同一种工艺和同一种设备进行生产，采用常温冷压方式，不仅大大节约了能源，而且还提高了产品性能，使产品能够兼顾防水和防火功能，同时还大幅度的降低了设备造价。该类人造板性能指标见表 7-2-4。

传统木质人造板与秸秆植物纤维板性能对比　　　　表 7-2-4

名称	制作方法	工艺特点	使用材料	成本	产品特点	环保性能	阻燃性能
细木工板	将木材锯成厚度一致小块板材,经胶粘,挤压,拼集,再用单板胶合而成	投资较大,工艺复杂耗能,有环境污染	大量耗用木材	成本较高	易燃、怕水、怕暴晒、不防潮、不防腐、不隔声、不隔热、有污染、有虫害、重量轻、变形	甲醛污染	不阻燃
高密度板	用木材锯末及其他植物纤维加添加剂和胶水加压而成	投资巨大,工艺简单耗能高,有环境污染	中量耗用木材	成本高	易燃、怕水、怕暴晒、不防潮、不防腐、不隔声、不隔热、有污染、有虫害、笨重、变形	甲醛污染	不阻燃
胶合板	用各种杂木旋切成单板,用胶合剂将三层或多层粘合加压后制成	投资很大,工艺复杂,耗能较高,有环境污染	大量耗用木材	成本高	易燃、怕水、怕暴晒、不防潮、不防腐、不隔声、不隔热、有污染、有虫害、笨重、变形	甲醛污染	不阻燃
难燃胶合板	用各种杂木旋切成单板,加入阻燃剂经过高温泡、蒸、煮,用胶合剂将三层或多层粘合加压后制成	投资很大,工艺复杂,耗能较高,有环境污染	大量耗用木材	成本高	能够阻燃,但怕水、怕暴晒、怕重压、不防潮、不防腐、不隔声、不隔热、有污染、有虫害、密度小、变形、阻燃性会挥发	甲醛污染	B 级阻燃,有烟毒
阻燃秸秆板	农作物秸秆碎后加入阻燃粘合剂冷压固化成型	投资较小,新工艺,节能,无任何污染	不用木材	成本更低	具有木的优良特征,又克服了木的不良弊端,阻燃、防潮、防腐、隔声、隔热、无毒、无污染、无虫害,使用方便	无甲醛污染	A2 级 B 级永久阻燃、环保

2. 泡沫玻璃

泡沫玻璃是一种以废玻璃为基体的内部含有大量分布可控的多孔无机材料,它是以废旧玻璃、碳粉及各类添加剂为原材料,经 900℃ 高温烧结而成。泡沫玻璃实际上是废玻璃与气体复合的闭孔材料,正是由于这种特殊结构使之既具有无机玻璃的特性又有气泡特性,如表面密度小、导热系数低、抗冻融性能好、吸水率低、防水密封、不燃烧、吸声、耐腐蚀、透湿系数低、可加工性能好等,是新型节能环保材料、绝热隔声材料、防水材料和建筑密封材料。泡沫玻璃产品的主要替代目标包括聚苯板、挤塑板、发泡聚氨酯等建筑保温材料,可有效地降低有机保温材料生产过程中对化学材料及能源的消耗。同时,生产泡沫玻璃不产生其他工业废弃物,经过切割后的边角余料可以作为建筑物屋顶保温材料使用,实现清洁生产,节能减排效益显著。

泡沫玻璃作为无机保温材料,具有容重轻、强度高、导热系数小,吸水率低、无毒、不燃烧、耐老化等性能,能在超低温和高温的环境中使用,使用寿命与建筑物同步,被广泛应用于 LNG、LPG、石油、化工、造船、地下工程、国防军工、冷库、恒温恒湿机房、实验室的保温隔热等领域。

3. 矿渣硅酸盐水泥

矿渣硅酸盐水泥简称矿渣水泥。它由硅酸盐水泥熟料、20%～70% 的粒化高炉矿渣及适量石膏组成。矿渣已成为水泥的一种重要混合材，但矿渣的易磨性很差，因此选择适当的工艺显得尤为重要。采用辊压机对矿渣进行预粉磨能够提高水泥质量，节约能源。

与普通混凝土相比，矿渣超细粉混凝土后期度增长率较高，干燥收缩和徐变值较低。矿渣超细粉能优化混凝土孔结构，提高抗渗性能，降低氯离子扩散速度，减少体系内 $Ca(OH)_2$，抑制碱集料反应，提高抗硫酸盐腐蚀能力，使混凝土耐久性得到较高改善。掺矿渣超细粉可降低热峰值，延迟峰温发生时间。

矿渣水泥用于普通混凝土、各种高强度、高性能混凝土及水泥制品中等量代替水泥用量，以提高混凝土及水泥制品在各种恶劣环境中耐久性。掺矿渣超细粉使混凝土及水泥制品密实性提高，其后期强度高，降低了混凝土及水泥制品成本。

4.再生骨料混凝土

再生骨料混凝土（简称再生混凝土）是指将废弃混凝土块经过破碎、清洗、分级后，按一定比例与级配混合，部分或全部代替砂石等天然骨料（主要是粗骨料）配制而成的新的混凝土。再生混凝土按骨料的组合形式可以有以下几种：骨料全部为再生骨料；粗骨料为再生骨料、细骨料为天然砂；粗骨料为天然碎石或卵石、细骨料为再生骨料；再生骨料替代部分粗骨料或细骨料。

再生混凝土与普通混凝土在原材料、配合比以及施工工艺等方面存在较大的差别，现行普通混凝土的标准、规程等不适合再生混凝土；另外，由于水泥、骨料与国外使用的水泥、骨料在成分和性能上差别较大，因而不能直接使用国外的有关标准。应结合再生骨料分级标准的建立，制定出适合国内情况的再生混凝土的有关标准和规程。再生骨料作为有潜在发展能力的材料，经过适当的加工处理，能够得到符合规范要求的再生骨料。目前再生骨料的应用还处于起步阶段，其应用范围和应用量还受到一定的限制，在应用比较好的日本、德国、英国等国家的应用情况也不太乐观。要想使再生骨料和天然骨料有同样的地位，必须克服再生骨料应用中的一些障碍，对再生骨料的研究还要做更细致的工作。

第8章 绿色人文设计与技术措施

8.1 人性化通用设计与技术措施

1.行政办公

(1) 室外场地

应对开放的行政办公区室外场地无障碍路线和盲道系统进行规划，其路线和盲道系统应连接场地和建筑出入口、无障碍停车位、人行道和各类室外活动场地。行政办公场地人行路线出入口与城市人行道路接驳处应以无障碍坡地形过渡。地面无障碍停车位应靠近建筑出入口，并与场地内无障碍路线相连接，通往无障碍出入口的道路应设置相应的无障碍标识。

无障碍出入口门前应设置相应的无障碍引导标识和提示盲道，门体应采用电动平开门或侧推门，并设置低位电动门扇开启按钮。

(2) 办公与政务服务

应对行政办公区和建筑内部空间进行无障碍路线规划，其路线应连接办公区出入口、政务服务区域、群众来访议事区域、多功能会议区域、职工餐厅以及与此相关联的公共卫生间等场所和区域，无障碍路线和与其相连接的相关设施处应设置系统的引导标识。

应对政务服务区域的盲道系统进行规划，其内应设置行进盲道和提示盲道，将视力障碍者引导至相应的服务接待场所。其政务服务区域内应设置配有盲文提示的无障碍路线和功能导示牌，导示牌前应设置提示盲道。靠近建筑主出入口、政务服务大厅和地下车库电梯厅处应设置无障碍车停车位，并设置相应的引导标识。

建筑主出入口前有高差处可结合车行坡道和景观环境设置无障碍坡地形成无障碍坡道，并应设置可供无障碍通行的门体和低位按钮。

政务服务大厅宜设置于建筑底层，且应为无障碍楼层。服务窗口均应采用低位坐姿接待，无障碍服务窗口或柜台应具有低位容膝空间，并设置相应的无障碍引导标识，并配置一定数量的轮椅。

通往政务服务大厅和多功能会议室的垂直电梯应为无障碍电梯，电梯候梯处、扶梯和每层楼梯梯段起止处应设置提示盲道。楼梯扶手宜设置楼层盲文提示，楼梯踏面前缘均宜设置色彩鲜明的提示条。接待群众来访的区域内不应设置高差，应保证轮椅通行、回转和停放的空间要求，办公接待台面下应具有容膝空间（图 8-1-1）。

(3) 配套服务设施

多功能厅、会议室和接待室内不应设置高差，会议桌面下应具有容膝空间。设有阶梯座位的多功能厅应设置与无障碍路线相连接的无障碍席位，其主席台应设置轮椅坡道（或可移动式轮椅坡道），并设置相应的无障碍引导标识。

公共卫生间应设置独立的无障碍卫生间，其门体应采用电动侧推门或平开门，应设置

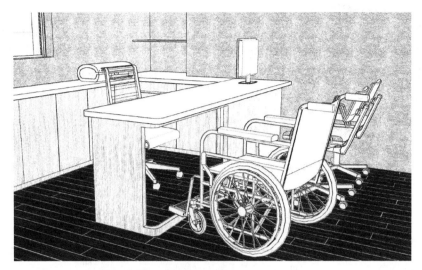

图 8-1-1　接待群众来访办公接待台示意图

低位按钮和相应的无障碍引导标识，其内部无障碍设施布置应符合无障碍相关设计要求。

职工餐厅应与场地内或建筑内无障碍路线相连接，设置可供轮椅使用者就餐的桌位以及相应的低位取餐和餐具收贮设施，该桌位尺度、桌下空间和间距应保证轮椅通行和使用要求。

行政办公建筑作为临时救灾指挥场所和救灾物资储备场所时，其配套储备物资内应配备担架、拐杖和轮椅辅具设施。

2.医疗康复建筑

（1）室外场地

场地出入口无障碍设计应符合下列规定：场地出入口与城市道路接驳处应以无障碍坡地形过渡，同时应符合无障碍轮椅坡道相关设计要求；场地出入口的人行与车行流线应分开设置，人行道应可供轮椅和相关无障碍设备通行，并应设置相关无障碍引导标识（图 8-1-2）。

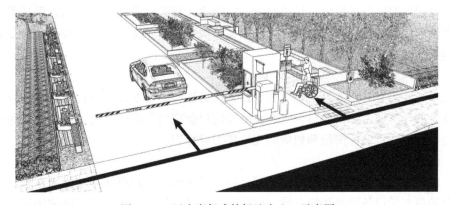

图 8-1-2　医疗康复建筑场地出入口示意图

其人行出入口和人行道宽度宜满足轮椅双向通行的尺度要求，如不能满足要求，应间隔一定距离设置回转避让空间。

人行道路与车行道路并行时，人行与车行之间不宜设置高差，宜采用材质或颜色进行区分（图8-1-3）。人行道路应采用防滑材料，路面不应布置管井盖和排水箅子，并避免路面积水。人行道路有台阶处应设置轮椅坡道、相应的无障碍引导标识和提示夜灯，其具体措施应符合无障碍轮椅坡道相关设计要求。

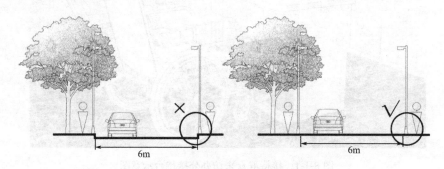

图 8-1-3　场地道路交界处剖面示意图

地面无障碍停车位应靠近建筑无障碍出入口，并应与无障碍路线相连接，避免与车行流线相交叉（图8-1-4）。出入口处应设置出租车无障碍优先候车区。

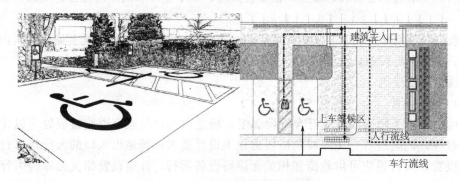

图 8-1-4　地面无障碍停车示意图

当无障碍路线穿行场地内车行道路时，应设置人行横道线和减速措施，保证无障碍路线的连贯性。休息区场所存在高差时，应以无障碍坡地形或轮椅坡道接驳，并应设置相应的无障碍引导标识（图8-1-5）。

（2）入口门厅

建筑出入口前有高差处宜结合场地设计无障碍坡地形，如需设置台阶，应设置与环境景观相结合的轮椅坡道，出入口台阶起止处及门口前应设置提示盲道。门体应采用电动感应侧推门，并应设置低位按钮和相应的无障碍引导标识。

（3）诊疗大厅

门厅内靠近无障碍出入口处应设置配有盲文提示的无障碍路线和功能导示牌，有条件的宜结合随身电子设备提供智能引导。门厅内不应设置地面高差，休息区的座椅应设有助力扶手和靠背，并应设置轮椅储放和租赁空间。

挂号处、缴费处、取药处、导医台和住院处等服务接待处应设置具有容膝空间的低位

图 8-1-5　场地过街无障碍示意图

图 8-1-6　建筑出入口台阶及轮椅坡道示意图

服务台，并设置相应的无障碍引导标识和可放置拐杖等辅具的装置（图 8-1-7）。

门厅内墙柱体阳角以及挂号处、缴费处和导医台转角处宜做成弧面、抹角或采用软性材料包裹，对墙体阳角处做弧面或抹角处理，主要是可避免行动不便的有障碍人士发生磕碰伤害（图 8-1-8）。

（4）交通空间

交通空间内所有垂直电梯和楼梯均应为无障碍电梯、楼梯。并应符合无障碍相关设计要求，候梯厅内无障碍电梯及低位呼叫按钮前应设置提示盲道及相应的无障碍引导标识（图 8-1-9）。扶梯每梯段起止处应设置提示盲道和相应的提示标识，起止处宜设置语音提示功能。

诊疗用房的门体宜采用低位或脚踏电动门扇开启按钮，所有门体均应采用杆式低位拉

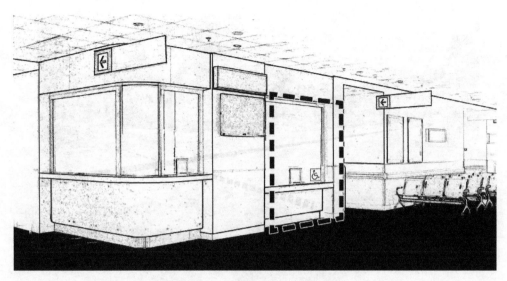

图 8-1-7　门厅低位导医台示意图

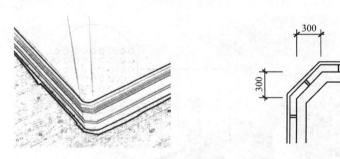

图 8-1-8　抹角示意图

图 8-1-9　无障碍候梯厅示意图

手，其中脚踏电动控制按钮是考虑乘轮椅者的使用要求，采用杆式拉手主要是为避免使用者衣物等勾住拉手，同时增大接触面积便于使用者施力（图 8-1-10）。

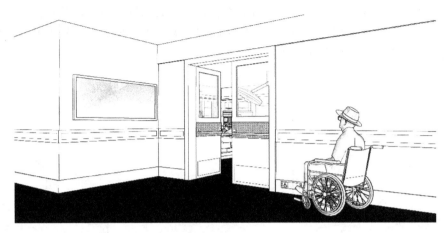

图 8-1-10　诊疗室脚踏控制钮与门体拉手示意图

主要交通流线的走廊和过道两侧墙面应设置助力扶手或扶壁板，其墙体阳角应做成弧面、抹角或采用软性材料包裹。

（5）病房及诊疗室

病房和诊疗室门口墙面应设置助力扶手或扶壁板，无障碍病房门口应在助力扶手或扶壁板上设置盲文提示，门体应采用低位杆式拉手（图 8-1-11）。

图 8-1-11　病房和诊疗室门口扶壁板示意图

病房区内公共卫生间的淋浴间均应设置坐姿洗浴的设施，并符合无障碍浴室相关设计要求。无障碍病房内的卫生间应满足坐姿盥洗、厕浴、轮椅退出回转和护理人员介护的空间需要。

无障碍病房内的贮物柜宜采用低位挂杆和下拉式储物架，其照明开关距地高度宜为1.10m，电源插座距地高度宜为 0.60～0.80m，便于开启灯具和插拔插头。

（6）配套服务设施

公共休息区地面不应设置高差，两侧墙面应设置助力扶手或扶壁板，其无障碍休息座椅应设有助力扶手和靠背。护士站应设置具有容膝空间的低位服务台，其转角处宜做成弧面或抹角，并设置可放置拐杖等辅具的装置和相应的无障碍引导标识，护士站低位服务台可满足有障碍人士使用轮椅与医护人员进行沟通的需求（图 8-1-12）。

图 8-1-12　护士站低位服务台示意图

公共卫生间的门体应采用电动侧推门，并应设置低位按钮和相应的无障碍引导标识。公共卫生间内应设置无障碍洗手台、无障碍小便池和无障碍厕位。卫生间厕位内应设置医用吊瓶挂杆、拐杖（盲杖）放置支架和物品放置台，并应符合无障碍厕位相关要求（图 8-1-13）。公共卫生间应设置独立的无障碍卫生间，其门体应采用电动侧推门或平开门，并应设置低位按钮和相应的无障碍引导标识。其有障碍人士使用轮椅、医护人员护理的空间尺度和设施设计应符合相关设计要求。

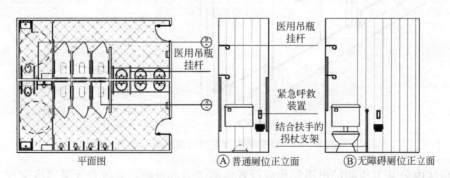

图 8-1-13　医疗建筑无障碍厕所

地下停车场的无障碍车位应靠近无障碍垂直电梯，与电梯厅相连接的通道设有高差时，应设置轮椅坡道，并应设置相应的无障碍引导标识，人防门槛处（或采用活动门槛）应设置无障碍过渡设施。

3.高校建筑

（1）室外场地

为使有障碍的学生能够借助轮椅或其他辅助工具无障碍地上学、上课和参与各类活动，应将无障碍公交站点、学校出入口、各类教学空间、课间活动空间、文娱运动空间、食堂就餐空间等通过无障碍路线相互连接。校园内的无障碍路线和设施规划应能够包容各方面能力障碍学生在相同的校园环境中共同学习。

场地出入口与城市道路接驳处应以无障碍坡地形过渡，并应符合无障碍轮椅坡道相关设计要求。

校园内车行流线与人行流线应分开设置，保证无干扰的步行环境。场地出入口应设置无障碍优先车辆等候区，并设置相应的引导标识。

校园内不宜种植叶缘带刺（月季、玫瑰等）、具有枝刺（皂荚、石榴等）或具有托叶刺（刺槐等）的植物。

（2）建筑入口

校园内宜以无障碍坡地形连接所有建筑出入口，出入口前有台阶处应设置轮椅坡道。无垂直电梯到达的主要教学功能空间楼层应设置楼层轮椅坡道使其与校园室外场地无障碍连接（也可作为灾害避难无障碍通道）。出入口台阶起止处应设置提示盲道与相应的导示标识。

校园内建筑无障碍出入口的门体宜采用平开门或感应侧推门，并应设置低位按钮和相应的无障碍引导标识。

（3）交通空间

主要教学功能区内至少应设置一部无障碍电梯（或设置楼层轮椅坡道），无障碍电梯及低位呼叫按钮前应设置提示盲道及相应的引导标识。其走廊空间内设有台阶时，应设置坡地形（或轮椅坡道）使走廊地面无障碍连接。校园内所有楼梯均应为无障碍楼梯，每层楼梯梯段起止处应设置提示盲道，每层楼梯扶手起止处宜设置楼层盲文提示，踏面前缘均应设置色彩鲜明的提示条。

（4）教学空间

教室门应向室内开启，门体应采用杆式低位拉手，有视力障碍学生上课的教室应在教室门前设置提示盲道。教室内应设置无障碍课位，该位置应方便出入教室，并宜采用可调节高度的课桌课椅，课桌下方应具备容膝空间。

（5）住宿空间

宿舍的无障碍出入口门前应设置提示盲道，刷卡处应设置低位设施，宿舍楼门前应设置低位刷卡设施和低位按钮（图8-1-14）。

无障碍宿舍楼层应设置于一层或设置无障碍电梯与其所在楼层相连接，其走廊地面不应设置台阶。无障碍宿舍楼层的墙体两侧应设置相应的助力扶手，应符合轮椅通行和回转的空间尺度要求，铺位高度应与轮椅平齐，并设置相应的可移动助力辅具，桌子下方应具有容膝空间。视力障碍学生居住的宿舍和公共卫生间门前应设置提示盲道，其靠近门口的扶手起止处应设置盲文提示。

公共盥洗间内应设置无障碍淋浴间和无障碍洗手盆，无障碍淋浴间内应设置浴间坐台，需要刷卡的应设置低位刷卡感应设施，公共盥洗间内的无障碍淋浴间应满足坐姿洗浴

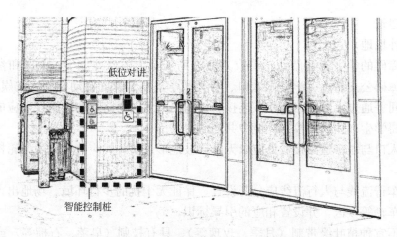

图 8-1-14　宿舍无障碍出入口示意图

和轮椅通行回转的空间尺度要求，并采取相应的助力和防跌倒措施。无障碍淋浴间和无障碍洗手盆应符合相关设计要求（图 8-1-15）。

图 8-1-15　公共盥洗室无障碍浴位示例

（6）餐食空间

食堂取餐窗口和服务台应设置具有容膝空间的低位服务柜台，并设置相应的无障碍引导标识。食堂就餐区域应设置具有容膝空间的无障碍专用餐桌，方便摆放轮椅和使用拐杖的学生就座，其通道应满足轮椅通行和回转的要求。

（7）配套服务设施

校园内文体活动设施、报告厅和图书馆等应符合相关无障碍设计要求，满足有障碍学生的通用性使用要求。图书馆阅览室内不应设置高差，应设置可供有障碍学生使用的无障碍阅览区（位）和相应的无障碍引导标识，并应设置与借书问询台相连接的服务呼叫器。

8.2　绿色行为与技术措施

8.2.1　节能控制系统

针对行政办公建筑进行行为节能控制，为实现实时监测室内温湿度、光照度、室内是

194

否有人等环境参数及调节控制室内照明设备、空调末端风机盘管或分体式空调的开关动作的要求，节能控制系统可以分为五个部分：能测控一体化系统主要由5大部分组成，包括建筑物节能管理上位机、楼层节能控制单元、房间末端节能装置、传感器和能耗数据采集接口。

系统主要由传感器、房间末端节能控制单元、楼层节能控制单元、建筑物节能管理计算机以及能耗数据采集接口组成，功能介绍如下：

① 传感器。主要包括室内温湿度传感器、室外温湿度传感器、人体感应传感器。主要用作为节能系统的"眼睛"，采集系统所需要的室内温湿度、室内光照度、室内人员有无等参数。

② 房间末端节能控制单元。主要功能包括两部分，一是根据传感器提供的室内温湿度、室内光照度、人员有无等参数，实时调节控制末端设备工作状态（如中央空调风机盘管、分体空调、室内照明设备）；二是将房间末端设备的调节控制信息实时传输给楼层节能控制单元，并接受楼层控制单元的远程调节控制指令。

③ 楼层节能控制单元。主要包括3部分功能，一是根据走廊内的光照度传感器及人体感应传感器提供的参数实时调节走廊灯具的开关状态；二是实现与房间末端节能装置之间的设备动作状态控制信息的传输，并能集中调节控制某一楼层各个房间的房间节能控制单元；三是实现与建筑物节能管理系统间的设备节能控制状态信息的传输，并根据上位机所制定的时间表实时调节管理各楼层的电加热器的工作状态。

④ 建筑物节能管理上位机。主要包括两部分功能，一是实现与楼层控制单元节能控制单元设备状态控制信息的实时传输，实现对整栋建筑的集中合理节能控制；二是根据工作时间制定时间表节能控制策略。

⑤ 能耗数据采集接口。主要实现对中央空调机组端、风机盘管、室内照明回路、走廊照明回路、分体空调等的能耗进行采集，并将采集的能耗数据上传给建筑节能管理上位机。

8.2.2 食堂厨余垃圾生化处理

由于有机垃圾中富含有机物、氮、磷、钾、钙、钠、镁、铁等有机微量元素，极易被微生物降解，可利用能快速分解生活有机垃圾的微生物菌剂对厨余垃圾进行处理。菌剂以餐厨废弃物为养分，通过有机垃圾生化处理机为高效降解有机物的微生物菌种提供繁殖空间，并对温度、湿度、供氧量等参数进行控制，达到微生物最佳生存环境，使大分子物质分解成能被微生物利用的低分子物质，从而促进96%以上的有机垃圾在24h内完成生物降解，降解后的残留物质可制成再生有机肥料等，实现资源循环利用。

如图8-2-1所示，由保洁工人将餐厨垃圾统一收运后，采用餐厨垃圾密闭环保电瓶车运至生化处理站，通过对餐厨垃圾进行固液分离、油水分离、可处理与不可处理分离后，废油回收加工成工业油脂，废水达到中水标准回灌绿地。塑料瓶、饮料杯等不可降解的可回收物自动回收，可生化处理的固体餐厨垃圾输送至生化处理机内腔进行生化处理，通过高效微生物菌种，在12~24h内对80%餐厨垃圾进行生化降解，代谢成水、生物热能达标排放，含有高蛋白、高活性微生物菌群的残余物可再生为有机饲料或有机复合肥原料，回用于园林绿化。亦可根据实际餐厨垃圾产生量进行工艺调整提高处理能力，将80%以上的餐厨垃圾在源头回收，实现资源循环利用。

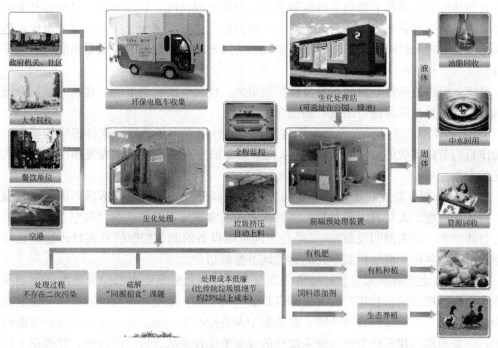

图 8-2-1　食堂厨余垃圾生化处理过程

8.2.3　行为节能措施

行为节能提示技术措施

建筑节能是一个系统工程，节能不仅仅是指利用先进的节能技术，还应考虑用能者的行为及设备的有效管理。从降低建筑能耗措施实现建筑节能的途径可分为：技术节能、管理节能、行为节能，相对于技术节能行为与管理节能见效更快、投资更少，更有利于实现建筑的节能，建筑正常使用阶段的能耗是建筑节能中可实施的主要控制对象，而该能耗与物业管理人员和建筑使用人员的行为密切相关。因此建筑内的用能者以及能源管理者对建筑节能管理具有重要的意义。

建筑运行阶段的能源管理，管理因素大于技术因素。国内对建筑节能的研究很多，主要集中在节能技术研究及应用，以及节能产品的研发及使用上；管理节能也多从国家层面、政府层面上出发，考虑如何利用先进技术实现建筑节能，忽略了建筑内人员的重要性，没有将人的行为结合技术应用到管理中。

（1）建筑中的行为节能

行为是指人们一切有目的的活动，它是由一系列简单动作构成的，在日常生活中所表现出来的一切动作的统称。行为模型理论描述了人的个体行为取决于内在需要和周围环境的双重作用。在分析人的行为时，要同时看到两个方面的因素，即不仅要深入地了解个体自身的情况，还要全面地分析他所处的特定环境。只有这样才能弄清内外因素对个体行为的影响。而建筑内人员个体行为影响因素亦可分为外在因素和内在因素两个方面。外在因素主要是指客观存在的工作环境及周围群体，内在因素主要是指人员自身因素的影响。建筑内行为个体有：使用者、能源管理者。不同个体因其认识、价值取向、职责不同，造成对节能知识的理解、对节能态度不同。

196

建筑内能源管理者负责设备管理、操作及维修，更是空调系统运行管理的主体，其管理行为直接关系到设备的运行效率。能源管理者的行为除受个人性格的影响外，还与其工作环境、与业主的隶属关系以及对建筑节能的认识有关。建筑使用过程中，用户是节能建筑的需求端，也是最终受益者。使用者个体作为建筑内能源受益者，在能源使用调控时总是把自己的个人需要、习惯等放在第一位。其能源使用行为影响因素主要有：个体的生活习惯、个体对室内热环境与视觉环境的不同需求以及对建筑节能的认识等。

（2）建筑内群体行为特征

群体行为可以进行定性和定量的测量，不同群体间由于认识、利益不同而易发生冲突。利用行为学群体理论分析建筑内能源应用管理各群体的行为特征及不同群体间的相互影响。建筑运行管理涉及能源管理者、能源使用者两个不同的群体，能源管理者行为特征较为明显，目标与责任一致；使用者群体行为表现在能源共同使用达成一致性行为的特征。

能源管理者群体可使建筑运行过程中表现出巨大的节能空间，但是其管理行为还存在很多问题，实际的操作行为并没有以提高设备效率为己任。管理者群体各成员的个人利益也将直接影响整个群体行为。能源管理者的职责是对建筑设备的管理，对建筑内使用者提供舒适的工作环境。使用者是否配合以及公司的管理制度都将直接影响管理人员的行为。建筑内使用者群体是能源价值体现的最终受益者，其行为直接影响建筑能源的消耗。由于使用者群体不需要承担任何建筑能耗费用，在能源的使用上，对节能的关注度较少。使用者因个体需要、习惯不同、对节能认识及态度的不同也将直接影响整个群体的行为。

（3）采取节能措施的必要性

相关调查显示，大部分建筑使用者对于节能产品的认识仅仅停留在价格的关注上，而对于节能产品的使用方式和节能潜力关注较少。以遮阳产品为例，大部分使用者不会主动调节遮阳，调节的目的也多出于隐私保护的需要。专家与厂家和使用者对建筑遮阳的主要功能认识存在很大差异。从建筑节能角度出发，遮阳主要用于夏季阻挡太阳辐射热以减少室内冷负荷，降低建筑能耗。但是实际调查结果表明，对遮阳应用和调节还存在很多问题。

建筑内的能源消耗是为提供舒适的室内环境，良好的室内环境有利于提高员工生产效率，建筑内的使用者与建筑能源消耗有直接联系，但是使用者的节能意识还很薄弱。实地考察中可常见到的不合理现象有：人离开办公室耗电设备没有及时关闭；拉下遮阳开着照明；公共部位照明常年开启，在室外天气晴朗的时候室内依然采用照明。据工程管理人员反映使用者往往是开着窗户且开着空调，室内常产生凝结水现象，还要打电话抱怨管理人员。对于新建建筑，虽然照明可以自由调控，但是空调新风系统、室内温度的控制由物业统一管理，即使室内有空调温度可调开关，但是仅仅是假象，工程管理人员控制系统最终温度，从而在一定程度上限制了空调的调节。因此，针对人员用能的特征制定相应的节能措施是非常有必要的。

（4）主要行为节能措施

1）"行为节能"理念宣传

通过宣传，从意识行为上形成不浪费的品质，时刻避免身边的无功浪费现象，树立一种新时代观念："有权使用，无权浪费"，减少不必要的能源浪费或养成有利于节能的行为。"行为节能"可表现在节电、节水、节油、节粮、节材等多个方面。通过"行为节能"管理模式加强公共机构节约文化建设，树立节约理念，使节约理念贯彻到每个人的行为中，使节能成为习惯，让节俭成为美德。

首先应认识"行为节能"的重要性和意义，加强全员的思想认识，让大家改变原有的不关电脑、水龙头，浪费点水、电都不是什么问题，也花费不了多少钱的思想，认识到在这些电白白消耗掉的同时，电脑所排放的二氧化碳等有害气体，正在残害着自身的身体；认识到，发电厂发电所需要的煤炭等资源以及所排放废气和污水所给环境带来的危害；意识到，发电厂的机器设备、电脑耗材等生产资料在生产过程中所给环境带来的巨大危害，使全员将"行为节能"变成自觉的下意识行为，让心动变成行动。

"行为节能"的实施主体和部门。确定"行为节能"的专管部门，并建立相应的协调机制，明确相关部门的责任和分工，确保责任到位、措施到位、人员到位，形成强有力的系统工作格局。并由"行为节能"主管部门制定行为节能管理建设规划实施方案，确定今后工作的目标，分解、落实各项任务。然后挖掘各项"行为节能"潜力，从水、电、煤、车、办公等方面进行。

首先制定"行为节能"管理建设规划，着力实施。大力宣传资源节约的重要性，增强全员节约资源的紧迫感和责任感。对节能行为的奖励和对浪费行为的教育处罚措施，将全员节能行动纳入行为规范建设中，形成长效机制。

可通过在公共用水场合张贴节约用水提醒标示牌，警示全员使用水龙头时随用随开，跑冒滴漏时及时报修，不让长流水现象发生。合理调节绿化区自动喷淋系统，减少水资源的浪费，绿地用水也尽可能采用喷灌、微灌、滴灌等节能灌溉方式。

2）行为节能主要措施

采用节能方式设定室内空调采暖温湿度，控制空调开启时间，提倡下班前半小时提早关闭空调且开空调时不开门窗，过渡季节尽量不开或少开空调，以开窗通风或使用电风扇为主。离开办公室前随手熄灯，避免长明灯现象，IT 设备做到人离关机。北方公共机构建筑冬季采暖支出占建筑能耗很大比例，因此，科学地规划采暖机制，制定科学工况和燃炉优化组态，通过温度平衡和按需供热可显著提高冬季供暖效率。

在用车管理上，严控制车辆编制，将公务用车纳入政府节能采购制度当中，逐步更新不符合节能环保要求的车辆，采购小排量、低油耗、低排放车辆，按规定及时淘汰环保不达标、油耗高的车辆。坚持科学、规范驾驶，按时保养，减少车辆部件非正常损耗，降低车辆维修费用支出。加强日常管理，严禁公车私用，严格执行单车油耗定额，提高班车的满载率。倡导短距离使用自行车或步行，尽量乘坐公共交通出行。采用清洁能源的交通工具是减少不可再生能源使用、二氧化碳排放的有效措施之一。公共机构应选定一定比例的停车位设为电动汽车专用停车位，应配套建设一定比例的电动汽车充电设施。使用电动汽车作为公共机构内、各公共机构和公共场所之间通勤的交通工具。

在节俭办公上，规范办公用品的采购、配备和领取。不盲目采购使用高档的办公设备用品，推行网络办公，在电脑上修改文稿。加强信息化建设和先进技术的应用，构筑无纸化办公平台，积极推进无纸化办公。提倡双面用纸，减少打印复印次数，节约使用打印耗材。严格控制会议铺张浪费。减少或不使用精装请帖，避免礼品过度包装，减少或不使用校园横幅，积极使用电子显示屏及网站。

废旧资源如废旧钢铁、废旧有色金属、废旧塑料、废纸、废旧电子设备和器材应当再生利用。并增加创新的节能方式，学校可实施能源缴费校园一卡通模式，将各种资源消费与个人经济利益挂钩。鼓励开展资源循环利用活动，积极回收利用书籍、衣物、文具等。

3）节能措施的有效监管

① 出台节能指标，实现有效监管

单位办公产品用电情况就应改变以往吃大锅饭的习惯，实现每个部门、每个科室一个电表，分部门统计每个月、每年的耗电情况。除了为每个部门安装电表之外，还应做出每个月的耗电指标。做为今后该部门用电的标准，该部门主管需要依据该指标对部门人员进行监管，如果有一个月的用电量超出了该指标，就要进行检查认识。其他各部门也可以通过指标量对其他部门进行监督，监督各个部门用电量是否超标。各个部门有了自己的电表，而且又有全体员工的监督，全体员工用电的意识自然而然就会有所规范。各部门出台节能指标，让全体员工进行监督，主要领导负责监管，形成比学赶帮超的良好局面。

② 出台节能奖罚制度

加强管理与监督，对"行为节能"进行跟踪问效。对各项节能工作落实情况进行检查并公布节能情况。建立节能减排责任制和问责制，将节能减排指标纳入考核体系，使责任到位；通过能耗科学定额，实行节奖超罚。在条件成熟时，实施能源使用审计制度，强势监管能源使用。

奖罚应及时到位，可以采用精神上与结合经济上相结合的形式，并做好宣传工作，带动整个集体共同节能。

第三部分 绿色施工

第9章 绿色施工关键技术与应用

9.1 施工场地环境保护技术

9.1.1 施工现场无尘化技术

从扬尘污染的变化趋势来看，由于城市建设施工、裸露地面的大量存在以及城市周围生态环境的恶化，很多城市扬尘污染影响在扩大。在相当长的一段时期内，由施工扬尘所引发的颗粒物污染是影响我国城市空气质量的重要因素。因此，在施工管理中重视扬尘控制和管理，是很有意义的。

1. 挡风抑尘技术

（1）挡风抑尘墙

根据空气动力学原理，当风通过挡风抑尘墙时，墙后出现分离和附着并形成上、下干扰气流来降低来流风的风速，极大地损失来流风的动能，减少风的湍流度，消除来流风的涡流，降低料堆表面的剪切应力和压力，从而减少料堆起尘量。试验结果显示具有最适透风系数的挡风抑尘墙减尘效果最好。例如当无任何风障时，料堆起尘量为100％，设挡风墙起尘量仍有10％，而设挡风抑尘墙起尘量只有0.5％。

（2）绿化防尘

利用绿植减小扬尘逸散，首先是由于其有降低风速的作用，随着风速的减慢，气流中携带的部分大粒粉尘的数量会随之下降。其次是由于树叶表面不平、多茸毛并能分泌黏性油脂及汁液可吸附部分扬尘。此外还是树木枝干上的纹理缝隙也可吸纳扬尘。不同种类的植物滞尘能力有所不同。一般而言，叶片宽大、平展、硬挺、叶面粗糙、分泌物多的植物滞尘能力更强。另外植物吸滞粉尘的能力与叶量的多少成正比。

（3）抑尘剂抑尘

采用化学抑尘剂抑尘是目前较有效的一种路面防尘方法。综合而言．该法抑尘效果好但周期长，设备投资少，综合效益高，对环境无污染，是今后施工场地抑尘的发展方向。

2. 利用施工降水自动喷洒防尘技术

（1）主要技术内容

本装置是一种利用施工降水实现工地现场临时施工道路降尘的自动化喷淋系统，主要由基坑降水系统、集中水箱、加压水泵、喷洒干管、喷洒支管组成。其特征是：

1）在基础及主体结构施工期间，利用施工降水自有的基坑降水系统，若工程不需要进行降水或工程处于后期的装饰装修阶段已停止降水工作，可利用市政水源。

2）设置集中水箱（水箱大小可根据现场的道路面积确定），将地下水提升至水箱。

3）通过增压泵的二次加压对环网进行水源供给。喷洒道路环网干管采用DN50焊接钢管，形成循环回路。

4）根据道路的走向及长短在干管的不同部位设置阀门，通过对阀门的控制来实现分段供水。

5）在干管全长焊接 DN15 支管，间距 5m。支管总长 1.25m，其中竖直高度 0.75m，朝向临时施工道路弯折 45°长度 0.5m。在支管的竖直高度的中上部设置控制阀门，无特殊情况此类阀门处于常开状态，除遇特殊情况只需局部降尘时，可通过手动关闭相应部位的阀门。

6）在支管的末端设置喷洒头，以便水能够均匀喷洒，达到降尘的作用，见图 9-1-1、图 9-1-2。

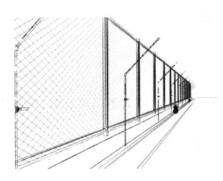 

图 9-1-1　自动喷洒防尘装置设计概念图　　　图 9-1-2　防尘装置现场图片

（2）技术指标

根据项目的不同设计施工道路旁的防尘装置，通常做法如下：

室外喷洒环网给水系统采用了独立的降水给水管道系统，由基坑降水提升至基坑两边的三级沉淀池里，在三级沉淀池里面各设置一台全自动控制的潜水泵与基坑四周喷洒环网相连接，经二次加压对环网进行水源供给。

喷洒道路干管为 DN50 焊接钢管，支管为 DN15 镀锌钢管，控制阀门使用 DN15 球阀，根据每个喷头喷洒路面的范围，每间距 5m 设计一个降尘喷洒头，基坑四周根据道路周长设置支管，分双供水（电）系统控制，对管道压力及水量合理控制。设计图见图 9-1-3。

（3）环境效果分析

传统的施工工地临时道路降尘均采用人工洒水的方法进行，且采用的水源均为市政管道供应的自来水，管口出水量不好控制，且 50%以上的水流淌出了道路，浪费大量的水资源。地下水的回收再利用除了使工地施工道路保持充足的养护等施工用水外，同时现场做到了卫生、清洁和低积尘状态，取得了良好的环保效益。

3.施工现场防扬尘自动喷淋技术

（1）主要技术内容

建筑施工扬尘已成为城市大气污染的主要来源之一，有效控制施工现场扬尘污染环境成为施工现场的重中之重。

（2）关键技术

1）使喷淋半径与管道长度相符，节约管材，并保证覆盖整个现场。

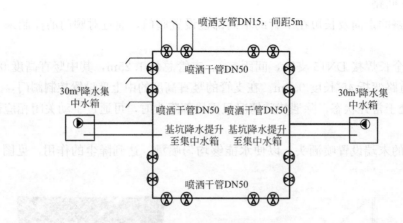

图 9-1-3　喷洒设计图

2）分段供水，确保到喷淋头压力大于 2kg。

3）整个喷淋系统分为 4 组，在现场四周设置 4 个供水点，主管道采用 DN63PPR 管，喷淋支管采用 DN20PPR 管，热熔连接，每隔 4m 设置一个喷淋头，喷淋头采用扇形发射头，最大喷射半径 5m，确保现场降尘无死角且喷洒均匀，节约用水。

4）配管要点：

管子的切割应采用专门的切割剪或普通手工锯。剪切管子时应保证切口平整。剪切时断面应与管轴方向垂直。

管子末端外表面刀刮一斜面，在熔焊之前，焊接部分最好用酒精清洁，然后用清洁的布或纸擦干。并在管子上划出需熔焊的长度。将专用熔焊机打开加温至 260℃，当控制指示灯变成绿灯时，开始焊接。

5）例如北京冻土层为 800mm，为防冬季管道上冻，所有主管道埋深不得低于 1000mm。施工完成后，考虑现场车辆较多，在喷淋头外侧采用 DN50 管套管保护。

6）操作简单方便，只需打开阀门自动喷淋系统就可以使用。

（3）适用范围

适用于施工现场临时道路和施工现场防尘绿化带浇水养护，见图 9-1-4、图 9-1-5。

图 9-1-4　喷淋系统兼顾降尘与绿化带

图 9-1-5　自动喷淋开关

4.喷雾式花洒防扬尘技术

（1）主要技术内容

在水泥搅拌施工配置水泥过程中，干粉水泥极易产生较大的扬尘，这种扬尘颗粒很小，不同于砂尘，遇水后容易控制。因此在配料斗，出料口处加装喷雾式花洒，可以很好地控制扬尘。

（2）环境效果分析

一般的搅拌桩在施工现场很多时候都会导致泥沙满地、尘土飞扬，劳动条件极差。喷雾式花洒成本较低，用水量很少，对现场施工不造成影响，对粉尘控制有着极佳的效果。

5.高空喷雾防扬尘技术

（1）主要技术内容

高空喷雾降尘技术是一种比较简单易实施的扬尘治理技术，对难以治理的地面和高空扬尘进行有效快速的控制。

高空喷雾降尘系统的管道布置：利用硬防护或楼层外沿做喷洒平台，从水泵房布置一根镀锌钢管至主楼，然后由楼层的水管井上引至硬防护所在楼层或设定的喷洒楼层。然后主管从最近点引至硬防护并沿着硬防护绕一圈。支管为DN15的管，根据每个喷头的喷洒距离设置间距为3m，支管超出硬防护或者楼层外沿50cm，在支管末端接一个45°弯头并朝下；再接一段直管，将喷头安装在直管下端。

（2）环境效果分析

对施工降水及雨水进行回收利用，降低施工措施费的同时，减少了对水资源的消耗。同时，对施工现场进行智能化喷淋降尘，可减少大量的人工成本，如图9-1-6、图9-1-7所示。

图 9-1-6　高空喷淋　　　　　　　　图 9-1-7　施工场地绿化喷淋

6.新型环保水泥搅拌器技术

（1）主要技术内容

通过对水泥浆制备过程的观察、分析，造成粉尘污染的主要原因如下：当袋内水泥倾倒进罐体内，先倒入的水泥粉尘接触到预留水面后，漂浮在水面上，形成漂浮层。后续不断倒入的水泥冲击到漂浮层上反弹扬起，并向周边扩散，造成大范围的粉尘污染。

新型环保水泥搅浆器是指在罐体内安装喷淋装置，对罐内扬起的水泥粉尘进行水幕喷淋压制，从而降低粉尘污染程度。

（2）环境效果分析

新型环保水泥搅浆器直接降低粉尘浓度，直接在源头控制粉尘的污染，节省了大量人力物力，有效地控制了成本。同时，操作简便，保证了该设备可以较广泛地推广，有效地解决了传统搅拌过程粉尘污染的问题，对施工环境保护起到了很好的作用。

9.1.2 施工现场防污外泄控制技术

1.水磨石磨浆环保排放装置技术

（1）主要技术内容

水磨石磨浆环保排放装置，包括：临时砌筑于建筑各楼层楼梯口处的集水池、连接上下各集水池的竖向连接管、地面导水通道和地面沉淀池，上述集水池以楼梯口楼面平台和低于该平台一至两个踏步的台阶表面为池底，以围绕楼梯口拐弯部位内边、低于楼梯口楼面平台两个踏步的台阶边沿上的临时砌体和相邻楼道墙体围合成集水池的池壁，集水池在池壁上开有排水孔，排水孔与三通管相连，各楼层的三通管由设于楼梯井内的竖向连接管竖向连通。

利用楼梯间的部位将每层的污水通过楼层里砌筑的污水沟导入楼梯间砌筑的污水收集池中，然后利用水流的作用自然排放到管道、软管将污水逐层进行排放（图 9-1-8）。

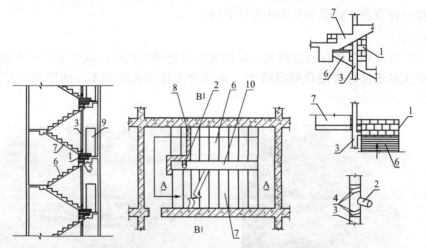

图 9-1-8　水磨石磨浆环保排放装置图

1—集水池；2—三通管；3—竖向连接管；4—铁丝；5—排水孔；6—楼梯；
7—楼道墙体；8—楼梯门；9—地面沉淀池；10—溢水孔

（2）环境效果分析

使得污水形成了有序排放，避免造成环境的污染，既达到了环保排放的目的，节省了排放的费用，还保持了现场的清洁卫生。

2.施工车辆自动冲洗装置

为消减施工场地泥土带出工地污染道路造成扬尘污染，可通过车辆自动冲洗装置，清洗车辆轮胎及底盘，通过高压水多个角度的冲洗，能彻底清除轮胎中间、底盘下夹杂的泥块，防止泥块带到道路上污染路面。同时，采用循环水利用技术，防止污水排入市政管网，堵塞市政管网的发生，减少水资源的浪费。见图9-1-9、图9-1-10。

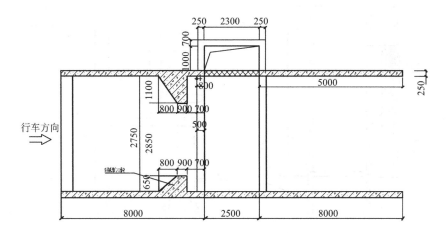

图 9-1-9　洗装置基坑图

图 9-1-10　冲洗装置工作照片

3.预制混凝土风送垃圾道技术

（1）主要技术内容

预制混凝土风送垃圾道的侧面被墙体围合，在墙面上开有垃圾投放槽口。其风送垃圾道由一段一段的预制钢筋混凝土管密封连接而成，每段预制钢筋混凝土管的其中一端带有扩口状企口，相邻预制钢筋混凝土管为企口连接。

垃圾投放槽口地面靠内段为斜向滑槽形状，外段的内壁四周固定一个垃圾投放门框，垃圾投放门框与垃圾投放门一侧铰接，在垃圾投放门框与垃圾投放门接触处设有一圈密封凹槽，密封凹槽中嵌有密封条，见图9-1-11。

（2）环境效果分析

预制混凝土垃圾道保证了管道接口和垃圾投放槽口的气密性，垃圾运送过程自始至终在全封闭的状态下完成，无需任何与垃圾的直接接触，无异味、无外溢。

9.1.3　施工现场噪声控制技术

1.多机具同时作业下的噪声耦合影响分析技术

（1）利用Cadna/A软件比较不同机械的噪声贡献和噪声耦合作用

根据之前建立的施工现场模型和收集到的施工现场作业机械信息，利用Cadna/A噪声模拟软件生成施工现场的噪声分布状况，并且可以设置某机械单独工作和多机械同时工

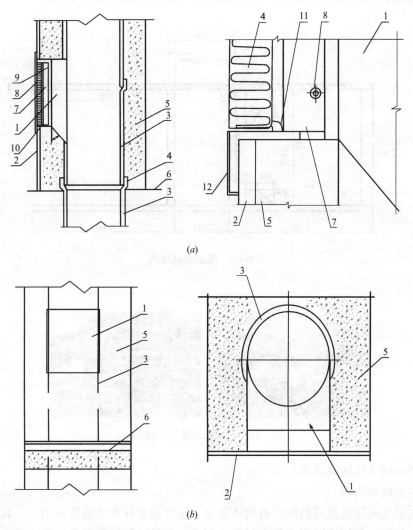

图 9-1-11　预制混凝土风送垃圾道示意图

1—垃圾投放槽口；2—墙体；3—预制混凝土管；4—企口；5—保护层；

6—混凝土梁；7—垃圾投放门框；8—垃圾投放门；9—膨胀螺栓；

10—密封条；11—密封凹槽；12—护墙包边

作，从而比较出不同机械对现场噪声的贡献率和噪声耦合作用后的效果。

（2）利用 Cadna/A 软件模拟不同"降噪"方案的效果

噪声模拟软件可以通过参数设置而进行不同的噪声控制措施模拟，故将前期预设的"降噪"方案分别输入软件中，比较不同措施的噪声控制效果，得出最佳的噪声控制方案，模拟流程如图 9-1-12 所示。

2.工地降噪装置及措施

工地降噪技术采用从源头和传播过程中安装降声及隔声装置来实现降声及隔声。

（1）噪声消声器：采用阻性消声器、扩散消声器、抗性消声器、缓冲消声器等消声方法，可有效降低通风机、空压机等产生空气动力性噪声源的施工机械的中高频噪声，所以

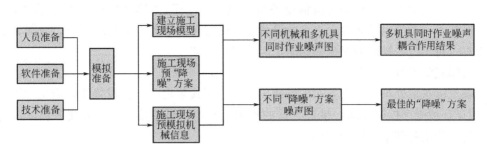

图 9-1-12　模拟技术流程图

适合在现场的风机、空压机上安装消声器，图 9-1-13、图 9-1-14 是某型号风机的消声器。

图 9-1-13　挖掘机的局部降噪处理

图 9-1-14　风机消声器

（2）噪声防护罩：是为长期在噪声下工作的人员提供一种造价低廉、结构简单、使用方便、效果明显的噪声防护用品。其由壳体填充在壳内的吸声材料安装在壳体内的微孔板，联接两个壳体的弹性片以及其他联结件所构成。

（3）噪声隔离板：施工区域采用隔离板实施封闭性施工，修建临时隔声屏障，以减少施工噪声对附近居民生活造成的影响。对施工区交通噪声能量集中的 400～800Hz 具有良好的吸、隔声性能，材料具有价格低、自重轻、防水、强度大、美观耐用、施工快速、维护容易等优点，见图 9-1-15、图 9-1-16。

图 9-1-15　半封闭木工隔声间

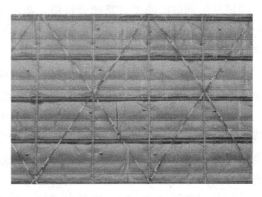

图 9-1-16　建筑物外围包裹塑料薄膜

（4）隔振阻尼降噪：在施工机械设备与基础或连接部之间采用弹簧减振、橡胶减振、管道减振技术。对产生受激振动声大的设备金属壳可在其外表涂上高阻尼层，减缓其受激振动噪声。对于撞击噪声的机械采用阻尼隔振降噪包装。

3.封闭式降噪混凝土泵房

混凝土输送泵处可根据设备和现场情况搭设封闭式泵房，上方设置防砸措施（图9-1-17）；根据环境噪声控制要求，挑选合适的吸隔声材料，料斗处开口，方便入料，该封闭泵房对防尘降尘起到了良好的效果。

图 9-1-17　降噪泵房外观图

4.钢筋混凝土支撑无声爆破拆除技术

（1）主要技术内容

先在钢筋混凝土支撑上钻孔，然后填装 SCA 浆体，浆体经过 10～24h 后的反应，生成膨胀性结晶体，体积增大到原来的 2～3 倍，在炮孔中产生 30～50MPa 的膨胀力，将混凝土破碎，然后利用机械结合人工将混凝土破碎成较小碎块，分离钢筋后清理碎块。

（2）环境效果分析

静力爆破拆除支撑梁可利用废弃的混凝土碎渣以及支撑拆除后的钢筋的二次利用，既提高了废弃物的利用率，也克服了传统拆除方式噪声大、粉尘难控制的缺点。

拆除过程采用小型机械与人工拆除相结合的方式，破除后的混凝土碎块体积小，可作为现场基坑回填或施工道路铺设材料，解决了破碎后混凝土废弃物的清运及堆放问题，同时将废弃物直接在现场利用。拆除后支撑中的钢筋除箍筋受到破坏外，纵向大直径钢筋较顺直，可二次清理后用于现场。

静力爆破拆除使用的小型机械与人工拆除结合的方式，产生的噪声较大型机械小，采取相应的降噪措施可有效把噪声降到 55dB 以下。

在拆除区域，采用密目网将现场封闭，并在密目网顶部设置喷淋设施，保证在施工过程中密目网保持湿润状态，能很好地组织粉尘的扩散；施工过程中，在钻孔和使用风镐时利用喷雾器向拆除区域上空喷水，保证拆除过程中拆除区域充满雾气，支撑上保持湿润状态；每天派专人随时清扫施工现场的道路，并适量洒水压尘，达到环卫要求。转运混凝土碎块的专用车每次装完后，用苫布盖好，避免途中洒落和运输过程中造成扬尘。采用上述措施，很好地解决了传统拆除过程粉尘污染的问题，见图 9-1-18、图 9-1-19。

图 9-1-18　喷雾设施　　　　　　　　　图 9-1-19　破碎钢筋保护层

9.2　施工现场节材及固体废弃物利用技术

施工中应制定节材方案并提出明确的节材目标，提出预拌混凝土、预拌砂浆、钢筋等大宗材料的损耗控制目标值，并制定可行的技术方案。

施工过程中，应最大限度利用建设用地内拆除的旧建筑材料，以及建筑施工和场地清理时产生的废弃物等，如合理使用建筑余料，科学利用板材、块材等下脚料和撒落混凝土及砂浆等，达到节约原材料，减少废物，降低由于更新所需材料的生产及运输对环境的影响。固体废弃物分类处理清单见表 9-2-1。

固体废弃物分类处理清单
表 9-2-1

分类		废弃物项目	危险性	收集工具	存放地点		最终处理方法
					临时存放	集中存放	
可回收利用类固体废弃物	金属类	铁屑、铜屑、余料		垃圾箱	各项目部	仓库	卖给回收公司
		废设备零部件					
		焊渣					
		锈铁					
		报废工具					
		废旧电线电缆					
	供应商回收类	废蓄电池	✓				供应商回收
		线盘、线筒					
	纸类	办公用纸		捆扎	各项目部	垃圾储存室	卖给回收公司
		报刊杂志					
		废弃复印纸					
		纸箱、纸板					

分类		废弃物项目	危险性	收集工具	存放地点		最终处理方法
					临时存放	集中存放	
可回收利用类固体废弃物	木质类	旧门及家具等木质类		集中	各项目部	垃圾储存室	再利用或卖给回收公司
	建筑废渣类	废混凝土		集中堆放	各项目部	垃圾储存室	分拣、剔除和粉碎后再利用或回收加工,转换成再生建材
		废砖、石膏板					
		废石质板材如大理石板					
	其他	废矿物油	√	油桶	各项目部	垃圾储存室	再利用或卖给回收公司
		废塑料、橡胶、废泡沫		捆扎			
		玻璃、饮料罐		垃圾桶			
不可回收利用类固体废弃物	有害固体废弃物	沾染油脂、油漆的手套、废布、棉纱	√	垃圾箱	各项目部	垃圾储存室	交有资质公司处理
		废弃的化学品容器	√				
		漆渣	√				
		废油漆桶(含废油漆)	√				
		废稀释剂桶(含废稀释剂)	√				
		废日光灯管	√				
		废弃的记号笔	√				
		废油墨盒、废硒鼓					
		废碳粉盒	√				
		沥青	√				
		石棉废弃物	√	密封容器			
	无害固体废弃物	生活垃圾		垃圾桶	各部门	垃圾场	交环卫部门
		一次性废干电池(不含汞、铅等重金属)					
		报废的砂轮					
		铭牌纸					
		化粪池、隔油池废渣					
		废弃的剩饭剩菜			食堂	食堂	

9.2.1 主体结构施工现场节材技术

主体结构材料、墙材和预拌砂浆占了建筑材耗与建造成本的很大比例，必须采取有效措施降低其损耗。通过对 68 个施工项目的调查可知，当前预拌混凝土平均损耗率约为1.99%，现场加工钢筋的损耗率约为 1.78%，预拌砂浆的平均损耗率约为 1.35%。

通过采取有效的措施可以减少主体结构材料的损耗，表 9-2-2 中列出了部分常见有效的技术措施。

对非整块或异形墙材进行工厂定制，合理控制铺灰厚度，对余料及滴落料及时回收进行合理重复利用等都是有效的可降低墙材与预拌砂浆损耗的技术措施。

主体结构材料降耗措施　　　　　　　　　　　　　　表 9-2-2

分类		具体降耗措施
混凝土结构	预拌混凝土	制定模板体系，避免出现胀模、漏浆等现象
		对余料及滴落料及时回收，用于制作过梁、混凝土砌块等，进行合理重复利用
	钢筋	80%以上钢筋采用工厂加工的钢筋
		合理采用机械连接和电渣压力焊
		将短料钢筋制作马凳支撑、模板定位筋、过梁钢筋等，进行合理重复利用
钢结构		利用计算机配板放样，进行工厂定制
		对边角料在现场进行合理再利用

工具式定型模板，采用模数制设计，可以通过定型单元，包括平面模板、内角、外角模板以及连接件等，在施工现场拼装成多种形式的混凝土模板。它既可以一次拼装，多次重复使用；又可以灵活拼装，随时变化拼装模板的尺寸。定型模板的使用，提高了周转次数，减少了废弃物的产出。同时，装配式钢制模板、高强度铝合金模板等新型模板也可大幅度提高模板的周转次数。水泥基材料制作的免脱模模板等新型模板也属于新型模板的范畴。但通过对 68 个施工项目的调查，目前新型模板的使用率仅为 58%，需进一步加强推广应用。

此外，采用系列化、标准化的新型架体，取代传统的脚手架等，也可增加架体的周转次数，节约资源。

建筑施工过程中，围挡、宿舍、库房、办公室、路面、塔吊基础和基坑支护等临时设施耗费了较多的材料，如果使用一次即废弃，不能重复利用，将造成较大的浪费。施工企业应使用装配式、可重复使用的临时设施，或者采取租用附近既有建筑作为临时建筑等资源影响小的措施。针对施工过程临时设施的预制装配与重复利用情况进行的调查，在全国共收集了 174 个样本，调查结果见图 9-2-1。

1. 新型模架体系

模架体系是建筑工程施工中量大面广的重要施工工具，其安装和拆除是混凝土结构施工的关键环节并与工程质量密切相关。CSCEC-8 快速设计安拆模架体系克服了传统木模板和水平结构模板支撑体系存在的缺陷和不足，做到了工具化、标准化，降低了劳动强度，提高了效率。

该体系集多项创新技术为一体，包括铝框木模板体系、水平托架及独立支撑体系，同时还开发了相应的配模设计软件，见图 9-2-2。具体特点如下：

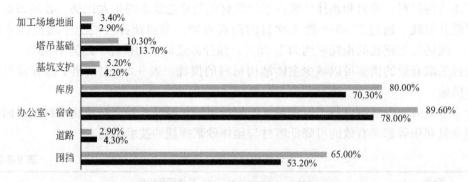

图 9-2-1　施工临时设施调查情况

图 9-2-2　CSCEC-8 快速设计安拆模架体系

（1）周转次数明显提高。由于铝合金型材边框的保护，铝框木模板的周转次数达到了数十次，比传统模板的周转次数提高了 5～10 倍。水平托架以钢代木，周转次数从原来的 5～6 次，提高到上百次，提高了 10 倍以上。

（2）劳动强度低。铝框木模板单片标准板的重量只有 15kg，便于工人托举安拆。

（3）出模的产品质量高。新型模架体系出模的产品表面平整度和垂直度均比较高，能够达到了面抹灰水平。

（4）施工速度快。研发了配套的拆模工具，扣件，夹具等配套零部件，工人只需要一把榔头就可以完成铝框木模板和水平托架等的安拆操作。

（5）可以早拆。水平托架体系采用次梁下挂的结构形式，在混凝土强度达到50％以后，即可拆除次梁和相应区域的板带，周转到下一层使用。早拆设计使得工程项目理论上只需要配置两套支撑架一套模板和托架即可完成项目施工。

（6）配模设计可靠度高。通过配套的配模软件自动设计出的模板配模方案可靠度比市场已有的产品高，而且自动配模率能够达到95％以上。

（7）质量与效益兼顾。通过技术创新，实现墙柱铝框木模板体系与梁板传统木模板体系的良好结合，使得这一体系在墙柱处克服了传统模板体系强度低、易爆模、难安装等，在楼板处克服了铝框模板成本高等缺点，达到了技术先进与经济合理的目的。

2. 模壳和楼梯可调模板

（1）鱼腹梁弧形玻璃钢模壳技术。模壳制作是由一个整体鱼腹梁尺寸放样胎膜，在模型表面反复间隔涂刷不饱和聚酯树脂粘结材料和低碱玻璃纤维平纹网格布作增强材料，达到一定厚度，经过固化、修边、脱模等工序加工而成的玻璃钢制品。"十二五"科技示范项目工信部会议中心报告厅空间跨度较大，屋面设计为屋顶花园，荷载较重，室内设备管线较多，净高要求较高，共设计有7条鱼腹梁（图9-2-3）。

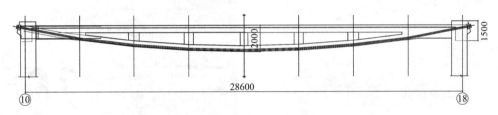

图 9-2-3　鱼腹梁示意

（2）使用钢板材、槽钢、角钢等材料制作的模板强度高、刚度好，根据不同楼梯踏步设计参数，确定最佳楼梯踏步变动范围，通过各部件连接处开槽、成孔，实现每一个踏步挡板可以上下前后调节位置，并满足每一个踏步变动范围。工信部综合办公业务楼示范项目建设中应用，共计10部楼梯，按照流水段划分，共配置6跑楼梯。

采用钢制模板代替了每步楼梯木模的制作，减少了木工锯的使用频率，节约了用电量。螺栓调节方式相对木模的人工制作、安装，减少了劳动力的投入和劳动强度，节约了人力资源。

3. 墙体结构工程节材技术措施

根据材料和施工作业特点新型墙体施工可分为蒸压加气混凝土砌块干法施工、新型隔墙和传统墙体工程施工改造三部分内容。通过优化传统工艺和工序，减少具体作业环节，提高工作效率并减少材料使用；通过添加剂和胶粘剂的使用，减少水和水泥等材料使用量，减少废弃物的同时减轻了对环境的影响；通过新型轻质隔墙的使用，减少材料使用量，提高建筑的物理性能；通过3D打印等新型预制加工技术的导入，减少施工误差，减少返工量，提高构件加工的工艺精度，减少浪费；通过现场施工管理技术的优化，减少材料损耗和资源使用量并切实改善施工作业环境。

4. 屋面工程节材技术措施

通过废弃混凝土的使用，减少建材投入并减少废弃物排出量；通过对金属性屋面安装技术的改进和创新，其实提高了安装精度，减少施工废弃物的产生；通屋顶绿化等配套工艺的应用，提高建筑物的节能性能并利用部分现场废弃木屑；通过屋面防水、集水技术的应用，为施工现场水资源的重复利用提供了可行性技术；通过太阳能等清洁能源的导入，降低了施工现场能源消耗，节能减排。

9.2.2 施工现场固体废弃物减量化技术

1. 余料回收制砖技术

传统施工中，混凝土、砂浆等建筑余料由于收集困难，利用率较低，多被作为建筑垃圾进行处理，同时建筑垃圾的清理多采用人工装袋、装箱，再利用垂直运输机械进行运输遗弃，造成建筑材料的浪费、人工的浪费、垂直施工机械耗能的浪费。

混凝土余料及工程废料等固弃物收集系统，将建筑垃圾进行回收，采用破碎机将混凝土弃块进行粉碎，然后作为原料用制砖机生产成小型砌块，合理利用，实现了废物利用，见图9-2-4、图9-2-5。该技术成本较低，人工费用、能源消耗都将大幅度降低。同时由于设置了回收管道，使得操作者的劳动强度大为减轻。

图 9-2-4　建渣破碎机　　　　　　　　　图 9-2-5　制砖机

2. 室内建筑垃圾垂直清理通道技术

室内建筑垃圾垂直清理通道主要适用于高层及超高层每一层的垃圾清理。垃圾通道采用3mm厚铁板加工制造成管径300mm的圆管，每条圆管长2m，用法兰扣件拼接在一起，每一层都设一个入口，每2层设置一个凸型缓冲带，减缓高空落物的冲击。

（1）做法及技术参数

每一层都用10号工字钢与铁管焊接在一起，架在进口四周梁板上，将铁桶彼此焊接联系成一个上下贯通的通道，致使1~8层形成一个连续的垂直使用通道，再在每层设置一个和整个通道相联系的入口，用来作为各层的垃圾倒运入口，通过通道将建筑垃圾直接倾倒至地下室垃圾指定堆放处，再将垃圾铲入粉碎机里加工。现场应用图片见图9-2-6~图9-2-9。

（2）经济效果分析

利用室内建筑垂直清理通道，使得各层垃圾集中堆放，快捷清理至便于外运的首层固定位置。大大减少了劳动力的投入，根据现场实际情况，在某建筑施工现场风井处安装一组垂直清理通道，每日每层可节省10个工日，每个工日120元，二十四层共节约28800元/日。

图 9-2-6　缓冲带图

图 9-2-7　通道固定架立

图 9-2-8　工字钢架支撑图

图 9-2-9　垃圾入口

（3）环境效果分析

1）工业废弃物的利用

楼层垃圾能及时并归堆处理，通过粉碎机粉碎，可以加工做成品，合理通过对固体废物的循环利用，实现资源化处理。

2）施工现场的粉尘控制

垃圾垂直通道可以抑制扬尘的逸散，在垃圾清理时，垃圾不下运的其他楼层垃圾入口必须做好封闭，防止其他楼层产生粉尘。此种建筑垃圾垂直清理通道的应用，防止了垃圾垂直清运时扬尘的产生。

3. 固废减量化技术

钢筋下料优化的做法，如图 9-2-10 所示。

4. 施工现场固废回收用于回填、现浇内隔墙

固体废弃物回收处理系统主要针对建筑垃圾五类回收利用，即：液体经过三级沉淀后回收利用，木塑等有机物可打包回收，固体垃圾处理后，粗骨料用于地下室设计回填，细

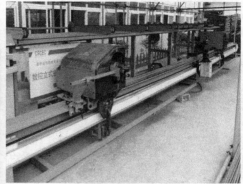

图 9-2-10　钢筋数控加工现场示意图

骨料部分可制作各种砌块、部分超细骨料经发泡剂等配比制成无机保温浆料用于现浇内隔墙、铁器经输送带设置的磁铁回收利用。见图 9-2-11。

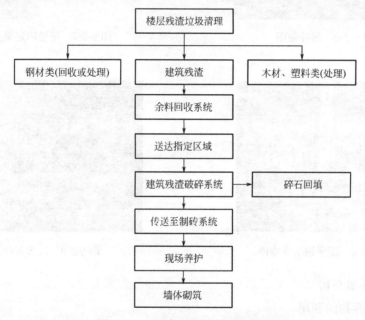

图 9-2-11　固废回收再利用示意图

　　建筑垃圾在楼层清理过程中得以分类，节省垃圾现场周转的运输成本，也节省垃圾的外运成本。建筑残渣经过回收系统、破碎系统、制砖系统后变废为宝，满足现场的砌筑和回填使用，见图 9-2-12～图 9-2-14。

　　此外除了针对固体废弃物的回收再利用之外，对于废弃模板和废弃混凝土，施工现场同样可采取一定的废弃物资源化的措施。具体示范见图 9-2-15、图 9-2-16。

　　5.建筑垃圾作夯扩桩填料加固软土地基

　　复合载体（建筑垃圾）夯扩桩，采用细长锤（直径为 250～500mm，长为 3000～5000mm，锤的质量为 3.5～6t），在护筒内边打边沉，沉到设计标高后，分批向孔内投入建筑垃圾（碎石、碎砖、混凝土块等），用细长锤反复夯实、挤密，在桩端处形成复合载体，放入钢筋笼，浇筑桩身（传力杆）混凝土而成。

图 9-2-12　固体废弃物回收系统

图 9-2-13　残渣回收处理后制砖

图 9-2-14　残渣回收破碎后填埋

(a)

(b)

图 9-2-15　固体废物回收

(a) 废旧木方模板制作扣件存放池；(b) 模板脚料做成的消防沙箱

　　复合载体（建筑垃圾）夯扩桩是由上部桩身和下部复合载体组成的。桩身是钢筋混凝土结构。复合载体是避软就硬，以碎石、碎砖、混凝土块等建筑垃圾为填充料，在持力层内夯实加固挤密形成的挤密实体。

(a)

(b)

图 9-2-16　废弃混凝土回收再利用

(a) 废弃混凝土制作二次结构过梁；(b) 废弃混凝土制作现场控制点

为更好地挤密土层，在填充料的选择上优先选用块状，不得使用粉状物。建议多利用碎砖、碎石和混凝土等块状物料，但其几何尺寸应控制在 50～150mm，单向尺寸最大不应超过 250mm，见图 9-2-17。

图 9-2-17　建筑垃圾作夯扩桩填料加固软土地基

6.临时设施场地铺装混凝土路面砖技术

(1) 做法及技术参数

混凝土路面砖是以水泥、集料和水为主要原材料，经搅拌、成型、养护等工艺在工厂加工生产，内未配置钢筋，主要用于路面和地面铺装，具有强度高、防滑和耐磨性能好等特点，其性能参数应符合《混凝土路面砖》GB 28635—2012 等国家现行相关规范的要求。

采用混凝土路面砖完成临建生活区和办公区室外地面铺装，路面砖种类有联锁砖、荷兰砖、植草砖等。在临建生活区和办公区入口及坡道处采用联锁型路面砖；在临建场区内铺设荷兰砖，可根据需要选择多种颜色和图案；场区停车位处采用植草砖，内嵌荷兰砖用作车位间隔标识，见图 9-2-18～图 9-2-20。

图 9-2-18　临建场区内铺装荷兰砖　　　　图 9-2-19　入口及坡道处铺装联锁砖

图 9-2-20　停车位铺设植草砖、内嵌荷兰砖做间隔标识

（2）实施效果

现浇混凝土室外地面在临时设施使用完后需进行破除，破除后会产生大量固体垃圾。利用混凝土路面砖铺装临建室外地面，在工程完工后临建拆除时可把面砖周转至其他临时设施处再次使用，因路面砖强度较高，损耗率低，可多次周转使用，周转次数在 3～5 次。

9.3　施工现场节能节水技术

9.3.1　施工现场水资源再利用技术

1.地下水自然渗透回灌技术

（1）主要技术内容

通过对施工现场场地环境各项因素分析，合理运用引导、沉淀、排放等措施，将施工降水期间抽取的地下水进行周边土体的自然渗透回灌。以达到补充因施工降水引起的周边地下水位的降低而产生长远影响。

（2）技术指标

1）围护形式

采用双轴水泥搅拌桩加重力坝围护形式，对本场地形成有效的止水帷幕体系，使场地内与场地外的地下水资源形成有效隔离。

2）周边环境

由于要采用自然渗透法使水体回复到土体中，因此在场地周边需要设有天然澄清池（渗水池）。但由于池子存在以下安全及环保隐患，故此项技术不应用于居民区及人员活动较多场所。

3）场地条件

此项技术运用需要利用较多的场地，因此适宜用于施工现场场地资源较为充足的工程项目，不适宜用于城市建筑密集区及场地狭小工程项目。

4）环境效果分析

通过水体的自然沉淀、渗透回灌，有效控制因施工过程对地下水资源的大量采集。目前很多工程项目在降水过程中，直接将抽取的地下水作为废水排放，对环境造成极大的危害，同时也增加了市政排水管网的压力。

降水后抽取的地下水资源通过合理疏导进行汇总收集，能更好地使地下水的回收再利用率得到提高，同时也能在地下室结构施工阶段减少了自来水的使用量。

2.施工现场雨水回收再利用技术

在施工现场设置引水管和沉淀池，沉淀池的大小根据工地的实际情况和实际需要确定。施工现场雨水处理工艺及装置见图 9-3-1、图 9-3-2。

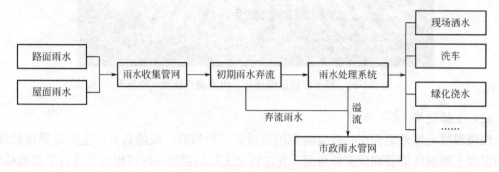

图 9-3-1　施工现场雨水处理工艺

图 9-3-2　施工现场雨水处理装置

（1）斜管沉淀池

采用斜管沉淀池将雨水中的大部分悬浮物去除。主要设备为：高强度斜管、斜管支架、穿孔出水管等。采用斜管沉淀的原因为：施工现场沉淀池的面积有限，斜管沉淀增加了沉淀池的沉淀面积，从而提高了处理效率。利用了层流原理，提高了沉淀池的处理能力，缩短了颗粒沉降距离，从而缩短了沉淀时间。

（2）石英砂过滤

斜管沉淀池出水至石英砂过滤池，将出水进一步过滤净化，以保证净化处理效果。雨水经三级沉淀后，利用清水泵提升至水箱，在雨水充足时储备，使用时经加压泵后送至供水点，达到雨水回用的目的，见图 9-3-3。施工现场收集的雨水经过处理后，可将

图 9-3-3　现场雨水回收装置

其运用到现场机具、设备、车辆冲洗、喷洒路面、植物浇灌、消防用水、现场洒水降尘等。

3.基坑降水回收利用技术

（1）施工现场基坑降水水质水量分析

根据项目水文地质情况以及施工现场制定的基坑降水方案，确定井深和基坑涌水量，分析施工现场基坑降水水质及水量，判断基坑降水回收再利用的可能性。

（2）建立基坑降水回收处理系统

根据基坑降水的水质及水量，结合施工现场用水需求，建立基坑降水回收处理系统，见图9-3-4。

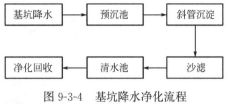

图9-3-4　基坑降水净化流程

在基坑降水三级沉淀池上方设置消防水箱和消防水泵房，在沉淀池里面放入一台自动控制的潜水泵直接将收集到的地下水抽到消防水箱中。经消防泵和施工用水泵加压后，用于临时消防用水。或经环状降水管线用于混凝土养护、现场洒水、冲洗车辆等，其技术系统见图9-3-5、图9-3-6所示。

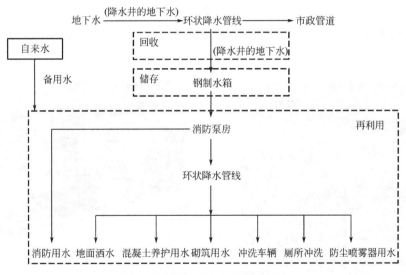

图9-3-5　基坑降水回收利用系统

利用现场留设基坑降水井，在基础底板上布置环形收集管线，管线采用 Φ150 钢管，距离地面约 150mm 高，将水进行收集，统一注入蓄水池中。

在水量充裕的情况下，若建筑项目施工区与办公生活区相距不远，管道铺设便利时，可以施工区用水为主，兼顾办公生活区用水。

若高层建筑施工用水需要加压供水时，优先考虑裙楼施工用水和其他用水。

若建筑项目占地面积过大，可采用"就地开采、就地使用"、"多点自成系统、互相兼顾"原则应用基坑降水。若建筑项目占地面积过小，可采用"集中存储、管道分配"原则应用基坑降水。

将降水所抽水体集中存放，可以用于冲刷厕所及现场喷雾控制扬尘。经过处理的水质

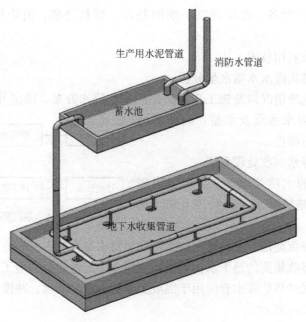

图 9-3-6　基坑降水收集系统

达到要求的水体可用于结构养护用水、基坑支护用水，泥浆液用水等的回收利用技术，见图 9-3-7。

图 9-3-7　基坑降水用于桩基、土方作业降尘

4. 污水处理系统

（1）主要技术内容

当前，施工单位一般都通过收集雨水、地下水等方式，侧重现场施工用水的利用，但对生活区用水的重复利用考虑较少，而且各类生活用水均混排至自建化粪池或市政污水管道，污水处理流程见图 9-3-8。

1）系统特点

污水处理系统采用全自动可编程程序系统，该系统特点是：①设全自动控制及手动控制功能。②进水泵低水位停止，高水位启动，超警戒水位提供报警信号。③设备停止工作

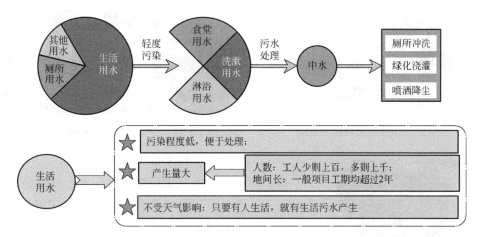

图 9-3-8 施工现场生活区污水处理流程图

2h 以上，为保持生物膜的活性，风机能定时间歇运行。④设有过流、过载、断相、短路保护，故障自动切换并声光警报。⑤运行可靠，使用寿命长，控制系统自动化水平高。见图 9-3-9。

2）系统原理

A 级生物处理池靠厌氧微生物可将污水中难溶解有机物转化为可溶解性有机物，将大分子有机物水解成小分子有机物。风机供 0 级生化池中充氧曝气，搅拌污泥提升和污泥消化。见图 9-3-10。

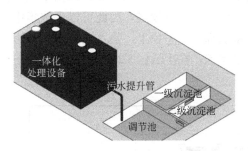

图 9-3-9 污水处理示意图

图 9-3-10 A 级生物处理池示意图

0 级生物处理池为本污水处理的核心部分，由池体、填料、布水装置和充氧曝气系统等部分组成。它分二级成梯度降解水质，可大幅度降低水中有机质，在氧气充足条件下，降解水中氮、氨，降低 COD 值。见图 9-3-11。

池中填料采用弹性立体组合填料，该填料具有比表面积大，使用寿命长，易挂膜耐腐蚀不结团堵塞；填料在水中自由舒展，对水中气泡作多层次切割，更相对增加了曝气效果，池中曝气管路选用优质 ABS 管，曝气头选用微孔曝气头、不堵塞，氧利用率高。见图 9-3-12。

生化后的污水流到二沉池，二沉池为竖流式陈定，排泥时放空污泥池内的污泥，打开排泥阀靠水位差将污泥压到污泥池内。污泥池内的污泥定期由吸粪车拉走。消毒池接触时间为 1.3h，消毒采用固体氯片接触溶解的消毒方式。见图 9-3-13。

图 9-3-11　O级生物处理池示意图

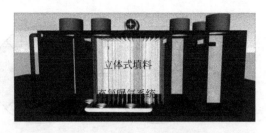

图 9-3-12　立体式填料充氧曝气系统示意图

图 9-3-13　消毒池示意图

（2）技术指标

进水水质根据常规污水水质；处理后水质达到《污水综合排放标准》GB 8978 的中水标准。

（3）经济、环境效果分析

设备占地小，处理效率高，节约水资源。

（4）适用范围

适用于集中搭建生活区、办公区的各类建筑工地。

9.3.2　施工现场节能技术

1.施工现场太阳能源利用

（1）太阳能热水系统

太阳能热水器是以太阳能为主，其他能源为辅的能源利用方式，使太阳能热水器能全年全天候使用。在施工现场，太阳能热水器一般安装在工人生活区的屋顶，以供工人生活区日常的热水使用。施工区域员工住宿集中，且一般住宿人员较多，因此可以采取集中供热水系统，集热器、蓄热水箱、辅助热源和控制系统都放在屋顶上，热水通过预埋管道输送到各个用户。为保证工人（员工）的生活用热水需求，在生活区采取太阳能热水器＋燃煤锅炉方式，见图 9-3-14～图 9-3-16。

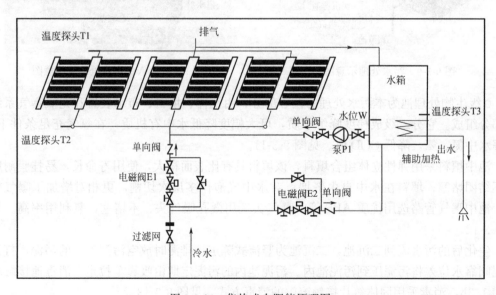

图 9-3-14　集热式太阳能原理图

图 9-3-15　太阳能热水器

图 9-3-16　员工生活用热水需求

（2）太阳能照明系统

在施工现场，太阳能照明系统可用于工人生活区宿舍内的普通照明需求。为保证员工用电的稳定性，在施工现场采取太阳能照明与市政照明相结合的照明系统，在太阳能照明不能满足用电需求时切换到市政照明。

施工现场所使用的太阳能照明，是通过太阳能电池组件在太阳光照射下产生直流电流，通过太阳能智能控制器的控制给蓄电池充电，再由蓄电池给负载供电。遇上恶劣天气造成供电不足时，可切换至市电供电。太阳能照明系统的主要组成部分包括：太阳能电池组件、太阳能市电互补控制器、蓄电池及直流负载灯等部件。与市电结合的太阳能照明系统结构示意图如图 9-3-17 所示。

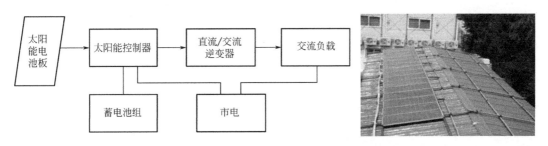

图 9-3-17　与市电结合的太阳能照明系统

2.除尘器自动停机功能

（1）用途

粉料罐除尘设备通过电子电器设备技术实现自动停机功能，有效降低维修频率、节约能源、减少安全隐患。

（2）做法

1）工作原理

利用时间继电器工作原理，设定最重量原材料车辆冲料时间值来控制除尘器设备停机时间。减少停机需要人工来完成这一道工序。避免冲完粉料忘记关机。

2）除尘器自动控制

时间继电器电路图如图 9-3-18 所示。

（3）实施效果

1）除尘器的使用时间及效果主要是依靠良好的保养以及工作运转时间来控制。使用

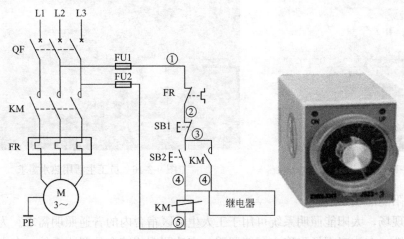

图 9-3-18　电路图控制

时间控制器主要避免原材料冲完后无人关闭导致电机、电磁阀长时间工作。

2）较好的维护工作带来无环境污染事故。往往因电机的烧毁导致现场水泥罐大面积被粉料污染，严重时冲料会对周围居民、工厂、空气带来污染。

第四部分　绿色运行

第 10 章　绿色运行关键技术与应用

10.1　低能耗建筑调适系统与关键技术

10.1.1　调适系统和目标值

1. 调适系统

在建筑机电系统设计、设备选型、安装及调试运行过程中，某一个环节的缺陷或不足都将造成整个系统的不正常运行或无法达到最佳的运行状态。因此在机电系统建造过程中，完整的调适过程和技术方法是非常必要的。

建筑调适，源于欧美发达国家，属于北美建筑行业成熟的管理和技术体系。通过在设计、施工、验收和运行维护阶段的全过程监督和管理，保证建筑能够按照设计和用户的要求，实现安全、高效的运行和控制，避免由于设计缺陷、施工质量和设备运行问题，保证建筑的正常运行，避免造成系统的故障。调适作为一种质量保证工具，包括调试和优化两重内涵，是保证建筑系统能够实现节能和优化运行的重要环节。

调适绝不仅仅是一个建筑节能的措施，它更是一个保障业主利益的风险管理体系。通过系统的质量管理体系与具体的调适技术相结合，系统调适保证了最后交付到业主手上的建筑达到业主的期望，确保业主的每一分钱投资都物有所值。随着人们对舒适性和经济性诉求的增加、国家建筑节能标准的不断提升，在建筑机电系统上的投资也越来越大，先进的技术，高效的设备不断地应用到建筑中。然而，国内外无数的实例表明，这些投入往往得不到相应的回报，经常是建成的建筑远远达不到设计使用要求。美国科研人员曾在 1994 年根据 60 栋公共机构建筑的调查显示，超过一半的建筑有各种各样控制系统的问题，其中 40％的建筑暖通空调设备存在问题，三分之一的传感器失效，更有 15％的建筑设计中要求的设备实际根本没有安装。在国内，这一现象同样不容乐观，根据 2006 年针对北京 160 栋商业楼的调查显示，只有 25％的大厦的楼宇自控系统令人满意，而有 30％的自控系统运行完全不正常，而另外的 45％处于未完全达到用户期望的状态。一个合格的系统调适能最大限度地避免上述问题。

系统调适是一个质量保证体系，可以确保一个建筑在它生命周期的一开始就运行在最佳状态，并在它的整个生命周期中维持这种状态。系统调适跨越整个设计与施工和竣工交付过程，理想的情况下，它应该开始于方案设计阶段。在设计阶段，调适顾问将调适要求在设计中予以体现；施工过程中，调适主管负责检查设备的安装；在验收阶段，调适主管协同整个调适团队进行严格的性能测试；在调适结束与交付时，调适主管还要完成系统运行的文档，并对整个物业进行建筑运行与维护的培训。

2. 系统调适目的值

调适可以在不同的阶段介入，例如可以在施工阶段的尾声，或在施工开始之际，也可以在方案设计阶段。国外的实践表明，在新建项目中，调适越早介入，其收益就越大，包括降低建造成本和能耗、提高室内环境品质、提高建筑运行效率、增加设计与施工单位间的配合、提高资金周转率及降低质保投诉率。很多业主担心过早的引入调适，会影响工程的进度，拖延工程的竣工时间。这种观点是不正确的，恰恰相反，一个缜密的调适计划，会大大缩短建设周期。这节将讲述业主、项目经理及物业运行人员最关注的调适的收益和成本问题。

（1）节约建造成本

越在项目早期开展调适工作，收益越多。在新建项目的设计阶段就开展调适，在调适过程中提前发现潜在的问题，在设计阶段就解决，而不是留到施工阶段，不仅减少了项目变更和返工，还保证了项目的进度和预算，能显著节省开支。

当工程预算有限时，业主往往选择放弃系统调适。其实，这是得不偿失的。大量的工程实践表明，在没有做系统调适的工程中，施工过程中的变更和返工带来的损失，远远大于系统调适的费用。如果在工程早期进行系统调适，很多的变更与返工是完全可以避免的。

（2）增加设计、施工与住户间的配合度

在一个工程项目中，业主最头疼的就是各工种之间的配合与协作。系统调适可以改进项目各团队成员间的交流。如果项目各团队成员间没有清晰和频繁的沟通，最后交付的建筑就不可能达到业主对工程的期望。在整个工程实施过程中，调适主管定期举行调适会议，将以往各自为营的各工种凝聚为一个团队，共同注重每一个细节及关键问题的沟通、记录和解决。这将提升和保证整个系统功能达到预期。

（3）节约能源

随着能源价格的上涨和国家建筑能效标准的大幅提高，减少建筑用能已经成了公共机构建筑的重要指标之一。而系统调适最重要的一个目标就是减少建筑用能，最大限度地提升建筑能效。在设计阶段，调适的任务就是发现和纠正任何影响建筑能效的设计。在施工和验收阶段，通过专门的测试手段与调适技术保证设备的正确安装与正常运转，以达到所有设备之间的优化运行，从而最大限度地发挥整个系统的潜力。

（4）提高室内环境品质

室内的环境品质影响室内人员的健康，舒适性和工作效率。不佳的温度和照明能够导致不舒适的工作环境，降低工作效率。导致室内空气品质变差的原因有很多，包括围护结构的结露导致发霉、新风不足、空气循环不畅等。

系统调适将通过一系列的功能测试方法与调适技术，包括对运行维护人员的培训，来解决由设计与维护不当引起的空气品质问题。例如，系统调适从设计中寻找、在施工中发现可能引起围护结构结露的原因，而且在霉菌出现前，通过一系列的方法来确保在运行过程中围护结构不会结露。

10.1.2 调适流程方法与技术要求

1. 调适范围

系统调适的目的是解决建筑系统的整体性能，也就是说既包括动态系统（例如暖通空调系统、照明系统、应急电力系统、电梯等），也包括静态系统（例如外围护结构）。调适的理想情况是开展整体系统调适，即所有的建筑系统均要进行调适。但在实际项目中，如果受到项目属性和预算影响，无法开展整体调适时，可根据需要有选择地去开展系统调适，使得整个调试过程费效比最大化。出于这种考虑，用以下的原则去选择调适的范围：

对安全性、环保性能或可靠性有显著影响的系统，在调适过程中应该优先进行（例如：建筑的暖通空调系统，中央供冷/供热站系统、建筑管理系统，应急电力系统，紧急呼叫系统和安全系统）。

通常情况下容易产生性能和维护问题的系统，在调适过程中应该优先进行（例如：围护结构系统，配电系统）。

有显著的动态性能组件的系统，在调适过程中应该优先进行（例如建筑电梯系统，水输配系统）。

调适的范围将改变项目设计阶段的进程，因此这个清单应尽早列出，并且在整个设计阶段中，随着设计的深化而不断地更新。

2. 调适工作方法

一个建筑工程项目，通常分为项目规划、设计、施工、交付运营四个阶段，系统调适的流程通常也按照这四个阶段制定相应的工作内容。前面也讲到，理想的情况下，调适应该从项目规划阶段就开始介入。然而，即使在调适发展比较成熟的北美国家，多数的调适项目也都是在施工阶段才开始的。

这一节将论述每一个阶段典型的调适任务。每一个建筑工程项目都有其独特性，并没有哪一种调适方法和流程能适应所有的建设项目，因此，就要求调适主管根据具体的项目特点，灵活调整调适的流程以及工作内容。

（1）规划阶段

这个阶段对应的时间，是从决定投资建设公共机构项目开始，一直到建筑设计开始之前。该阶段的决策关乎整个工程的成功与否，为后续的调适工作打下坚实的基础。这一阶段的主要任务包括：选定调适主管；制定业主项目需求书；制定初步调适计划。这个阶段是业主选择调适主管的最佳时机。

1）制定业主项目需求书

业主项目需求书是一个记录业主的诉求与期望的文件，其内容包括建筑的用途、性能指标以及验收的标准。该文件非常重要，它是整个项目的设计、施工以及调适工作的基础。让调适主管参与制定业主项目需求书，有助于在项目的早期，就将建筑节能的理念灌输其中，并且在关键节能技术的使用上给出建议。

业主项目需求书的细致程度根据工程的规模和复杂程度、业主的需求以及设计团队的经验不同而不同。

2）制定初步调适计划

每一个成功的调适工程都离不开一个缜密的调适计划。其内容主要包括调适的工作范畴、工作进度、预算以及调适成功的标准。调适计划在调适项目的进程中需要不断更新，比如说施工阶段的调适计划，在规划阶段就无法准确地制定，而需要在确定施工总包或开始施工时，再逐步深化、细化。因此，规划阶段的初步调适计划的内容，主要针对设计阶段，制定设计阶段调适计划，其内容一般包括：建筑信息等工程资料和联系信息；工程目标；调适过程总览和调适范围；建筑及其系统描述，包括需要调适的设备和系统清单；调适进度表；团队成员名单、职责和要完成的任务；沟通、报告、管理方案；详细设备单机调适步骤与方法；详细的系统联机调适步骤与方法；推荐的培训内容。

在规划阶段，调适主管需要完成并上交业主审阅的两个文件是：业主项目需求书和初步调适计划。

（2）设计阶段

在工程设计阶段，调适的主要目的是确保业主项目需求书的内容，在设计中得以准确而充分地体现。为实现这一目标，该阶段的调适任务，主要包括：主持设计阶段调适会议；审查设计文件与图纸；更新调适计划；在招标文件中，明确承包商和设备供应商在调适工作中的职责。

1）主持设计阶段调适会议

调适会议应该在设计阶段开始后立即召开，并且在整个设计阶段定期举行。调适的首次会议非常重要，在这次会议上，调适主管将向整个调适团队介绍调适的内容与目标，明晰每一个团队成员的职责，并共同商讨由调适主管起草的调适计划与时间表。

2）审查设计文件与图纸

这一任务，一般分几步完成：

在方案设计阶段，调适主管要做个综合的评定，确保设计的基本质量，尤其是建筑用能系统的合理性，如确定图表的表达是否清晰、标记正确，图表之间是否连贯。

在设计的中期，调适主管要召集协调会议，确保设计团队的各个工种的设计没有冲突，不同系统之间能否有效的衔接。

在设计的尾声，调适主管将进行最后的图纸审阅，以及对施工招标书的审阅以确保调试内容描述的准确性。

在设计审查中，调适主管应该特别注意的是：建筑系统设备的选型；设备运营维护的可操作性；设计对能耗的影响；建筑系统设备的整体控制方案；控制接口是否具备趋势控制和设备诊断辨识的能力；确保调适所需的测点、传感器标注清晰，预留足够的调试仪器的安装空间。

在设计调适过程中发现的问题，要详细地记录在问题日志中。调适主管要定期更新问题日志，上交业主审阅，并在定期举行的调适会议上与设计团队协商解决发现的问题。如果在解决这些问题时，与设计团队无法达成一致，则需要业主做最后的定夺。

3）更新调适计划

随着建设项目的推进，更多的信息将逐一的被确定下来，这时，调适主管应该继续制定施工阶段的调适计划，在初步调适计划的基础上，加入以下几个方面的内容：需要被验证和测试的系统和设备；施工和交付阶段的调适工作时间表；书面文档的格式与规范；更新团队成员职责；调试程序；所涉及的工程规范。

4）明确承包商和设备商的职责

由于涉及设备的保修，一般来说建筑设备的初调适主要是由设备供应商进行。调适主管在调适计划中明确承包商以及设备供应商相关的调适责任，比如设备的安装、启动、性能测试以及用户使用手册。这些要求要准确地体现在工程招标文件中，以便承包商和设备服务商准确地提供项目的报价。概括起来，主要包括以下几点要求：在调适主管进行检测和审查时，承包商可能需要做的配合；适当的人员培训，尤其是安装承包商和生产商代表要参加的培训；调试过程中需要的专用设备与仪器；负责编制设备运行维护手册的机构。

由于调适工作在我国开展的比较晚，业主及大部分的施工承包商和设备供应商均不熟悉调适的内容，因此业主应该在招标会议上，请调适主管向参与投标的单位详细说明调适的工作内容以及承包商和设备商在其中的职责，以便他们在投标时清楚明白调适的内容。

（3）施工阶段

建筑施工过程决定了建筑是否能够实现设计师的思想和业主的期望。在施工阶段，调适目标是按时且在预算之内交付一个功能高效的建筑。调适主管监控工程中的各个方面以确保系统和设备是按照业主项目需求书中的要求来安装和测试。调适主管把发现的问题记录在问题日志中。如果调适是在施工开始阶段介入的，调适主管依然可以进行施工和使用运行阶段的调适工作。但是，为了了解整个工程，负责人必须去审查设计图纸，并且依然要制定业主项目需求书。如果调适要求没有被写到投标文件里，施工总承包商就有可能提出工程变更，这将增加业主的花费。但是即使在施工阶段加入调适，其所带来的收益也将大大高于业主因此而增加的预算。

施工阶段调适过程的基本目标是验证建筑系统与设备是否按照施工图纸安装。调适主管将通过严格的测试和评估校验方法，验证设备的性能以及联合运行的效果。这一阶段的调适任务将在下面的小节逐一介绍。

1）主持施工阶段调适会议

团队成员间的良好的沟通，是调适工作顺利与否、成功与否的关键，因此调适团队定期举行会议是调适过程的核心内容。与设计阶段调适会议不同的是，调适团队的组成将发生变化，施工总包以及设备分包、厂商代表等将加入到调适团队。与设计阶段调适会议类似，调适主管向团队成员介绍施工阶段调适的目标和内容，调适工作的时间表，以及每个成员的职责，解决施工过程中发现的问题。在设计阶段完成的调适计划，将随着施工的开始，不断地进行更新。

2）不定期的施工现场调查，制定问题日志

调适主管要对施工现场安排定期的访问，这些现场的访问并不能代替承包商的质量控制检查，其目的是在进度的早期发现问题，以提供给承包商足够的时间和资源解决这些问题，避免问题更大规模的发生。例如：及时发现热交换器入口与出口接反的问题，可以避免在所有的热交换器都安装完毕后返工，从而减少解决问题的开销和对整个施工进度的影响。

现场访问过程中发现的问题，要详尽地记录在问题日志中。根据问题的性质，需要马上解决的，则立刻联络施工总包，停止工程建设，立刻现场召开全体调适团队参加的会议，即可提出解决方案。如果不需要及时解决，则可以等到下一次常规调适会议上提出，并商讨解决方案。问题日志，不仅要记录发现的问题，还要追踪问题的解决过程，直到问题完全解决为止。

3）实施设备单机初调适

单体设备初调适旨在检查单个系统组件是否被正确安装，以及其设计条件下的运行指标是否达到设计要求，这个过程通常发生在设备启动阶段。通常，设备供应商都有一整套的设备开机试车程序，调适主管应该在施工阶段的早期，从设备供应商处获得该设备厂家提供的开机试车程序，根据调适的标准，予以改进。在设备启动阶段，由设备供应商按照单机初调适的内容，在调适主管的指导下，完成初调适。对于某些相同的设备，当应用数量很多时，调适主管可以采取抽样调查的方法来验证这些设备是否通过初调适，比如风机盘管。调适主管将记录所有设备调适过程的运行数据，并决定该设备是否通过初调适。当测试性能不满足设计要求时，调适主管需要将问题记录在问题日志中，并且在调适会议上提出讨论，并根据解决方案进行再次初调适，直到设备满足设计要求。

4）实施系统联合调适

系统联合调适是调适价值的最终体现。如果说初调适更多的偏重设备的静态指标，那么系统联合调适则注重系统整体的动态运行。在传统的建筑行业，没有一个机制和体系来保障整个建筑系统的运行指标。即使系统中的每个单机设备安装正确、运行正常，当所有设备联合起来一起运行，尤其在非设计工况下的运行，往往是达不到设计要求的指标的，因为系统间的耦合性与非标状态运行的非线性，造成了整个系统的最优运行状态不再由单一的设备决定，比如一个水泵的运行效率，是由水泵的运行曲线与管路特性曲线共同决定的。在变水量系统中，不同的运行策略将产生不同的管路特性曲线，从而造成不同的水泵运行效率。

在所有的设备完成初调适后，可以进行系统的联合调适。通常是由调适主管主导，由各设备供应商协作共同完成。调适主管设定专门的边界条件来模拟各种可能的部分负荷状态，由设备供应商（主要是楼宇自控厂家）来实现这些边界条件，调适主管通过安装的仪器或楼宇自控软件的自动记录功能，记录下每一个边界条件下，系统的整体运行参数，然后进行分析，以确定系统的整体运行是否达到设计要求。这些边界条件的设定，很大程度上与室外的气候条件相关联，例如，如果联合调适发生在夏季，则冬季运行的各种边界条件将无法得到，因此，联合调适还要在交付使用后的半年到一年的时间里，继续进行，以确保系统在不同季节各种边界条件下的优化运行。实践证明，物业管理人员参与到联合调适过程中，将加深运营管理人员对建筑系统运行的理解，有助于建筑未来的运行与维护。当测试性能不满足设计要求时，调适主管需要对系统的运行数据进行分析，发现造成问题的原因以及责任方，并且将问题记录在问题日志中，在调适会议上提出讨论，并根据解决方案进行再调适，直到系统整体运行满足设计要求。

5）培训运行管理人员

联合调适完成以后，建筑即将投入使用，它的运行与维护将决定调适带来的收益能否在未来的日常使用中得以维持。这时，对运行维护团队的培训以及一个完整而有效的运行维护手册将非常重要。调适主管将首先与物业管理团队进行沟通，根据他们的技术水平与经验，和设备供应商一起确定培训的内容。运行维护手册是一个全面的，帮助业主和物业更好的理解、运行、维护建筑系统的重要文档，通常由调试主管负责，由设备供应商以及设计团队共同完成。

（4）运行阶段

运行使用阶段调适需完成的成果：季节性测试的总结报告；每个系统的担保审查；操作顺序（控制承包商和调适负责人制定的操作顺序）；最终调适报告中含有运行使用阶段所发现的问题；最终的问题日志；最终的调适报告。

在开始运营后，业主和运行人员掌控着建筑。尽管可以认为工程已经结束了，但在一年的质保期内，调适仍在继续进行。在入住初期调适主管积极的介入调试活动是调适取得成功的关键。

1) 实施季节性联合调适

前面已经提到，受气候的影响，某些联合调适需要在不同的季节进行。根据工程所在地的气候特点，这个时间可以从半年到一年不等。比如在夏热冬暖地区，半年就足够涵盖全年的气候特征。需要注意的是，在此期间的联合调适，一定要在投标文件中明确体现，并保证设备供应商在投标时明确知道自己在运营阶段肩负的调适职责。

2) 继续培训运行管理人员

运行维护的重要性，这里不需要再赘述。这一阶段的培训，主要是利用实施季节性系统联合调适的机会，让物业管理团队全程参与其中，在实践中完成培训。

3) 解决质保期内的问题

出于各种各样的原因，例如入住期的紧迫，某些在施工阶段没有来得及解决或者在运营阶段发现的跟调适相关的问题，调适主管将负责在这一阶段予以答复与解决。

4) 提交调适报告

调适项目的结束，是以调适主管向业主提交调适报告为标志的。调适报告是一个总结调适工作并评价调适项目成功与否的重要文件，其内容包括：

① 向业主汇报建筑的运行是否达到业主项目需求书中的要求以及还存在的问题；

② 汇总调适过程中生成的重要文档。

（5）调适过程的文档

调适工作的存档应贯穿整个调适的过程。在调适的每一个阶段要生成特定的文档，这些文档不但有效的帮助管理调适的工程，记录整个建设项目的过程，而且也为以后的建筑改造与调适项目提供宝贵的资料。表 10-1-1 给出了在调适的各个阶段，调适主管要完成的文档。

调适过程文档　　　　　　　　　　　　　表 10-1-1

规划阶段	业主项目需求书 初步调适计划
设计阶段	定期的调适进度报告 调适会议记录 阶段性设计审查报告 问题日志 更新的调适计划 施工招标文件中有关调适部分的说明
施工阶段	更新的调适计划 调适会议记录 初调适及联合调适报告 问题日志 定期的调适进度报告 调适报告初稿
运营阶段	季节性系统联合调适报告 质保期内问题与解决方案 调适报告

3. 综合效能调适技术要求

对于系统的综合效能调适，要遵循以下技术要求。

（1）综合效能调适应对现场主要设备和系统进行检查。检查抽样原则：主要设备全数检查，末端设备的抽查数量不得少于 50%。每个系统均应进行检查。

（2）综合效能调适应对水系统和风系统进行平衡调适验证。平衡验证抽样原则：主管路和次级管路全数平衡验证，二级管路平衡验证不少于 30%，末端风口平衡验证不少于 10%。平衡合格标准应符合现行国家标准《建筑节能工程施工质量验收规范》GB 50411 的有关规定。

（3）综合效能调适应对主要设备实际性能进行测试。性能测试抽样原则：主要设备全数检测。实际性能测试与名义性能相差较大时，应分析其原因，并进行整改。

（4）综合效能调适应对自控功能验证。自控功能验证应包括点对点验证、控制逻辑验证和软件功能验证。自控功能验证系统控制功能应符合设计和实际使用要求。

（5）综合效能调适应对系统进行联合运转及不同工况验证。系统联合运转应包括夏季工况、冬季工况以及过渡季工况。系统联合运转调适结果应符合设计和实际使用要求。

（6）系统联合运转结束后，应出具相应的系统联合运转报告，报告应包括系统的施工质量检查和检测报告、设备性能检验报告、自控功能验证报告和系统间相互配合调适运转报告。

10.2 暖通空调系统运行维护集成技术

10.2.1 冷水机组运行维护技术

冷水机组是中央空调系统在进行供冷运行时采用最多的冷源，其机械状态和供冷能力直接影响到中央空调系统供冷运行的质量，以及电耗和维修费用的开支，因此做好冷水机组运行维护的各项工作意义重大。

1. 冷水机组的运行

（1）冷水机组运行宜采取群控方式，根据系统负荷的变化合理调配机组运行台数，保证各机组使用时间均衡。

对系统冷、热量的瞬时值和累积值进行监测，冷水机组优先采用由冷量优化控制运行台数的方式。通常 60%～100% 负载为冷水机组的高效率区，故根据系统负荷变化，合理的控制机组的开启台数，使得各机组的负荷率经常保持在 50% 以上，有利于冷水机组节能运行。

常见的冷水机组台数控制方法是：每增加新一组设备时，判断冷量条件为计算冷量超出机组总标准冷量的 15%，例如现在已经开启一组，而冷量要求超出单台机组冷量的 15%，再延时 20～30min 后判断负荷继续增大时，即开启新一组设备。

关闭一组设备的判断冷量条件为计算冷量低于机组总标准冷量的 90%，例如现在已经开启两组设备同冷量的机组，且冷量在逐渐下降，在冷量要求低于单台机组冷量的 90% 以下，且延时 20～30min 后判断冷量条件无变化，即关闭其中一组运行时间较长的冷水机组及附属设备。

长时间不运转的机组匹配适应性可能较差而影响运行能效比，同时会影响长时间运转机组的使用寿命，有必要平衡多台机组的运行时间。

（2）制冷设备的出水温度，宜根据室外气象参数和除湿负荷的变化进行设定。

237

在设计选用制冷设备时一般根据全年最大负荷来选择，由最大负荷确定制冷设备的设计出水温度。然而，一年中系统达到最大负荷的时间往往很短，机组多数时间在部分负荷的工况下运行。此时如采用较高的出水温度，可以大大提高机组的效率。

以冷水机组为例，根据经验，在低负荷时，冷冻水温度的设定值可在设计值7℃的基础上提高2～4℃。一般每提高出水温度1℃，能耗约可降低相当于满负荷能耗的1.75%。当然在制定冷水机组出水温度时，同时需根据建筑物除湿负荷的要求，保证室内除湿的设计使用要求。

冷水机组出水温度设定策略方法为：重设冷水机组出水温度需要使用设定温度点的室外温度和出水温度关系图（图10-2-1），用这些资料对建筑自控系统进行编程，使之能够根据室外温度、时间、季节和（或）建筑负荷，来自动设定出水温度。

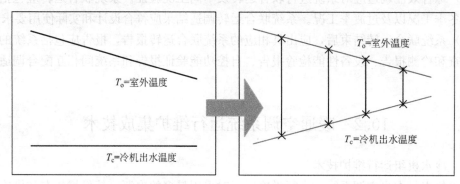

图10-2-1　制冷机出水温度与室外温度的关系曲线图

（3）冷水机组冷凝器侧污垢热阻，宜根据冷水机组的冷凝温度和冷却水出口温度差的变化监控。

冷凝器污垢热阻对冷水机组的运行效率影响很大，为了及时有效地判断冷水机组冷凝器的结垢情况，在冷水机组运行过程中，应密切观察冷凝温度同冷却水出口温度差变化，采取相应的除垢技术，保持冷水机组高效运行。

现场判断冷水机组污垢热阻的一般方法为：在满负荷的情况下，冷凝温度与冷却水出口温度差不宜大于2℃，否则应采取相应的物理或化学的清洗方法，以保证冷水机组的效率。

2.冷水机组的维护

暖通空调系统应按时巡检并做好记录，发现问题及时维修，保证系统稳定运行。

巡检内容应包括：

（1）每两小时对制冷主机、热泵机组、磁悬浮制冷主机进行一次巡检，并记录设备运行参数。

（2）每周对空调机组巡检一次，并记录运行状况。

制冷主机的巡视内容和顺序包括：

1）检查压缩机的油压、油压差、油温及油量；

2）系统探漏；

3）检查不正常的声响、振动及高温；

4）检查制冷剂运行中冷凝器及冷却器的温度、压力；

5）检查阀门开关状态，有无泄漏；

6）检查冷水机出入水温度及压力；

7）检查运转部分润滑油情况及添加适当润滑油。

3. 机组开启前，应进行日常的维护检查

（1）检查油位和油温。油箱中的油位必须达到或超过低位视镜，油温为 60～63℃。

（2）检查导叶控制位。确认导叶的控制旋钮是在"自动"位置上，而导叶的指示是关闭的。

（3）检查油泵开关。确认油泵开关是在"自动"位置上，如果是在"开"的位置，机组将不能启动。

（4）检查抽气回收开关。确认抽气回收开关设置在"定时"上。

（5）检查各阀门。机组各有关阀门的开、关或阀位应在规定位置。

（6）检查冷冻水供水温度设定值。冷冻水供水温度设定值通常为 7℃，不符合要求可以进行调节，但不是特别需要最好不要随意改变该值。

（7）检查制冷剂压力。制冷剂的高低压显示值应在正常停机范围内。

（8）检查主电机电流限制设定值。通常主电机（即压缩机电机）最大负荷的电流限制应设定在 100% 位置，除特殊情况下要求以低百分比电流限制机组运行外，不得任意改变设定值。

（9）检查电压和供电状态。三相电压均在 380±10V 范围内，冷水机组、水泵、冷却塔的电源开关、隔离开关、控制开关均在正常供电状态。

（10）如果是因为故障原因而停机维修的，在故障排除后要将因维修需要而关闭的阀门打开。完成上述各项检查与准备工作后，再接着做日常开机前的检查与准备工作。当全部检查与准备工作完成后，合上所有的隔离开关即可进入冷水机组及其水系统的启动操作阶段。

10.2.2 循环水泵运行维护技术

1. 循环水泵的运行

（1）采用变频运行的水系统，变频设备的频率不宜低于额定值的 60%。

多数空调系统都是按照最不利情况进行系统设计和设备选型的，而建筑在绝大部分时间内是处于部分负荷状况的，或者同一时间仅有一部分空间处于使用状态。针对部分负荷、部分空间使用条件的情况，采取水泵变频、变水量等节能措施，保证在建筑物处于部分冷热负荷时和仅部分建筑使用时，能根据实际需要提供恰当的能源供给，同时不降低能源转换效率，并能够指导系统在实际运行中实现节能高效运行。

（2）每两小时对冷冻水泵、冷却水泵进行一次巡检，并记录设备运行参数。

水泵巡视内容和顺序包括：

① 检查及调校轴封条；

② 轴承加压；

③ 检查不正常噪声；

④ 检查防锈部分；

⑤ 检查水管垃圾网。

（3）水泵的运行调节。

水泵的日常运行调节中应注意两个问题，一是在出水管阀门关闭的情况下，水泵的连续运转时间不宜超过 3min，以免水温升高导致水泵零部件的损坏；二是当水泵长时间运行时应尽量保证其在铭牌规定的流量和扬程附近工作，使水泵在高效率区运行（水泵变速运行时也要注意这一点），以获得最大的节能效果。水泵基本调节方式有：

① 水泵转数调节；

② 并联水泵台数调节；

③ 并联水泵台数与转数的组合调节；

④ 根据系统配置和运行需求对循环水泵进行调节运行。

2. 循环水泵的维护

（1）启动前的检查

当水泵停用时间较长，或是在检修及解体清洗后准备投入使用时，必须要在开机前做好以下检查与准备工作：

① 水泵轴承的润滑油充足、良好；

② 水泵及电机的地脚螺栓与联轴器（又叫靠背轮）螺栓无脱落或松动；

③ 水泵及进水管部分全部充满了水，当从手动放气阀放出的水没有气时即可认定，如果能将出水管也充满水，则更有利于一次开机成功；在充水的过程中，要注意排放空气；

④ 轴封不漏水或为滴水状（但每分钟的滴数符合要求）。如果漏水或滴数过多，要查明原因改进到符合要求；

⑤ 关闭好出水管的阀门，以有利于水泵的启动，如装有电磁阀，则手动阀应是开启的，电磁阀为关闭的。同时要检查电磁阀的开关是否动作正确、可靠；

⑥ 对卧式泵，要用手盘动联轴器，看水泵叶轮是否能转动，如果转不动，要查明原因，消除隐患。

（2）启动检查

启动检查工作是启动前停机状态检查工作的延续，因为有些问题只有水泵"转"起来了才能发现，不转是发现不了的。例如泵轴（叶轮）的旋转方向就要通过点动电机来看泵轴的旋转方向是否正确、转动是否灵活。以 IS 型水泵为例，正确的旋转方向为从电机端往泵方向看泵轴（叶轮）是顺时针方向旋转。如果旋转方向相反要改过来；转动不灵活要查找原因，使其变灵活。

（3）运行检查

水泵有些问题或故障在停机状态或短时间运行时是不会出现或产生的，必须运行较长时间才能出现或产生。因此，运行检查工作是检查工作中不可缺少的一个重要环节。同时，这种检查的内容也是水泵日常运行时需要运行值班人员经常关照的常规检查项目，应给予充分重视。

① 电机不能有过高的温升，无异味产生；

② 轴承温度不得超过周围环境温度 35～40℃，轴承的极限最高温度不得高于 80℃；

③ 轴封处（除规定要滴水的型式外）、管接头均无漏水现象；

④ 无异常噪声和振动；

⑤ 地脚螺栓和其他各连接螺栓的螺母无松动;

⑥ 基础台下的减振装置受力均匀,进出水管处的软接头无明显变形,都起到了减振和隔振作用;

⑦ 电流在正常范围内;

⑧ 压力表指示正常且稳定,无剧烈抖动。

(4) 维护保养

为了使水泵能安全、正常地运行,为整个中央空调系统的正常运行提供基本保证,除了要做好其启动前、启动以及运行中的检查工作,保证水泵有一个良好的工作状态,发现问题能及时解决,出现故障能及时排除以外,还需要定期做好以下几方面的维护保养工作。

① 加油。轴承采用润滑油润滑的,在水泵使用期间,每天都要观察油位是否在油镜标识范围内。油不够就要通过注油杯加油,并且要一年清洗换油一次。

② 更换轴封。由于填料用一段时间就会磨损,当发现漏水或漏水滴数超标时就要考虑是否需要压紧或更换轴封。对于采用普通填料的轴封,泄漏量一般不得大于 $30\sim60mL/h$,而机械密封的泄漏量则一般不得大于 $10mL/h$。

③ 解体检修。一般每年应对水泵进行一次解体检修,内容包括清洗和检查。清洗主要是刮去叶轮内外表面的水垢,特别是叶轮流道内的水垢要清除干净,因为它对水泵的流量和效率影响很大。此外还要注意清洗泵壳的内表面以及轴承。在清洗过程中,对水泵的各个部件顺便进行详细认真的检查,以便确定是否需要修理或更换,特别是叶轮、密封环、轴承、填料等部件要重点检查。

④ 除锈刷漆。水泵在使用时,通常都处于潮湿的空气环境中,有些没有进行保温处理的冷冻水泵,在运行时泵体表面更是被水覆盖(结露所致),长期这样,泵体的部分表面就会生锈。为此,每年应对没有进行保温处理的冷冻水泵泵体表面进行一次除锈刷漆作业。

⑤ 放水防冻。水泵停用期间,如果环境温度会低于 0℃,就要将泵内的水全部放干净,以免水的膨胀作用胀裂泵体。特别是安装在室外工作的水泵(包括水管),尤其不能忽视。如果不注意好这方面的工作,会带来重大损坏。

10.2.3 冷却塔运行维护技术

冷却塔组成构件多,工作环境差,因此检查、维护内容也相应较多,而且除了一般维护保养外,还要做好保证冷却效能的清洁工作,为了节能及延长使用寿命还应做好运行调节工作。

1.冷却塔的运行

(1) 冷却塔出水温度设定值宜根据室外空气湿球温度确定;冷却塔风机运行数量及转速,宜根据冷却塔的出水温度进行调节。

冷水机组冷却水供水温度建议采用:

① 控制冷却塔风机的运行台数(对于单塔多风机设备)。

② 控制冷却塔风机转速(特别适用于单塔单风机设备)。

③ 通过在冷却水供、回水总管设置旁通电动阀等方式控制。

(2) 冷却塔补水量应定期记录和分析。

冷却水的损耗主要包括蒸发损失、漂水损失、排污损失和泄水损失,冷却塔应设置必要计量设施核算各项损耗量，并通过运行维护和优化等措施，保证系统的蒸发损失在所有冷却水损耗的 80％以上。

（3）冷却塔的运行中，应确保冷却水节水技术运行良好或非传统水源补充正常。

保证循环水系统运行的实际操作过程和方法为：

① 开式循环冷却水系统或闭式冷却塔的喷淋水系统受气候、环境的影响，冷却水水质比闭式系统差，改善冷却水系统水质可以保护制冷机组和提高换热效率。应设置水处理装置和化学加药装置改善水质，减少排污耗水量。

② 开式冷却塔或闭式冷却塔的喷淋水系统设计不当时，高于集水盘的冷却水管道中部分水量在停泵时有可能溢流排掉。为减少上述水量损失，可采取加大集水盘、设置平衡管或平衡水箱等方式，相对加大冷却塔集水盘浮球阀至溢流口段的容积，避免停泵时的泄水和启泵时的补水浪费。

③ 通过非传统水源补充，确保水量满足需求。

（4）冷却塔的运行调节

① 调节冷却塔运行台数。当冷却塔为多台并联配置时，不论每台冷却塔的容量大小是否有差异，都可以通过开启同时运行的冷却塔台数，来适应冷却水量和回水温度的变化要求。用人工控制的方法来达到这个目的有一定难度，需要结合实际，摸索出控制规律才行得通。

② 调节冷却塔风机运行台数。当所使用的是一塔多风机配置的矩形塔时，可以通过调节同时工作的风机台数来改变进行热湿交换的通风量，在循环水量保持不变的情况下调节回水温度。

③ 调节冷却塔风机转速（通风量）。采用变频技术或其他电机调速技术，通过改变电机的转速进而改变风机的转速使冷却塔的通风量改变，在循环水量不变的情况下达到控制回水温度的目的。当室外气温比较低，空气又比较干燥时，还可以停止冷却塔风机的运转，利用空气与水的自然热湿交换来达到冷却水降温的要求。

2.冷却塔的维护

（1）启动前的检查

当冷却塔停用时间较长，准备重新使用前（如在冬、春季不用，夏季又开始使用），或是在全面检修、清洗后重新投入使用前，必须要做的检查内容如下：

① 由于冷却塔均由出厂散件现场组装而成，因此要检查所有连接螺栓的螺母是否有松动。特别是风机系统部分，要重点检查，以免因螺栓的螺母松动，在运行时造成重大事故。

② 由于冷却塔均放置在室外暴露场所，而且出风口和进风口都很大，有的加设了防护网，但网眼仍很大，难免会有树叶、废纸、塑料袋等杂物在停机时从进、出风口进入冷却塔内，因此要予以清除。如不清除会严重影响冷却塔的散热效率；如果杂物堵住出水管口的过滤网，还会威胁到制冷机的正常工作。

③ 如果使用皮带减速装置，要检查皮带的松紧是否合适，几根皮带的松紧程度是否相同。如果不相同则换成相同的，以免影响风机转速，加速过紧皮带的损坏。

④ 如果使用齿轮减速装置，要检查齿轮箱内润滑油是否充满到规定的油位。如果油不够，要补加到位。但要注意，补加的应是同型号的润滑油，严禁不同型号的润滑油混合

使用，以免影响润滑效果。

⑤ 检查集水盘（槽）是否漏水，各手动水阀是否开关灵活并设置在要求的位置上。集水盘（槽）有漏水时则补漏，水阀有问题要修理或更换。

⑥ 拨动风机叶片，看其旋转是否灵活，有没有与其他物件相碰撞，有问题要马上解决。

⑦ 检查风机叶片尖与塔体内壁的间隙，该间隙要均匀合适，其值不宜大于 $0.008D$（D 为风机直径）。

⑧ 检查圆形塔布水装置的布水管管端与塔体的间隙，该间隙以 20mm 为宜，而布水管的管底与填料的间隙则不宜小于 50mm。

⑨ 开启手动补水管的阀门，与自动补水管一起将冷却塔集水盘（槽）中的水尽量注满（达到最高水位），以备冷却塔填料由干燥状态到正常润湿工作状态要多耗水量之用。而自动浮球阀的动作水位则调整到低于集水盘（槽）上沿边 25mm（或溢流管口 20mm）处，或按集水盘（槽）的容积为冷却水总流量的 1%～1.5% 确定最低补水水位，在此水位时能自动控制补水。

（2）启动检查

启动检查工作是启动前检查与准备工作的延续，因为有些检查内容必须"动"起来了才能看出是否有问题，其主要检查内容如下：

① 点动风机，看其叶片是否俯视时是顺时针转动，而风是由下向上（天）吹的，如果反了要调过来。

② 短时间启动水泵，看圆形塔的布水装置（又叫配水、洒水或散水装置）是否俯视时是顺时针转动，转速是否在对应冷却水量的数字范围内。如果不在相应范围就要调整。因为转速过快会降低转头的寿命，而转速过慢又会导致洒水不均匀，影响散热效果。布水管上出水孔与垂直面的角度是影响布水装置转速的主要原因之一，通常该角度为 5°～10°，通过调整该角度即可改变转速。此外，出水孔的水量（速度）大小也会影响转速，在出水角度一定的条件下，根据作用与反作用原理，出水量（速度）大，则反作用力就大，因而转速就高，反之转速就低。

③ 通过短时间启动水泵，可以检查出水泵的出水管部分是否充满了水，如果没有，则续几次间断地短时间启动水泵，以赶出空气，让水充满出水管。

④ 短时间启动水泵时还要注意检查集水盘（槽）内的水是否会出现抽干现象。因为冷却塔在间断了一段时间再使用时，洒水装置流出的水首先要使填料润湿，使水层达到一定厚度后，才能汇流到塔底部的集水盘（槽）。在下面水陆续被抽走，上面水还未落下来的短时间内，集水盘（槽）中的水不能干，以保证水泵不发生空吸现象。

⑤ 通电检查供回水管上的电磁阀动作是否正常，如果不正常要修理或更换。

（3）运行检查

运行检查工作的内容，既是启动前和启动检查工作的延续，也可以作为冷却塔日常运行。

① 圆形塔布水装置的转速是否稳定、均匀。如果不稳定，可能是管道内有空气存在而使水量供应产生变化所致，为此，要设法排除空气。

② 圆形塔布水装置的转速是否减慢或是有部分出水孔不出水。这种现象可能是因为

管内有污垢或微生物附着而减少了水的流量或堵塞了出水孔所致，此时就要做清洁工作。

③ 浮球阀开关是否灵敏，集水盘（槽）中的水位是否合适。如果有问题要及时调整或修理浮球阀。

④ 对于矩形塔，要经常检查配水槽（又叫散水槽）内是否有杂物堵塞散水孔，如果有堵塞现象要及时清除。槽内积水深度宜不小于 50mm。

⑤ 塔内各部位是否有污垢形成或微生物繁殖，特别是填料和集水盘（槽）里，如果有污垢或微生物附着要分析原因，并相应做好水质处理和清洁工作。

⑥ 注意倾听冷却塔工作时的声音，是否有异常噪声和振动声。如果有则要迅速查明原因，消除隐患。

⑦ 检查布水装置、各管道的连接部位、阀门是否漏水。如果有漏水现象要查明原因，采取相应措施堵漏。

⑧ 对使用齿轮减速装置的，要注意齿轮箱是否漏油。如果有漏油现象要查明原因，采取相应措施堵漏。

⑨ 注意检查风机轴承的温升情况，一般不大于 35℃，最高温度低于 70℃。温升过大或温度高于 70℃ 时要迅速查明原因予以降低。

⑩ 查看有无明显的飘水现象，如果有要及时查明原因予以消除。

（4）维护保养

为了使冷却塔能安全正常地使用得尽量长一些时间，除了做好上述检查工作和清洁工作外，还需定期做好以下几项维护保养工作。

① 对使用皮带减速装置的，每两周停机检查一次皮带的松紧度，不合适时要调整。如果几根皮带松紧程度不同则要全套更换；如果冷却塔长时间不运行，则最好将皮带取下来保存。

② 对使用齿轮减速装置的，每一个月停机检查一次齿轮箱中的油位。油量不够时要补加到位。此外，冷却塔每运行六个月要检查一次油的颜色和黏度，达不到要求必须全部更换。当冷却塔累计使用 5000h 后，不论油质情况如何，都必须对齿轮箱做彻底清洗，并更换润滑油。齿轮减速装置采用的润滑油一般多为 30 号或 40 号机械油。

③ 由于冷却塔风机的电机长期在湿热环境下工作，为了保证其绝缘性能，不发生电机烧毁事故，每年必须做一次电机绝缘情况测试。如果达不到要求，要及时处理或更换电机。

④ 要注意检查填料是否有损坏的，如果有要及时修补或更换。

⑤ 风机系统所有轴承的润滑脂一般一年更换一次。

⑥ 当采用化学药剂进行水处理时，要注意风机叶片的腐蚀问题。为了减缓腐蚀，每年清除一次叶片上的腐蚀物，均匀涂刷防锈漆和酚醛漆各一道。或者在叶片上涂刷一层 0.2mm 厚的环氧树脂，其防腐性能一般可维持 2～3 年。

⑦ 在冬季冷却塔停止使用期间，有可能因积雪而使风机叶片变形，这时可以采取两种办法避免：一是停机后将叶片旋转到垂直于地面的角度紧固；二是将叶片或连轮毂一起拆下放到室内保存。

⑧ 在冬季冷却塔停止使用期间，有可能发生冰冻现象时，要将冷却塔集水盘（槽）和室外部分的冷却水系统中的水全部放光，以免冻坏设备和管道。

⑨冷却塔的支架、风机系统的结构架以及爬梯通常采用镀锌钢件,一般不需要油漆。如果发现生锈,再进行去锈刷漆工作。

（5）清洁工作

冷却塔的清洁工作,特别是其内部和布水装置的定期清洁工作,是冷却塔能否正常发挥冷却效能的基本保证,不能忽视。

①外壳的清洁。目前常用的圆形和矩形冷却塔,包括那些在出风口和进风口加装了消声装置的冷却塔,其外壳都是采用玻璃钢或高级PVC材料制成,能抗太阳紫外线和化学物质的侵蚀,密实耐久,不易褪色,表面光亮,不需另刷油漆作保护层。因此,当其外观不洁时,只需用水或清洁剂清洗即可恢复光亮。

②填料的清洁。填料作为空气与水在冷却塔内进行充分热湿交换的媒介体,通常是由高级PVC材料加工而成,属于塑料一类,很容易清洁。当发现其有污垢或微生物附着时,用水或清洁剂加压冲洗或从塔中拆出分片刷洗即可恢复原貌。

③集水盘（槽）的清洁。集水盘（槽）中有污垢或微生物积存最容易发现,采用刷洗的方法就可以很快使其干净。但要注意的是,清洗前要堵住冷却塔的出水口,清洗时打开排水阀,让清洗的脏水从排水口排出,避免清洗时的脏水进入冷却水回水管。在清洗布水装置、配水槽、填料时都要如此操作。此外,不能忽视在集水盘（槽）的出水口处加设一个过滤网的好处,在这里设滤网可以挡住大块杂物（如树叶、纸屑、填料碎片等）随水流进入冷却水回水管道系统,清洗起来方便、容易,可以大大减轻水泵入口水过滤器的负担,减少其拆卸清洗的次数。

④圆形塔布水装置的清洁。对圆形塔布水装置的清洁工作,重点应放在有众多出水孔的几根支管上,要把支管从旋转头上拆卸下来仔细清洗。

⑤矩形塔配水槽的清洁。当矩形塔的配水槽需要清洁时,采用刷洗的方法即可。

⑥吸声垫的清洁。由于吸声垫是疏松纤维型的,长期浸泡在集水盘中,很容易附着污物,需用清洁剂配合高压水冲洗。

上述各部分的清洁工作,除了外壳可以不停机清洁外,其他都要停机后才能进行。

10.2.4 空调末端运行维护技术

1.空调末端的运行

多数空调系统都是按照最不利情况进行系统设计和设备选型的,而建筑在绝大部分时间内是处于部分负荷状况的,或者同一时间仅有一部分空间处于使用状态。针对部分负荷、部分空间使用条件的情况,采取变风量等节能措施,保证在建筑物处于部分冷热负荷时和仅部分建筑使用时,能根据实际需要提供恰当的能源供给,同时不降低能源转换效率,并能够指导系统在实际运行中实现节能高效运行。

2.空调末端的维护

（1）空气过滤网的清洗

空气过滤网是风机盘管用来净化回风的重要部件,通常采用的是化纤材料做成的过滤网或多层金属网板。由于风机盘管安装的位置、工作时间的长短、使用条件的不同,其清洁的周期与清洁的方式也不同。一般情况下,在连续使用期间应一个月清洁一次,如果清洁工作不及时,过滤网的孔眼堵塞非常严重,就会使风机盘管的送风量大大减少,其向房间的供冷（热）量也就相应大大降低,从而影响室温控制的质量。空气过滤网的清洁方式从方便、快捷、工作量小的角度考虑，应首选吸尘器吸清方式，该方式的最大优点是清洁时不用拆卸过滤网。对那些不容易吸干净的湿、重、粘的粉尘，则要采用拆下过滤网用清水加压冲洗或刷洗，或用药水刷洗的清洁方式。清洁完，待晾干后再装回过滤器框架上。空接水盘气过滤网的清洁工作是风机盘管维护保养工作中最频繁、工作量最大的作业，必须给予充分的重视和合理的安排。

（2）接水盘的清洗

若空调系统的末端为风机盘管，则应定期进行接水盘的清洗。当盘管对空气进行降温去湿处理时，所产生的凝结水会滴落在接水盘（又叫滴水盘、积水盘、凝水盘、集水盘）中，并通过排水口排出。由于风机盘管的空气过滤器一般为粗效过滤器，一些细小粉尘会穿过过滤器孔眼而附着在盘管表面，当盘管表面有凝结水形成时就会将这些粉尘带落到接水盘里。因此，对接水盘必须进行定期清洗，将沉积在接水盘内的粉尘清洗干净。否则，沉积的粉尘过多，一会使接水盘的容水量减小，在凝结水产生量较大时，由于排泄不及时造成凝结水从接水盘中溢出损坏房间天花板的事故；二会堵塞排水口，同样发生凝结水溢出情况；三会成为细菌甚至蚊虫的滋生地，对所在房间人员的健康构成威胁。接水盘一般一年清洗两次，如果是季节性使用的空调，则在空调使用季节结束后清洗一次.清洗方式一般采用水来冲刷，污水由排水管排出。为了消毒杀菌，还可以对清洁干净了的接水盘再用消毒水（如漂白水）刷洗一遍。

（3）盘管的清洗

若空调系统的末端为风机盘管，则应定期进行盘管的清洗。盘管担负着将冷热水的冷热量传递给通过风机盘管的空气的重要使命。为了保证高效率传热，要求盘管的表面必须尽量保持光洁。但是，由于风机盘管一般配备的均为粗效过滤器，孔眼比较大，在刚开始使用时，难免有粉尘穿过过滤器而附着在盘管的管道或肋片表面。如果不及时清洁，就会使盘管中冷热水与盘管外流过的空气之间的热交换量减少，使盘管的换热效能不能充分发挥出来。如果附着的粉尘很多，甚至将肋片间的部分空气通道都堵塞的话，则同时还会减小风机盘管的送风量，使其空调性能进一步降低。盘管的清洁方式可参照空气过滤器的清洁方式进行，但清洁的周期可以长一些，一般一年清洁两次。在使用吸尘器吸清时，最好先用硬毛刷子对肋片进行清刷，或用高压空气吹清。如果是季节性使用的空调，则在空调使用季节结束后清洁一次。不到万不得已，不采用整体从安装部位拆卸下来清洁的方式，以减小清洁工作量和拆装工作造成的影响。

（4）风机的清洁

风机盘管一般采用的是多叶片双进风离心风机，这种风机的叶片形式是弯曲的。由于空气过滤器不可能捕捉到全部粉尘，所以漏网的粉尘就有可能粘附到风机叶片的弯曲部分，使得风机叶片的性能发生变化，而且重量增加。如果不及时清洁，风机的送风量就会明显下降，电耗增加，噪声加大，使风机盘管的总体性能变差。风机叶轮由于有蜗壳包围着，不拆卸下来清洁工作就比较难做。可以采用小型强力吸尘器吸的清洁方式。一般一年清洁一次，或一个空调季节清洁一次。

10.2.5　水系统运行维护技术

1.水系统的运行

（1）冷冻水的压力与温度控制。

空调用冷水机组一般是在名义工况所规定的冷冻水回水温度 12℃，供水温度 7℃，温差 5℃的条件下运行的。对于同一台冷水机组来说，如果其运行条件不变，在外界负荷一定的情况下，冷水机组的制冷量是一定的。此时，由 $Q=W\times\Delta t$ 可知：通过蒸发器的冷冻水流量与供、回水温度差成反比，即冷冻水流量越大，温差越小；反之，流量越小，温差越大。所以，冷水机组名义工况规定冷冻水供、回水温差为 5℃，这实际上就限定了冷水机组的冷冻水流量，该流量可以通过控制冷冻水经过蒸发器的压力降来实现。一般情况下这个压力降为 0.05MPa，其控制方法是调节冷冻水泵出口阀门的开度和蒸发器供、回水阀门的开度。

（2）水系统阀门的控制。

阀门开度调节的原则一是蒸发器出水有足够的压力来克服冷冻水闭路循环管路中的阻力；二是冷水机组在负担设计负荷的情况下运行，蒸发器进、出水温差为 5℃。按照上述要求，阀门一经调定，冷冻水系统各阀门开度的大小就应相对稳定不变，即使在非调定工况下运行（如卸载运行）时，各阀门也应相对稳定不变。应当注意，全开阀门加大冷冻水流量，减少进、出水温差的做法是不可取的，这样做虽然会使蒸发器的蒸发温度提高，冷水机组的输出冷量有所增加，但水泵功耗也因此而提高，两相比较得不偿失。所以，蒸发器冷冻水侧进、出水压降控制在 0.05MPa 为宜。为了冷水机组的运行安全，蒸发器出水温度一般都不低于 3℃。此外，冷冻水系统虽然是封闭的，蒸发器水管内的结垢和腐蚀不会像冷凝器那样严重，但从设备检查维修的要求出发，应每三年对蒸发器的管道和冷冻水系统的其他管道清洗一次。

（3）冷却水的压力与温度控制

冷水机组在名义工况下运行，其冷凝器进水温度为 32℃，出水温度为 37℃，温差 5℃。对于一台已经在运行的冷水机组，环境条件、负荷和制冷量都为定值时，冷凝热负荷无疑也为定值，冷却水流量必然也为一定值，而且该流量与进出水温差成反比。这个流量通常用进出冷凝器的冷却水的压力降来控制。在名义工况下，冷凝器进出水压力降一般为 0.07MPa 左右。压力降调定方法同样是采取调节冷却水泵出口阀门开度和冷凝器进、出水管阀门开度的方法。所遵循的原则也是两个：一是冷凝器的出水应有足够的压力来克服冷却水管路中的阻力；二是冷水机组在设计负荷下运行时，进、出冷凝器的冷却水温差为 5℃。同样应该注意的是，随意过量开大冷却水阀门，增大冷却水量借以降低冷凝压力，试图降低能耗的做法，只能事与愿违，适得其反。为了降低冷水机组的功率消耗，应当尽可能降低其冷凝温度。可采取的措施有两个：一是降低冷凝器的进水温度；二是加大冷却水量。但是，冷凝器的进水温度取决于大气温度和相对湿度，受自然条件变化的影响和限制；加大冷却水流量虽然简单易行，但流量不是可以无限制加大的，要受到冷却水泵容量的限制。此外，过分加大冷却水流量，往往会引起冷却水泵功率消耗急剧上升，也得不到理想的结果。所以冷水机组冷却水量的选择，以名义工况下，冷却水进、出冷凝器压降为 0.07MPa 为宜。

2. 水系统的维护

（1）水管的维护

① 冷冻水管和热水管维护。当空调水系统为四管制时，冷冻水管和热水管分别为单独的管道；当空调水系统为两管制时，冷冻水管则与热水管同为一根管道。但不论空调水系统为几管制，冷冻水管和热水管均为有压管道，而且全部要用保温层（准确称呼应为绝热层）包裹起来。日常维护保养的主要任务一是保证保温层和表面防潮层不能有

破损或脱落，防止发生管道方面的冷热损失和结露滴水现象；二是保证管道内没有空气，水能正常输送到各个换热盘管，防止有的盘管无水或气加水通过而影响处理空气的质量。为此要注意检查管道系统中的自动排气阀是否动作正常，如动作不灵要及时处理。

② 冷却水管维护。冷却水管是裸管，也是有压管道，与冷却塔相连接的供回水管有一部分暴露在室外。由于目前都是使用镀锌钢管，各方面性能都比较好，管外表一般也不用刷防锈漆，因此日常不需要额外的维护保养。冷却水一般都要使用化学药剂进行水处理，使用时间长了，难免伤及管壁，要注意监控管道的腐蚀问题。在冬季有可能结冰的地区，室外管道部分要采取防冻措施。

③ 凝结水管维护。凝结水管是风机盘管系统特有的无压自流排放不用回水的水管。由于凝结水的温度一般较低，为防止管壁结露到处滴水，通常也要做保温处理。对凝结水管的日常维护保养主要是两个方面的任务：一是要保证水流畅。由于是无压自流式，其流速往往容易受管道坡度、阻力、管径、水的浑浊度等影响，当有成块、成团的污物时流动更困难，容易堵塞管道。二是要保证保温层和表面防潮层无破损或脱落。

（2）阀门的维护

在空调水系统中，阀门被广泛地用来控制水的压力、流量、流向及排放空气。常用的阀门按阀的结构形式和功能可分为闸阀、蝶阀、截止阀、止回阀（逆止阀）、平衡阀、电磁阀、电动调节阀、排气阀等。为了保证阀门启闭可靠、调节省力、不漏水、不滴水、不锈蚀，日常维护保养就要做好以下几项工作：

① 保持阀门的清洁和油漆的完好状态；

② 阀杆螺纹部分要涂抹黄油或二硫化钼，室内六个月一次，室外三个月一次，以增加螺杆与螺母摩擦时的润滑作用，减少磨损；

③ 不经常调节或启闭的阀门必须定期转动手轮或手柄，以防生锈咬死；

④ 对机械传动的阀门要视缺油情况向变速箱内及时添加润滑油；在经常使用的情况下，一年全部更换一次润滑油；

⑤ 在冷冻水管路和热水管路上使用的阀门，要保证其保温层的完好，防止发生冷热损失和出现结露滴水现象；

⑥ 对自动动作阀门，如止回阀和自动排气阀，要经常检查其工作是否正常，动作是否失灵，有问题就要及时修理和更换；

⑦ 对电力驱动的阀门，如电磁阀和电动调节阀，除了阀体部分的维护保养外，还要特别注意对电控元器件和线路的维护保养。

此外，还要注意不能用阀门来支承重物，并严禁操作或检修时站在阀门上工作，以免损坏阀门或影响阀门的性能。

（3）水过滤器的维护

安装在水泵入口处的水过滤器要定期清洗。新投入使用的系统、冷却水系统以及使用年限较长的系统，清洗周期要短，一般三个月应拆开拿出过滤网清洗一次。

（4）膨胀水箱的维护

膨胀水箱通常设置在露天屋面上，应每班检查一次，保证水箱中的水位适中，浮球阀的动作灵敏、出水正常；一年要清洗一次水箱，并给箱体和基座除锈、刷漆。

10.2.6　风系统运行维护技术

　　1.风系统的运行

　　（1）技术经济合理时，空调系统在过渡季节宜根据室外气象参数，实现全新风或可调新风比运行，宜根据新风和回风的焓值控制新风量和工况转换。

　　在技术经济合理时，过渡季节根据室外空气的焓值变化，增大新风比或进行全新风运行，一方面可以有效地改善空调区内空气的品质，大量节省空气处理所需消耗的能量，另一方面可以延迟冷水机组开启和运行的时间，有利于建筑运行节能。但是，增大新风比或进行全新风运行可能会带来过高的风机能耗，或者过低的湿度。因此，需要综合判断，进行技术经济分析。

　　过渡季节新风量开启策略方法为：根据项目具体所在气候区的气象条件结合项目的负荷特点，通常可将过渡季划分为3个阶段，在这3个阶段可采用不同的新风量，在保证室内参数在允许范围内变化的前提下，最大化利用新风供冷，见图10-2-2。

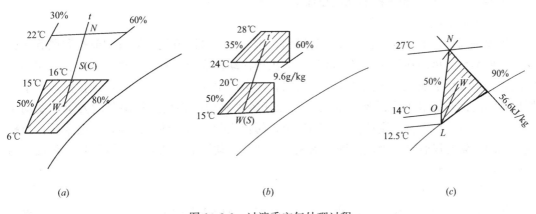

图 10-2-2　过渡季空气处理过程
（a）第一阶段；（b）第二阶段；（c）第三阶段

　　第一阶段：室外空气温度和相对湿度均较低，室外空气比焓明显小于室内空气焓值，空调系统只需要提供部分新风就可以消除室内余热。

　　第二阶段：室外空气温度有所升高，室外空气比焓小于室内空气焓值，但相对湿度仍然较低，空调系统必须采用全新风运行才能消除室内余热。

　　第三阶段：室外空气温度和相对湿度均较高，室外空气比焓仍小于室内空气焓值，仅靠室外新风供冷已经不能完全消除室内余热和余湿，在该阶段需要开启冷水机组，并且为充分利用新风的冷量，尽量采用较大的新风比运行。

　　但要实现全新风运行，必须认真考虑计算风系统设计时选取的风口和新风管面积能否满足全新风运行的要求，且应确保室内必须保持的正压值。

　　（2）调节建筑系统新风量和排风量，应维持建筑微正压运行。

　　暖通空调系统可对空气进行适当的控制，确保对空气进行适当过滤、调节、湿度控制和分送，从而提高室内空气质量。同时，可减少由于对负压引起的室外渗入空气的无组织新风负荷，因而节省能耗。另外，由于安全卫生或功能要求，部分区域需维持微负压运行，如餐厅区域、地下车库等。

保证室内微正压的控制方法为通过调节新风量和排风量比例，建筑保持在微正压 5～10Pa 状态下运行。

2. 风系统的维护

（1）风管的维护

空调风管绝大多数是用镀锌钢板制作的，不需要刷防锈漆，比较经久耐用。除了空气处理机组外接的新风吸入管通常用裸管外，送回风管都要进行保温。其日常维护保养的主要任务是：

① 保证管道保温层、表面防潮层及保护层无破损和脱落，特别要注意与支（吊）架接触的部位；对使用粘胶带封闭防潮层接缝的，要注意粘胶带无胀裂、开胶的现象；

② 保证管道的密封性，绝对不漏风，重点是法兰接头和风机及风柜等与风管的软接头处，以及风阀转轴处；

③ 定期通过送（回）风口用吸尘器清除管道内部的积尘；

④ 保温管道有风阀手柄的部位要保证不结露。

（2）风阀的维护

风阀是风量调节阀的简称，又称为风门，主要有风管调节阀、风口调节阀和风管止回阀等几种类型。风阀在使用一段时间后，会出现松动、变形、移位、动作不灵、关闭不严等问题，不仅会影响风量的控制和空调效果，还会产生噪声。因此，日常维护保养除了做好风阀的清洁与润滑工作以外，重点是要保证各种阀门能根据运行调节的要求，变动灵活，定位准确、稳固；关则严实，开则到位；阀板或叶片与阀体无碰撞，不会卡死；拉杆或手柄的转轴与风管结合处应严密不漏风；电动或气动调节阀的调节范围和指示角度应与阀门开启角度一致。

（3）风口的维护

风口有送风口、回风口、新风口之分，其型式与构造多种多样，但就日常维护保养工作来说，主要是做好清洁和紧固工作，不让叶片积尘和松动。根据使用情况，送风口三个月左右拆下来清洁一次，回风口和新风口则可以结合过滤网的清洁周期一起清洁。对于可调型风口（如球形风口），在根据空调或送风要求调节后要能保证调后的位置不变，而且转动部件与风管的结合处不漏风；对于风口的可调叶片或叶片调节零部件（如百叶风口的拉杆、散流器的丝杆等），应松紧适度，既能转动又不松动。金属送风口在送冷风时，还要特别注意不能有凝结水产生。

10. 2. 7 水质管理运行维护技术

1. 冷却水的水质管理和水处理

中央空调系统所配置的制冷机，其冷却水系统通常都是采用有冷却塔的开式系统，当冷却水在冷却塔中与大气不断接触，进行热量和水分的交换时，也使水中的二氧化碳（CO_2）散失了，同时又接纳了大气中的污染物（烟气、粉尘等），使其溶解和混入水中，污染了冷却水。此外，冷却塔中能接受到的光线和水中的大量溶解氧，又为菌藻类的生长提供了良好条件。而循环冷却水在冷却塔中的水分蒸发和飘散又使得水中溶解盐类的浓度和水的浊度增大。这些问题的存在，造成了开式循环冷却水系统中不可避免地会出现结垢、腐蚀、污物沉积以及菌藻滋生等现象。概括起来主要是：结垢和污物沉积会造成热交换效率降低，管道堵塞，水循环量减小，动力消耗增大；腐蚀则会损坏管道、部件和设备，缩短使用寿命，增加维修费用和更新费用，最终都会影响到中央空调系统的正常使用，并加大运行费用的支出。

为此，要从以下四个方面做好冷却水水质管理的工作：

（1）为了防止系统结垢、腐蚀和菌藻繁殖，当采用化学方法进行水处理时，要定期投加化学药剂；

（2）为了掌握水质情况和水处理效果，要定期进行水质检验；

（3）为了防止系统沉积过多的污物，要定期清洗；

（4）为了补充蒸发、飘散和泄漏的循环水，要及时补充新水。

要做好上述四个方面的工作，第一，必须掌握循环冷却水的水质标准；第二，要了解循环冷却水系统结垢、腐蚀、菌藻繁殖的原因和影响因素；第三，要掌握阻垢、缓蚀、杀生的基本原理以及采用化学方法进行水处理时需使用的化学药剂的性能和使用方法；第四，会根据水质情况，经济合理地采用不同手段进行水处理。

2.冷冻水的水质管理和水处理

冷冻水的水温低，循环流动系统通常为封闭的，不与空气接触，因此冷冻水的水质管理和必要的水处理相对冷却水系统来说要简单得多。

（1）冷冻水的水质管理

空调冷冻水系统（又称为用户侧水系统）通常是闭式的，水在系统中作闭式循环流动，不与空气接触，不受阳光照射，防垢与微生物控制不是主要问题。同时，由于没有水的蒸发、风吹飘散等浓缩问题，所以只要不漏，基本上是不消耗水的，要补充的水量很少。因此，闭式循环冷冻水系统日常水质管理的工作目标主要是防止腐蚀。

闭式循环冷冻水系统的腐蚀主要由三方面原因引起：一是厌氧微生物的生长造成的腐蚀；二是由膨胀水箱的补水，或阀门、管道接头、水泵的填料漏气而带入的少量氧气造成的电化学腐蚀；三是由于系统由不同的金属结构材质组成，如铜（热交换器管束）、钢（水管）、铸铁（水泵与阀门）等，因此还存在由不同金属材料导致的电偶腐蚀。

（2）冷冻水的水处理

冷冻水的日常水处理工作比冷却水的日常水处理工作简单得多，主要是解决水对金属的腐蚀问题，可以通过选用合适的缓蚀剂（参照冷却水系统使用的缓蚀剂）予以解决。由于冷冻水系统是闭式系统，一次投药达到足够浓度可以维持发挥作用的时间要比冷却系统长得多。如果没有使用电子除垢器，则根据水质监测情况，需要除垢时，同样参照冷却水系统使用的阻垢剂，选用其中合适的，投入适当剂量到冷冻水系统中，使其发挥阻（除）垢作用。由此可以看出，冷冻水系统的水处理，不论是工作内容，还是工作量，都要比冷却水系统的少，但是由于仍存在腐蚀和结垢问题，因此也不能掉以轻心，同样要把有关工作做好，做扎实。

10.3 运营管理制度

公共机构绿色建筑的运营管理，不同于常规的运营管理，重在通过管理制度的建设，体现绿色建筑的技术要求，着眼建筑的全寿命周期，做到最大限度地节约建筑的能源和资源消耗，实现建筑的绿色高效运行。公共机构绿色建筑的物业管理，也不同于传统的物业管理方式，物业管理的人员应具备较高的职业素质，全面了解和掌握绿色建筑所采用的先进技术与设备，为实现物业管理的节能减排奠定基础。概括起来，绿色建筑的物业管理与传统物业管理的主要区别如表 10-3-1 所示。

传统物业与绿色物业管理模式比较   表 10-3-1

项目	传统物业	绿色物业
管理目标	保值增值	保值增值,创造价值
管理范围	维持物业本身完好	在维护物业本身完好的基础上,降低能源消耗,减少二氧化碳排放
管理过程	一般在竣工后提供物业管理	全寿命周期提供物业管理服务
管理方式	劳动密集型,人工劳作,以物业企业为中心,业主处于被动接受地位,参与度低	知识密集型,采用先进技术,科学管理和行为引导等方式,业主处于自主地位,主动参与意识高
管理机制	节能减排无要求,无激励政策	节能减排要求高,有激励政策支持

绿色建筑的物业管理机制的建立，主要从人员、设备、能源和环境管理制度方面进行制度建设，突出过程管理，规范管理模式。

10.3.1　人员与设备管理制度

1. 人员管理制度

（1）人员组织架构

公共机构物业管理团队的组织架构，直接关系到团队的组成、人员的配置、工作效率的高低和组织执行力的强弱，是完成绿色运行的人员保障。合理设置组织架构既可以提高团队工作效率，形成和谐的工作环境，有序的组织管理层级，又可大大降低行政管理成本和人力资源成本，促进建筑系统合理高效的运行。

公共机构绿色建筑的绿色化管理，需要配备合理的人员团队，按照科学的组织构架运行。一般来讲，传统的物业管理人员结构配置应至少包含综合管理人员、安保人员、机电设备管理人员、绿化卫生管理人员和工程维修人员，其中大型的工程改造一般通过物业以外的专业施工队伍完成，日常维修等小型工程项目可通过机电设备管理团队完成。在传统物业管理团队人员的基础上，绿色建筑的物业管理团队，应当增加绿色建筑设施相关的管理人员，特别是能源管理团队，制定节能指标，并在日常管理过程中贯彻实施，以增强整个团队的节约意识，确保建筑按照绿色建筑设计的方式运行。

对于绿色建筑，其管理主要突出建筑的绿色化运营，具体表现在室外环境的围护、建筑自然通风、自然采光等被动式方式的最大化运用，以及主动空调、照明等系统的安全高效运行。因此，在上述组织构架的基础上，对于各团队的管理人员，应在专业背景上做相应的要求。对于能源管理团队和机电设备管理团队，其人员应有工民建及机械、设备、暖通、给水排水等相关专业背景。

除此之外，物业还应通过相关的内部培训和考核，增强各团队对绿色建筑运行专业知识的了解，使其能够及时发现和处置建筑运行过程中的常见问题。

（2）运行管理人员培训考核

公共机构绿色建筑的物业管理人员应设立定期培训考核制度，对上述各专业类管理人员进行针对性的培训，旨在加强其专业知识和服务意识，增进内部交流与沟通，以更好地为建筑用户服务。

对于绿色建筑，机电设施设备的管理人员，应在传统培训的基础上，开展专项培训，以确保机电设备的安全、节能和高效运行。培训内容应包括而不限于以下内容：基础管理、运行管理、维修管理、安全管理。

对于绿色建筑，除机电系统外，还应特别建立绿色建筑相关系统的专项培训考核制度，由专项技术供货商或物业公司组织，对绿色建筑专项系统的工作原理、操作规程、日常维护等知识内容进行普及，确保绿色建筑技术的高效合理运行。对于常规技术培训无法涵盖的内容，包括而不限于如下绿色建筑相关的设施和设备：

室外透水地面（包括绿化、植草砖、透水铺装）、屋顶绿化、排风热回收机组、天然采光设施（导光筒、采光井等）、太阳能热水系统、太阳能光伏发电或风力发电系统、地源/水源热泵、可调节外遮阳、雨水/中水收集回用系统、节水灌溉系统、自然通风设施、弱电和智能化系统等。

（3）绿色教育宣传

公共机构绿色建筑的运行过程中，建议物业管理部门成立专门的绿色宣传小组，或以其他管理人员兼职的形式，普及绿色建筑知识，宣传绿色运行和行为节能等，以达到更好的经济和社会效果。物业部门可以通过绿色宣讲、展板等多种形式，增进建筑使用者、社会各界以及自身对绿色建筑知识的了解和认识。绿色教育宣传方面，可通过抽调的方式建立宣传教育小组，通过派发传单、公开课、宣讲等多种方式，开展公众宣传，普及绿色建筑的知识和理念。

图 10-3-1 是某绿色建筑项目内设立专门的展示区域，通过绿建宣传展板，宣传绿色节能技术在建筑中的使用情况：VVVF 电梯和节水设备的使用情况、雨水收集系统和地源热泵系统的工作原理及在建筑上的应用。

图 10-3-1　某项目绿色建筑技术宣传展板

2.设备管理制度

公共机构绿色建筑的暖通空调系统和照明系统消耗大量能源。据统计，上海市办公楼的全年一次能耗量为 $1.8GJ/m^2$。目前在建筑能耗中，采暖空调能耗占 65％，因此建立科学和完善的设备管理制度，是实现绿色建筑绿色运行的关键。完善的人员管理和培训等制度，为设备管理制度的建立提供了扎实的基础，建筑设备管理主要包括日常的设备巡视巡查以及预防性维护措施。

（1）设备巡查

为确保绿色建筑的平稳高效运行，绿色建筑的物业管理单位应设立完善的设备巡查制度，安排专门的值班巡视人员对建筑机电设备进行定期检查和记录，以便及时发现设备的事故隐患，提前预知设备性能的改变，从而减少设备突发故障的机会，使设备处于良好的运行状态，达到减轻维修工作量、降低维修费用、节约资源能源消耗的目的。

设备巡查的操作流程方面，物业团队应建立标准化的操作流程文件，对于巡视的技术要点进行规定；同时，对于不同的系统和设备，应编制标准化的巡视记录表格，方便设备巡视结果的记录和备案等。

设备巡查制度应根据实际运行需要和具体设施设备的运行需要，对如下内容进行规定：

巡查的频率、巡查人员、巡查携带的设备、巡查记录表、巡查路径、巡查点、巡查的内容、应急问题处理流程。

设备巡查制度应根据实际采用的设施设备情况制定。根据实际机电系统的设置情况，行政办公楼常规的设备巡查范围包括：冷热源、循环水泵、冷却塔、空调机组和风机、空调末端设备、给水排水系统、变配电系统、照明系统、动力设备（如电梯）、弱电智能化系统、BA 系统等。对于绿色建筑，绿建技术设备的采用，区别于常规的机电设备的部分，应特别注意应该包含巡查制度的制定。这些绿色建筑相关的设施设备，额外增加的独立的系统，如可调节外遮阳、导光筒、室内空气质量监控系统等，需要制定其独立的巡查制度；而对于与常规机电系统相关的绿色建筑技术设施设备，如雨水收集利用系统、绿化浇灌系统、地源热泵、排风热回收、节能照明系统和太阳能热水系统等，则需要在常规的巡查制度中加入与该系统相关的部分。

设备巡查过程中的一项重要的工作就是对设备的运行参数和状况等信息进行记录和判断，以发现设备运行的异常，并将设备运行的历史数据进行备案。不同项目在制定自身的设备巡查制度时，根据设备特点和实际需要，由设备生产厂商和物业管理单位共同拟定相应巡查制度，制度形式可参照此巡查制度制定。

（2）预防性维护

预防性维护（Preventive Maintenance）是为消除设备失效而制定的周期性维护措施，以确保设备安全的处于最佳的工作状态。预防性维护措施包括理性的检查和保养等工作，例如设备的定期清洗、休整、零部件的更换、润滑等措施。与巡查制度相似，预防性维护制度的建立，主要针对建筑的机电系统和设备，可以减少设备突发故障的机会，使设备处于良好的运行状态，达到减轻维修工作量、降低维修费用、节约资源能源消耗的目的。

除特殊设备外，预防性维护措施的周期通常是以月为单位的，常见的设备预防性维护措施的周期包括月度、季度、半年度、年度等，与设备的性能特点、功能、使用频率等有关，需要有物业运行单位与设备生产厂家制定。

设备预防性维护措施应逐条列出各个维护周期内的检修事项，并确保物业按此时间周期执行，以最大程度避免设备故障等不利情况的发生。对于绿色建筑，可根据其实际采用的设施设备情况对各个系统的各单项设备进行预防性维护措施的编写。

10.3.2 能源与环境管理制度

1.能源管理制度

（1）能源审计

公共机构绿色建筑的能耗是关系到其绿色化运行状况的关键因素，因此应建立完善的数据采集分析系统，对其用能数据进行收集分析。建立完善的分项计量系统，成为能源数据采集分析的重要硬件基础。在此基础上，建立完善的能源数据采集分析管理制度和能源审计制度，才能保证能源数据得到及时地收集整理，为建筑的绿色运行和节能诊断提供依据。

物业中的能源管理团队，主要承担定期的能源审计工作。公共机构绿色建筑的能源审计工作主要有两方面的工作：①对设备运行情况进行摸底、故障排查，更新设备档案清单等；②对用能情况进行数据采集和分析，以及时发现和解决问题，并为节能目标的制定提供必要的依据。

能源审计工作在绿色建筑的管理中应该常态化，每1～2年进行一次全面系统的能源审计工作，摸清所有用能设备的运行状况、常规运行时间、更新设备清单档案等；在此基础上，收集和分析能耗水耗等数据，并针对性的制定节能目标。用能用水数据的采集工作包括对逐月的水、电、燃气费用和用量的收集及对各分项计量数据的收集等工作。

能耗水耗的数据分析工作需要能源管理团队的专业人员完成。通常情况下，对于逐月的能耗数据，可在时间轴上表示出建筑的日平均能耗、水耗等数据，以方便对能耗水耗随时间变化的情况进行分析；对于与气象参数相关的数据，可根据数据与相应室外气象参数的对比进行分析，以发现数据的异常，对建筑能源系统的故障进行诊断。图10-3-2中对日平均用电和室外平均气温进行对比，可以分析出电耗与室外平均温度的正相关性，可以初步判断建筑的制冷空调系统正常运行。

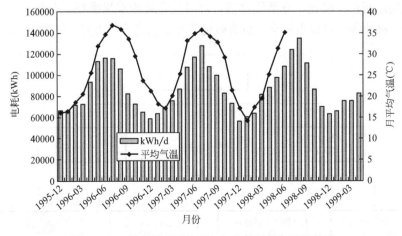

图 10-3-2　某项目日平均用电和室外平均气温的关系

能源审计中对于各分项计量数据的统计分析，如图10-3-3所示，有助于发现各分项系统在建筑总能耗中所占比例，并根据经验判断是否有异常情况发生，以及时杜绝可能出现

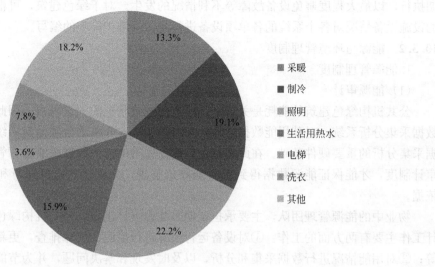

图 10-3-3　某项目分项能耗统计

的能源资源的浪费的发生。同时，分项能耗水耗的统计，在摸清其所占比例的基础上，方便能源管理团队制定有针对性的节能指标和实施策略。

（2）用能指标管理

公共机构绿色建筑运营阶段，应通过多种方式对总能耗水耗指标进行控制，在满足建筑功能的条件下，最大限度地实现能源和资源的节约。因此，物业的运行过程中应科学地制定相应的定额管理体系，以使其用能指标额控制在合理的范围。用能指标数据与建筑的系统形式、使用人数、使用时间、气候条件等存在密切关系，因此，应当制定合理的能耗指标，作为判断建筑能耗是否合格的依据，以及作为指导下一步节能目标的依据。通常情况下，建筑的用能指标需要大量收集同类型的建筑运行数据获得。

仅基于总用能定额的判定方法还不够科学，超过定额的绿色建筑仅仅通过该定额数据很难发现其问题所在。因此，分系统定额，对绿色建筑的常规能耗，分解为采暖、通风、空调、照明、插座等，可以更科学、更有效地管理绿色建筑的用能，如图 10-3-4 所示。

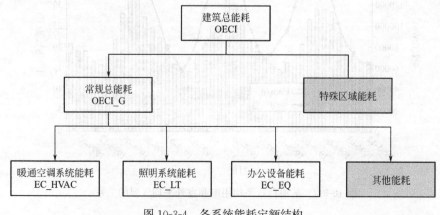

图 10-3-4　各系统能耗定额结构

另外，物业能源管理团队应与机电设备管理团队密切配合，分析系统运行中可能存在的不合理之处，找出可行性的改进措施，制定合理的用能管理目标。能源管理团队应定期制定具体的能耗水耗节约目标，通常在5%左右，并制定具体的实施策略，由机电设备团队配合执行；涉及工程改造的方案措施，可考虑通过内部组建或外包的形式予以执行。

2.环境管理制度

（1）垃圾分类

公共机构绿色建筑除了在运行过程中，注重其节能降耗效果之外，在室内外环境方面应该做足工作，维持项目场地及周边的良好环境，建立与绿色建筑相匹配的环境管理制度。建筑场地应严格执行相关的国家和地方标准，确保运行过程中的废气废水等排放达标，以及废弃物的分类回收、及时处理。对于建筑垃圾，物业管理部门应设置专门的场地和清晰的引导措施，指导业主和租户进行废弃物的分类，以充分回收垃圾中的可再生部分。在美国的绿色建筑评价标准LEED体系中，明确了对于纸张、纸板、塑料、金属、玻璃五类垃圾设置单独的回收箱，可以极大地促进垃圾的分类回收。发达国家的经验表明，垃圾分类是实现垃圾回收和资源化的基础。表10-3-2是美国垃圾处理中，回收、焚烧和填埋部分在不同时期所占比例。

美国垃圾处理方式及各年所占比例   表 10-3-2

美国垃圾处理	1980 年	1990 年	1997 年	2010 年
回收(%)	10	16	27	50
燃烧(%)	9	16	17	10
填埋(%)	81	68	56	40

垃圾的资源化和无害化，是建筑垃圾处理的必然趋势，物业管理应设立明确的目标，逐年增加垃圾处理中的回收部分，降低绿色建筑楼的固废排放，降低建筑对城市环境的不利影响，为社会提供更多可利用的资源。

（2）区域环境维护

公共机构绿色建筑对于室外的区域环境提出了其特定的要求，例如绿化物种及其维护措施、透水地面的面积比例、室外的风环境和热环境等。针对这些技术要求，需要建立一定的区域环境维护制度，确保绿色建筑的绿色运营。

针对室外绿化部分，应针对绿色建筑所在地的气候条件和植被要求，定期对植物进行浇灌、修剪、施肥和杀虫等措施，确保绿化的正常生长。对于室外气候环境，应针对大风季节和天气，建立风速和温度监测措施，对于易形成大风的区域，若风速参数超标，则应通过设置绿化，增加上风向乔灌木数量等措施，维持室外风环境的良好；同时，针对气流漩涡区等不利于热量和污染物扩散的区域，也应通过针对性的技术措施加以解决。

室外的透水地面在增加雨水涵养，降低排水对市政管网的压力方面具有不可忽视的效果，在运营过程中应特别注意植草砖、透水砖等铺装地面透水性的维护工作。对于绿色建筑其他涉及的与区域环境相关的技术措施，物业管理团队也应制定专门的技术和管理条例，确保技术条项在建筑运行过程中的达标。

10.4 低能耗智能运行监测平台关键技术

对于公共机构绿色建筑而言，随着供暖与空调等机电设备的规模不断扩大，以及人们对室内环境和舒适度要求不断提高，自动控制技术已经在供暖和空调领域得到了广泛的应用，在降低能耗及提高运行效率中发挥了巨大的作用，成为现代建筑设计中的基本要求之一。对于公共机构绿色建筑而言，自控系统除了实现常规的节能控制之外，也应能实现对采暖和空调系统运行状态、能耗、效率等参数的实时数据采集，并对上述数据进行科学处理、准确分析、有效存储，并且定时将系统的能耗、负荷、效率、能源占比、节能量、减碳量、一次能源消耗量等参数上传至集中控管平台，不但为确定建筑用能定额提供数据支持，并且可以直观进行各种节能方案和设计的使用效果和节能效果对比，为公共机构全寿命节能管理和节能改造提供指导，见图 10-4-1。

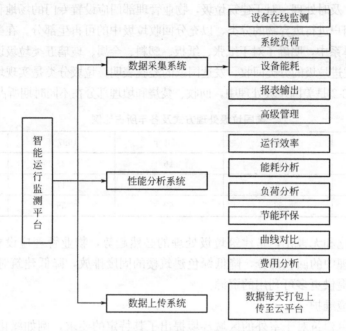

图 10-4-1　智能运行监测平台结构示意图

10.4.1　数据采集系统

公共机构的监测参数主要针对空调系统中的各设备和各系统以及照明系统中的各项运行参数。项目级监测系统的主要监测采集参数包括：对本项目的各设备的运行参数，如冷水（热泵）主机的各项运行数据、主机能耗、各循环水泵的运行状态与能耗、空调系统供回水温度、循环水流量、地源热泵系统的地温场的实际温度、地源侧供回水温度、水源热泵系统供回水温度、板换一次侧和二次侧的供回水温度等，在复合系统中，还应对锅炉供回水温度、流量进行监测，从而用于计算用户端高低区负荷等数据。其中冷水（热泵）主机和末端空调设备的运行数据采取直接读取其控制器面板中的数据，而其余的系统供回水温度、流量等参数则应以单独加装传感器的方式进行监测。如果现场已有相应的自动化系统，可采用OPC通信方式集中读取该系统的采集数据，从而减少项目的初投资。监测系统在实施过程中基本的原则是准确反映空调系统各设备和系统的运行数据，同时能够计算统计空调系统的运行能耗与运行负荷。图 10-4-2 所示为冷水（热泵）系统负荷与能耗的结构分布示意图。

数据采集系统应包含硬件采集网关、网络通信、数据采集程序等方面，需具备合适的网络环境、数据运行软件及数据通信协议。

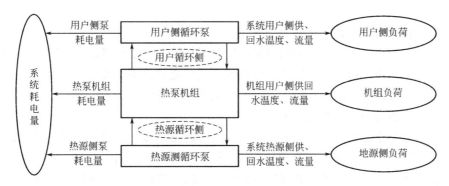

图 10-4-2 冷水（热泵）系统负荷与能耗结构分布示意图

1. 设备在线监测

主要是对现场各设备进行实时监测，了解各监测点的运行参数，当发生故障时，通过监测画面，可及时找出出现故障的设备，方便用户及时跟踪处理现场情况。

主要在线监测内容如下：

（1）具有网络诊断功能，能在线诊断监控系统网络通信状态，当发现网络通信异常时，能自动在屏幕上显示故障单元和故障部位，方便用户及时跟踪处理现场情况。

（2）实时监测各测点设备运行参数和工作状况，当各采集点发生电流/电压/功率等超标越限或采不上数据的点，及时定位并报警提示，方便及时处理。

（3）提供对全场区各能源管路流向图（如供配电系统能流图、供水系统管路流向图、暖通系统管路流向图、天然气系统管路流向图等），动态刷新展示各测点电力设备运行电力参数和运行状态，能够直观监控管网当前流量、冷热量、压力等运行实时数据，了解各项目建筑用能情况。

2. 系统负荷

项目级监测系统实施过程中，应根据不同的监测参数，选用合适的监测用传感器与采集方式。针对各项目具体的空调系统形式及特点，合理地选择监测位置，选用合适的传感器与采集设备，确定有效可靠的数据采集通讯方式，建立适合系统运行与管理的完整空调监测系统。其主要包括：传感器系统、采集模块系统、IO 通信系统、数据展示系统、数据传输系统等。中央能耗数据分析管理平台还应包括网络环境、数据集中展示与分析、远程访问等环节。

传感器系统主要是针对空调监测系统中加装的水系统温度传感器、压力传感器、压差传感器、流量传感器、电力计量传感器（仪表）、室内温湿度传感器、室外温湿度传感器等。传感器精度应满足后期的能源运行数据分析的要求。其中电力计量传感器（包含电流互感器）应不低于 1 级，并且所有电力计量均采用三相电力计量表具。采集模块系统包括各种模拟量采集模块、温度采集模块、流量采集模块、电力采集模块等，现场涉及的主要IO 通信总线方式包括：Modbus RTU、Modbus TCP、OPC、Lonworks 等，与此同时在进行监测数据上传时主要用到的通信方式为 TCP/IP。

在系统中，可采集热泵系统、热泵主机、新风机组、锅炉等设备的水、电、气等相关负荷，并采集系统的冷、热负荷。

3.设备能耗

（1）采集各设备的电、水、热、气等能源的消耗情况。

（2）按日、周、月、年等不同的时间维度对能耗情况和重要指标进行多维度查询。

（3）能耗指标可按用途区分照明和空调等不同功能和设备，进行统计和分析。

（4）可以根据分时峰值计费的方式进行用电费用的统计。

（5）重点用能设备运行状态显示。

（6）电力监测系统状态显示，显示电力运行实时曲线和历史趋势曲线，并可以查看以表格形式显示的各配电室变压器的运行参数；显示系统设备的用电总量、照明用电量、动力用电量、能源机房用电量等，并可以用柱状、饼状图进行显示；可以显示峰谷平等曲线和主要数值和运行评价（报警及报警输出）。

4.报表输出

按照需求提供：能耗数据采集、监测数据分析、能效分析、能效对标管理、节能量计算、能耗预测预警、节能考核监管、GIS展示、数据共享、设备运行分析、碳指标、费用比较等相关报表。报表包括：

（1）综合能耗报表（日/月/年）、能耗账单等报表模式，报表也可根据具体业务需要进行相关报表定制；

（2）定制报表：配置需要查询的数据，保存为一个查询方案，供用户下次查看，同一个用户可以保存多个需要查询的方案，主要是方便用户能够系统地直接查看需要查看的数据。

（3）对比分析：在自己权限范围之内，所有系统、所有能源、所有分项、任意时间维度自由组合对比分析。不受限制的对比，可以满足用户任意组合对比的需求。

（4）测点查询：查询所有回路，任意两个时间表底数，并计算差值。可用于查看计量表是否通信正常，采集的数据是否准确，同时也可以用于统计数据。

（5）支持人工录入、在线查询、word导出及在线打印功能。

5.建筑全生命周期运行数据管理

通过跨平台多渠道的数据融合，完成从设计、采购、施工、验收、运行、维护等全生命周期实际数据和资料的汇总和分析管理。主要功能有：

（1）能源系统三维化展示，以及运行状况、能耗、负荷、能效等主要运行指标的汇总、分析和展示。

（2）对能源系统运行大数据的挖掘和分析提炼，形成多维度反映能源系统运行情况的指标化参数，并通过这些参数来对能源系统的运行状况进行分析和评测。

（3）对负荷的实际变化情况、负荷率等指标进行持续的分析和评估，并同设计负荷进行对比分析。

（4）对主要设备的全生命周期的数据和资料进行融合和汇总，建立多维度的评测和分析指标体系，并持续进行评测和对比显示。

（5）对主要设备和整个能源系统建立完整的设备台账和数据库，方便查询全生命周期内的所有资料和运行评估数据。

10.4.2 能耗分析系统

智能运行监测平台拓扑图中承担需求侧及成果侧的重要分支，是平台运营应用的重要过程环节，从性能分析系统中将采集的数据进行加工转换形成直观的数据化分析界面，并在性能上实时反馈峰值预警的定额值状况，系统主动给平台监视环节做预前的多项、线性推算，让逻辑前馈的判断持续在性能分析下进行验证。

1. 运行效率

性能分析系统中分支架构是基于被动建筑技术、主动能源响应、地域价格因素、多能互补的能效管理、传递介质的输配效率以及末端负荷响应程度来进行构建，其中运行效率主要反映以主机为首的各种能源在加工转换的过程中，所输消耗功量比产出功量的能力比值，本章节列出了不同设备关于能效标识的分级及限定的对照表，包括空气源、水源、水环、浅层地热源、深层地热源、地下水源等输送介质能效比、包括一级输送比、二级输送比、三级输送比等。

本部分参照以下规范进行编制：GB/T 18430.1 蒸汽压缩循环冷水（热泵）机组第 1 部分（工业或商业及类似用途的冷水（热泵）机组）。GB/T 18430.2 蒸汽压缩循环冷水（热泵）机组第 2 部分（户用及类似用途的冷水（热泵）机组）。GB/T 10870 蒸汽压缩循环冷水（热泵）机组性能试验方法。

能源效率名牌标况等级（简称能效等级）是表示产品能源效率高低差别的一种分级方法，依据性能系数的大小确定，依次分成 1、2、3、4、5 五个等级，1 级所表示能源效率最高，见表 10-4-1～表 10-4-3。

能效等级划分　　　　　　　　　　　　　　　　表 10-4-1

类型	额定制冷量(CC)(kW)	能效等级(cop)(W/W)				
		1	2	3	4	5
风冷式或蒸发冷却式	$CC \leqslant 50$	3.20	3.00	2.80	2.60	2.40
	$CC > 50$	3.40	3.20	3.00	2.80	2.60
水冷式	$CC \leqslant 528$	5.00	4.70	4.40	4.10	3.80
	$528 < CC \leqslant 1.163$	5.50	5.10	4.70	4.30	4.00
	$CC > 1.163$	6.10	5.60	5.10	4.60	4.20

用户侧转换效率对照表　　　　　　　　　　　　表 10-4-2

类型		额定制冷量(kW)	能效比(COP)
水冷机组	活塞式/涡旋式	<528	3.80
		528～1163	4.00
		>1163	4.20
	螺杆式	<528	4.10
		528～1163	4.30
		>1163	4.60
	离心式	<528	4.40
		528～1163	4.70
		>1163	5.10

类型		额定制冷量(kW)	能效比(COP)
空气源热泵	活塞式/涡旋式	≤50	2.40
		>50	2.60
	螺杆式	≤50	2.60
		>50	2.80
地源热泵	螺杆机	<500	4.9
		>500	4.5
	离心机	<500	4.5
		>500	4
	磁悬浮机组	<500	11
直燃机组	溴化锂吸收式制热	215~6277	0.93
	溴化锂吸收式制冷	233~11630	1.16

能效管理分析   表 10-4-3

热泵主机能效管理表

统计参数	本期	环期	同期
系统制热负荷(kW·h)	20000	25000	18000
系统制热能耗(kW·h)	4100	4800	4000
系统制热能效比	4.8780488	5.2083333	4.5
系统制冷负荷(kW·h)	15000	14600	14000
系统制冷能耗(kW·h)	2600	2550	2600
系统制冷能效比	5.7692308	5.7254902	5.3846154

2. 能耗分析

基于运行状态下能耗分析即节能监控管理系统应定期分析公共机构建筑能耗分布状况和运行数据，分析节能潜力，提出节能运行和改造建议。节能运行数据分析与评估应在系统正式投入使用后，正常运行状态下进行。能效测评周期宜根据系统的运行规律和管理需求设定。能效测评应包括下列内容：

（1）分析供暖通风与空调系统运行数据及其变化规律。

（2）统计年能耗量及能耗指标。

（3）同类型相似建筑能耗对比分析，能耗指标不宜大于年度计划和往年同期值。

（4）统计能耗构成及所占比例，总结变化规律。

（5）定期分析主要设备运行能耗及低能效运行时段。

（6）设备节能运行的检查应符合国家有关标准的规定。

能耗分析（以供暖为例）是对为建筑物供应所需热量（不包括生活热水用掉的热水量）的设施进行总体分析；包括热源设备，为热水供应热量的一次热媒输送系统，为建筑物供暖、通风和空气调节供应热量的热媒输送系统和末端设备等。基于能源的输入端口即能源购置与建筑设计负荷下对应的能源量进行总量管理，在能源消费环节上予以考核效能比，从而使能源利用率得到提高。负荷能耗与模拟工况下的基准值比较所形成的节能率（节能目标），仅仅是分析确定建筑热工、机电系统等设计参数和规定的计算研究手段，并不能反映建筑物的实际能耗。建筑多样性与复杂性决定了其运行情况是千差万别的，与运行管理、用户行为习惯、节能意识等多种复杂因素有关。

能耗分析过程是基于能耗在相同输入条件下，在数据对应时点所反映的程度变化，进而通过系统数据进行先期的能源诊断。用各环节来判断能耗消耗的合理性，并主动对能源系统能效测试平台的数据分析提供验证过程。能效测试要事前编制能效测试方案，其内容包括：测试方向、计算过程、测试工具精度标定效验、结论报告等。通过能效测试报告进行验证，分为数据验证和人为干预验证，保障测试的计量仪表与数据的误差值做到单位最低。过程文件包含模拟仿真状态、数据结果反验证状态。不同环境下主机能效对应表或曲线图（以热泵为例）：影响热泵机能效比（COP）的因素有：冷机负荷率 ξ、负荷水平均温度 t_e、负荷水流量 G_e、地源水平均温度 t_c、地源水流量 G_c。热泵机能效比 COP 可以表示为：对运行的设备进行现场测定，测出设备的最佳运行工况即设备运行最高效率运行参数，见图 10-4-3。

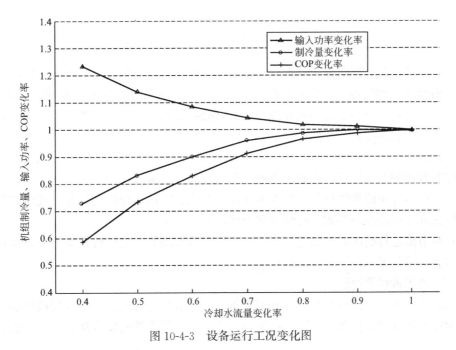

图 10-4-3　设备运行工况变化图

能耗工况参数分析与能耗分析宜贯穿系统运行的全过程分析与控制，分析系统或设备消耗的电量、冷量、热量、水量等日累计、月累计及年累计值。按月统计本月能源消耗的平均值及最大值，对比年度计划、去年同期的实际用量。例如，采暖系统宜统计每天、每月耗能、耗电、补水量，分析每月能耗过高或节能的原因，还应按每个采暖季来统计能耗，对比年度计划和去年同期值。

3.负荷分析

负荷是使能耗与舒适度之间达到平衡的重要热工指标，也是反映能源消耗的合理经济取值。负荷变量随气象条件而发生变化，也是计算能耗量较多应用的变量数值，常规额定工况下主机随水温的变化而发生负载率的变化，通常介质温差下制冷工况水温设定越低，其负荷越高。冷冻水供水温度控制采用变冷冻水温度控制，实现冷冻水供水温度的质（温度）调节，冷冻水流量比例与负荷比例相同时，冷冻水供水温度与空调供冷负荷率的调节关系见图 10-4-4。

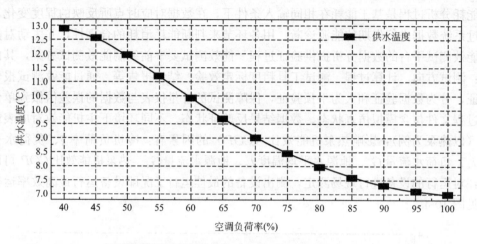

图 10-4-4　空调负荷率与供水温度关系变化

根据负荷变化和被控对象的特性调整系统控制模式和控制参数包括以下内容：

（1）根据建筑物的特点、系统和设备的配置等设计文件和实际使用要求，对各系统、设备分别编制有效的节能运行模式和控制方式.包括系统启/停的时间程序表、设备的运行台数、设备间的切换控制等。

（2）加强对监控系统的监测，观察系统是否运行正常、是否按预定的控制模式、控制方式、控制规律的要求运行，控制的参数是否达到预定要求。

（3）根据运行中的具体情况，如外界气候的变化、冷热负荷的变化等，及时调整系统的控制模式和相应的控制参数，确保达到节能运行的要求。

（4）对节能运行措施的效果进行评价，要根据所采用的节能运行技术方案，选择相应的测试内容，可参考现行行业标准执行。

4. 一次能源依赖管控措施

一次能源依赖管控措施是大力提升用能单位能效水平的有效手段。可帮助用能单位了解自身能源使用管理中存在的问题，找准节能潜力，找到改进的技术路径，提高能源利用效率。

要从用能结构上改变一次能源依赖，建立多能结构的管控措施，提高非化石能源利用比重，用行业定额及各地方的相关行业标准来约束能源的购置，从而降低化石能源消耗。

10.4.3　数据分类与计算系统

为科学规范地建设公共机构绿色建筑能耗监测系统，统一能耗数据的分类、分项方法及编码规则，实现分项能耗数据的实时采集、准确传输、科学处理、有效储存，为确定建筑用能定额和制定建筑用能超定额加价制度提供数据支持，指导公共机构绿色建筑节能管理和节能改造。

1. 能耗数据采集

（1）能耗监测系统是指通过对公共机构绿色建筑安装分类和分项能耗计量装置，采用远程传输等手段及时采集能耗数据，实现重点建筑能耗的在线监测和动态分析功能的硬件系统和软件系统的统称。

（2）分类能耗是指根据公共机构绿色建筑消耗的主要能源种类划分，采集和整理的能耗数据，如：电、燃气、水等。

（3）分项能耗是指根据公共机构绿色建筑消耗的各类能源的主要用途划分，采集和整理的能耗数据，如：空调用电、动力用电、照明用电等。

（4）大数审核是对数据进行分析对比审查，审查数据本身或数据变动是否符合实际，是否存在逻辑性、趋势性的差错；数据的数值是否出现错位和多位，以及小数点位置错误等情况。

（5）根据建筑用能类别，分类能耗数据采集指标可分为 6 项，包括：①电量；②水耗量；③燃气量（天然气量或煤气量）；④集中供热耗热量；⑤集中供冷耗冷量；⑥其他能源应用量，如集中热水供应量、煤、油、可再生能源等。

2. 分类能耗

分类能耗中，电量应分为 4 项分项，包括照明插座用电、空调用电、动力用电和特殊用电。电量的 4 项分项是必分项，各分项可根据建筑用能系统的实际情况灵活细分为一级子项和二级子项，是选分项。其他分类能耗不应分项。

（1）照明插座用电是指建筑物主要功能区域的照明、插座等室内设备（如计算机等办公设备）用电的总称。照明插座用电包括照明和插座用电、走廊和应急照明用电、室外景观照明用电，共 3 个子项。若空调系统末端用电不可单独计量，空调系统末端用电应计算在照明和插座子项中，包括全空气机组、新风机组、空调区域的排风机组、风机盘管和分体式空调器等。

走廊和应急照明用电是指建筑物公共区域（如走廊等）的公共照明设备用电。室外景观照明用电是指用于建筑物外立面泛光照明及室外园林景观照明的用电。

（2）空调用电是为建筑物提供空调和采暖的设备用电统称。空调用电包括冷热站用电、空调末端用电，共 2 个子项。

冷热站是空调系统中制备、输配冷量的设备总称。常见的系统主要包括冷水机组、冷冻泵（一次冷冻泵、二次冷冻泵、冷冻水加压泵等）、冷却泵、冷却塔风机等和冬季采暖循环泵（采暖系统中输配热量的水泵；对于采用外部热源、通过板换供热的建筑，仅包括板换二次泵；对于采用自备锅炉的，包括一、二次泵）。

空调末端是指可单独测量的所有空调系统末端，包括全空气机组、新风机组、空调区域的排风机组、风机盘管和分体式空调器等。

（3）动力用电是集中提供各种动力（包括电梯、非空调区域通风、生活热水、自来水加压、排污等）的设备（不包括空调采暖系统设备）用电统称。动力用电包括电梯用电、水泵用电、通风机用电，共 3 个子项。

电梯用电是指建筑物中所有电梯（包括货梯、客梯、消防梯、扶梯等）及其附属的机房专用空调等设备用电。

水泵用电是指除空调采暖系统和消防系统以外的所有水泵，包括自来水加压泵、生活热水泵、排污泵、中水泵等设备用电。

通风机用电是指除空调采暖系统和消防系统以外的所有风机，如车库通风机，厕所排风机等设备用电。

（4）特殊区域用电是指不属于建筑物常规功能用电设备的耗电量，特殊区域用电具有能耗密度高、占总电耗比重大的特点。特殊用电包括信息中心、洗衣房、厨房餐厅或其他特殊用电。

3. 能耗数据计算

（1）能耗数据采集、上传频率和内容

1）分项能耗数据的采集频率为每 15min 1 次到每 1h 1 次之间，数据采集频率可根据具体需要进行设置。

2）数据中转站向数据中心上传数据的频率为每 6h 1 次，上传数据为本数据中转站管理区域内各监测建筑原始能耗数据的汇总。

3）省（自治区、直辖市）级数据中心、市级数据中心所上传的数据为建筑逐时分类能耗数据和分项能耗数据。建筑逐时分类能耗数据和分项能耗数据是对各监测建筑原始能耗数据按照 1h 的时间间隔进行汇总和处理后的数据，将按不同频率接收的数据统一处理为逐时数据后逐级上传。市级数据中心向省（自治区、直辖市）级数据中心上传数据的频率和省（自治区、直辖市）级数据中心向部级数据中心上传数据的频率均为每 24h 1 次。

4）建筑基本情况数据初次录入时应逐级上传，当发生变化时应重新逐级上传。各级所上传的建筑基本情况数据均应包括基本项和附加项的完整内容。

（2）能耗数据计算方法

1）数据有效性验证

① 计量装置采集数据一般性验证方法为：根据计量装置量程的最大值和最小值进行验证，凡小于最小值或者大于最大值的采集读数属于无效数据。

② 电表有功电能验证方法为：除了需要进行一般性验证外还要进行二次验证，其方法是：两次连续数据采读数据增量和时间差计算出功率，判断功率不能大于本支路耗能设备的最大功率的 2 倍。

2）分项能耗数据计算

① 各分项能耗增量应根据各计量装置的原始数据增量进行数学计算，同时计算得出分项能耗日结数据，分项能耗日结数据是某一分项能耗在一天内的增量和当天采集间隔时间内的最大值、最小值、平均值；根据分项能耗的日结数据，进而计算出逐月、逐年分项能耗数据及其最大值、最小值与平均值。

② 当电表有功电能的出现满刻度跳转时，必须在采集数上增加电表的最大输出数，保证计算处理结果的正确性。

3）各类相关能耗指标的计算方法

总用电量为：总用电量＝Σ各变压器总表直接计量值。

分类能耗量为：分类能耗量＝Σ各分类能耗计量表的直接计量值。

分项用电量为：分项用电量＝Σ各分项用电计量表的直接计量值。

单位建筑面积用电量为：单位建筑面积用电量＝总用电量/总建筑面积。

单位空调面积用电量为：单位空调面积用电量＝总用电量/总空调面积。

单位建筑面积分类能耗量为：分类能耗量直接计量值与总建筑面积之比，即：单位面积分类能耗量＝分类能耗量直接计量值/总建筑面积。

单位空调面积分类能耗量为：分类能耗量直接计量值与总空调面积之比，即：单位空调面积分类能耗量＝分类能耗量直接计量值/总空调面积。

单位建筑面积分项用电量为：分项用电量的直接计量值与总建筑面积之比，即：单位面积分项用电量＝分项用电量直接计量值/总建筑面积。

单位空调面积分项用电量为：分项用电量的直接计量值与总空调面积之比，即：单位空调面积分项用电量＝分项用电量直接计量值/总空调面积。

建筑总能耗为：建筑各分类能耗（除水耗量外）所折算标准煤量之和，即：建筑总能耗＝总用电量折算标准煤量＋总燃气量（天然气量或煤气量）折算标准煤量＋集中供热耗热量折算标准煤量＋集中供冷耗冷量折算标准煤量＋建筑所消耗的其他能源应用量折算标准煤量。

参考文献

第1章　参考文献

[1] 闫成文，姚健，林云.夏热冬冷地区基础住宅围护结构能耗比例研究 [J].建筑技术，2006，37（10）：773-774.

[2] 钱晓情，朱耀台.夏热冬冷地区建筑节能存在的问题与研究方向 [J].施工技术，2012，41（3）：27-29.

[3] 胡伟，杨培志.夏热冬冷地区建筑节能门窗技术分析 [J].制冷与空调，2010，24（3）：35-39.

[4] 李志生，李冬梅，梅胜.夏热冬暖地区办公建筑能耗模拟与分析 [J].节能技术，2006，24（6）：483-486.

[5] 赖艳萍，张志刚，魏璠.北方农村典型住宅的能耗比较分析 [J].农业工程学报，2011，27（s1）：12-16.

[6] 李志生，张国强，李冬梅.广州地区大型办公类公共建筑能耗调查与分析 [J].土木建筑与环境工程，2008，30（5）：112-117.

[7] 赵士怀.我国夏热冬暖地区和夏热冬冷地区建筑节能的差异性分析 [J].福建建设科技，2009，30（3）：5-6.

[8] 张洋，刘长滨，屈宏乐.严寒地区建筑能耗统计方法和节能潜力分析——以沈阳市为例 [J].建筑经济，2008，12（2）：80-83.

[9] 王海燕，孙德兴，张斌.严寒地区节能建筑采暖能耗实测结果分析 [J].节能技术，2006，24（1）：42-45.

[10] 雷浩，熊雄，黄铭海.云南省温和地区（北区）既有居住建筑能耗现状调研及节能潜力分析 [J].绿色建筑，2016（2）：47-49.

[11] 韩小平.办公建筑节能设计 [J].中国建材科技，2016，25（4）：31-32.

[12] 张硕鹏，李锐.办公类建筑能耗影响因素与节能潜力 [J].北京建筑工程学院学报，2013，29（1）：33-37.

[13] 张博，尚少文.大型机关办公建筑能耗与节能分析研究 [J].节能，2016，35（6）：48-51.

[14] 成辉，朱新荣，刘加平.高层办公建筑节能设计常见问题及对策 [J].建筑科学，2011，27（4）：13-18.

[15] 韩保华，马秀力，王成霞.国家机关办公建筑能耗现状与节能对策研究 [J].建筑科学，2010，26（2）：59-61.

[16] 于新巧，陈征，汪汀.我国办公建筑用能行为现状调研与分析 [J].建筑科学，2015，31（10）：23-30.

[17] 李迪，孙洪明，许红升.政府办公建筑能耗现状的分析 [J].建筑节能，2009，38（4）：69-71.

[18] 王旭，李红兵，隗合广.高校供热系统能耗现状与节能潜力分析 [J].区域供热，2012，7（7）：53-55.

[19] 刘静，马宪国，孙天晴.高校建筑能耗的节能潜力分析 [J].上海节能，2010，10（10）：12-14.

[20] 邓金鹏，石忠军.高校节能潜力分析与能耗监测平台建设 [J].中国新技术新产品，2014，10（6）：117-119.

[21] 陈义波，张莉红.高校节能潜力及其适宜性分析 [J].科技信息，2010，02（23）：206-206.

[22] 李阳，谭洪卫，庄智.高校科研楼能耗现状与用能特征研究 [J].建筑节能，2015，293（43）：85-89.

[23] 何花.广州某高校建筑能耗现状及节能策略分析 [J].制冷，2014，33（1）：33-36.

[24] 基于运行数据的高校绿色建筑节能潜力分析 [J].西安建筑科技大学学报，2017，33（3）：291-298.

[25] 张超，刘东，张晓杰.上海地区高校办公建筑能耗及节能潜力研究 [J].建筑热能通风空调，2013，32（1）：37-40.

[26] 范彬，赵树兴.天津高校建筑能耗现状分析及节能对策 [J].建筑节能，2012，28（8）：32-34.

[27] 刘建萍.挖掘节能潜力推进节约型校园建设 [J].高校后勤研究，2010.113（1）：113-114.

[28] 黄涛，王建廷，黄城志."被动优先"策略在绿色建筑节能设计中的应用难点与对策研究 [J].建筑科学，2016，32（6）：158-166.

[29] 周观根，张贵弟，朱乾.大连国际会议中心钢结构工程施工关键技术 [J].建筑钢结构进展，2012，14（5）：53-58.

[30] 刘启波，周若祁.寒冷地区高校既有建筑节能技术体系研究 [J].工业建筑，2013，43（4）：49-53.

[31] 李静，李桂文，阎广君.基于系统思维的建筑节能体系建构 [J].华中建筑，2010，28（3）：1-3.

[32] 吴蕾.建筑节能技术标准体系现状研究 [J].建材与装饰，2015，38（26）：97-98.

[33] 江亿.我国建筑耗能状况及有效的节能途径 [J].暖通空调，2005，35（5）：64-64.

[34] 黄继红，范文莉.以建筑节能为导向的建筑整合设计策略 [J].工业建筑，2008，38（2）：21-24.

第3章 参考文献

[35] 王清勤，徐春方，赵建平.《节能建筑评价标准》实施指南 [M].北京：中国建筑工业出版社，2014.

[36] 马伊硕.被动式低能耗办公建筑能耗指标及能效分析 [J].建设科技，2015，04（15）：30-38.

[37] 强万明，付素娟，金阳.被动式公共建筑能耗分析及遮阳策略研究 [J].建筑节能，2015，43（3）：69-72.

[38] 张辉.被动式节能建筑设计的探讨 [J].科技风，2010，123（8）：254.

[39] 谢华慧，朱琳.被动式生态建筑中庭的自然通风设计策略 [J].节能，2010，29（4）：56-60.

[40] 程才实.河北省被动式低能耗建筑示范项目建设综述 [J].建设科技，2015，19（2）：15-18.

[41] 庄碧贤.建筑设计中被动式节能的探讨 [J].建材技术与应用，2010，23（4）：13-15.

[42] 杨柳，刘加平.利用被动式太阳能改善窑居建筑室内热环境 [J].太阳能学报，2003，24（5）：605-610.

[43] 陈华晋，李宝骏，董志峰.浅谈建筑被动式节能设计 [J].建筑节能，2007，35（3）：29-31.

[44] 惠中，江成.《可持续发展建筑与四维空间》系列之五 节约成本的住宅——被动式阳光房 [J].墙材革新与建筑节能，2007，21（7）：47-49.

[45] 陈强，王崇杰，李洁.寒冷地区被动式超低能耗建筑关键技术研究 [J].山东建筑大学学报，2016，31（01）：19-26.

[46] 秦砚瑶，戴辉自，徐航.重庆地区绿色建筑导光管天然采光节能量研究——以龙兴生态城为例 [J].重庆建筑，2015，14（11）：5-7.

[47] 纪思美，高英明，张竞辉.自然光与LED混合照明系统在隧道照明设计中的应用 [J].照明工程学报，2013，24（3）：53-57.

[48] 陈湛.绿色建筑中协同作用的自然通风设计 [J].工业建筑,2016,46 (12):26-30.

[49] 李念平,何东岳,李靖.中庭式住宅建筑热压通风的预测模型研究 [J].湖南大学学报,2010,37 (6):6-10.

[50] 桂玲玲,张少凡.地道风在建筑通风空调中的利用研究 [J].广州大学学报,2010,9 (5):67-72.

[51] 陆善后,范宏武,王孝英.外遮阳技术在节能建筑中的应用研究 [J].建设科技,2006,15 (7):30-33.

[52] 岳鹏.我国建筑遮阳技术与标准体系研究综述 [J].绿色建筑,2010,13 (1):13-18.

[53] 郭卫宏,刘骁,袁旭.基于CFD模拟的绿色建筑自然通风优化设计研究 [J].建筑节能,2015,43 (9):45-52.

[54] 庄智,余元波,叶海.建筑室外风环境CFD模拟技术研究现状 [J].建筑科学,2014,30 (2):108-114.

[55] 孙薇莉.绿色建筑室外风环境模拟相关问题探讨 [J].制冷与空调,2014,28 (4):479-483.

[56] 何开远,甘灵丽,周海珠.绿色建筑中风环境模拟流程的标准化研究 [J].建筑节能,2011,39 (8):22-24.

[57] 赵娣,崔萍,杨杰.办公建筑室内光环境模拟分析 [J].建筑技术开发,2017,44 (9):140-142.

[58] 章健,陈易.基于BIM的绿色建筑室内采光分析方法研究 [J].绿色建筑,2016,21 (5):21-26.

[59] 应银静.基于ecotect结合radiance的绿色建筑自然采光模拟分析——以余姚市健峰培训城为例 [J].城市建设理论研究,2015,17 (5):15-18.

[60] 赵忠超,吴志敏,姚刚.绿色建筑采光模拟软件的适用性分析与计算精度验证 [J].生态经济,2013,27 (8):101-104.

[61] 尤伟,吴蔚.浅探运用Radiance模拟天然采光 [J].照明工程学报,2008,19 (1):25-32.

[62] 韩杰.自然采光模拟技术在绿色建筑设计与评估方面的应用 [J].建筑设计管理,2013,2 (2):53-56.

[63] 王颖,车学娅.凹口型建筑室外风噪声模拟分析 [J].住宅科技,2013,33 (6):56-59.

[64] 卢春玲,李秋胜,黄生洪.超高层建筑中应用风机发电的噪声模拟与评估 [J].振动与冲击,2012,31 (6):5-9.

[65] 薛大建,李晓梅,田维坚.高架轻轨交通噪声对临街居民影响的模拟预测 [J].中国医学物理学杂志,1998,1 (1):33-35.

[66] 吴硕贤.交通噪声对临街建筑影响的计算机模拟 [J].声学学报,1985,12 (3):27-38.

[67] 周志宇,金虹,康健.交通噪声影响下的沿街建筑形态模拟与优化设计研究 [J].建筑科学,2011,27 (10):30-35.

[68] 蒋新波,廖建军,陈蔚.临街建筑群交通噪声模拟与分析 [J].南华大学学报,2012,26 (1):93-97.

[69] 张新华,辜小安,邵龙海.声学仿真软件在噪声预测和评价中的应用 [J].噪声与振动控制,2002,22 (1):37-39.

[70] 郭金姝,韩惠敏.室内噪声污染及其控制 [J].科技创新导报,2011,23 (10):238-238.

[71] 王栋,杨锦春.基于室内光热环境下的窗口遮阳优化设计分析 [J].绿色建筑,2016,19 (5):40-41.

第4章　参考文献

[72] 董英，周子民，杨晓力.呼吸蓄能式玻璃幕墙的研究与设计 [J].化工学报，2013，64（6）：2015-2021.

[73] 万钢，林殿雄.新型节能幕墙屋面材料——金属中空复合板 [J].中国建筑金属结构，2005（7）：10-12.

[74] 吴云涛.可改善建筑热舒适度的阳光房技术初探 [C].中国科学院沈阳分院：沈阳市科学技术协会，2013：3.

[75] 赵定国.屋顶绿化及轻型平屋顶绿化技术 [J].中国建筑防水，2004，17（4）：17-19.

[76] 赵玉婷，胡永红，张启翔.屋顶绿化植物选择研究进展 [J].山东林业科技，2004，10（2）：27-29.

[77] 郭娟利，徐贺，刘刚.相变材料与建筑围护结构蓄能一体化设计及应用 [J].建筑节能，2017，23（10）：44-61.

[78] 朱信宇，孟二林，曹闯.一种新型相变围护结构的热性能研究 [J].苏州科技学院学报，2016，29（4）：198-207.

[79] 孟二林，于航，张美玲.组合式相变围护结构夏季换热性能试验研究 [J].同济大学学报，2013，41（10）：1572-1578.

第6章　参考文献

[80] 王清勤，李朝旭，赵海.办公建筑绿色改造技术指南 [M].北京：中国建筑工业出版社，2016.

[81] 周蓓，沈健，龚旻.基于物联网技术的空调智能控制系统设计 [J].常熟理工学院学报，2017，31（4）：69-72.

[82] 张吉礼，赵天怡，陈永攀.大型公建空调系统节能控制研究进展 [J].建筑热能通风空调，2011，30（3）：1-14.

[83] 霍焱.中央空调系统智能控制的研究 [J].房地产导刊，2013（18）.

[84] 施小云，张清应.智能系统在现代低碳节能与绿色能源中的应用 [C].建筑科技与管理学术交流会.2012.8.

[85] 白磊，钦仿仿，崔羊威.空调的智能控制系统 [J].自动化与仪表，2015，30（5）：50-53.

[86] 朱小洁.浅谈中央空调智能控制系统在公用建筑节能中的应用 [J].居业，2017，19（9）：109-111.

[87] 郭云翔.中央空调智能控制系统在公用建筑节能中的应用 [J].现代商贸工业，2017，86（27）：186-187.

[88] 谭舜钊.浅谈智能控制在中央空调的应用 [J].城市建设理论研究，2011，52（22）：40-44.

[89] 李竹然，段连涛.智能控制在中央空调产业节能中的作用 [J].企业改革与管理，2017，26（04）：205.

[90] 刘美州，冀兆良，方赵嵩.广州市某高校图书馆能耗模拟与节能性研究 [J].建筑节能，2016，44（2）：100-104.

[91] 朱丹丹，燕达，王闯.建筑能耗模拟软件对比：DeST、Energy Plus and DOE-2 [J].建筑科学，2012，28（2）：213-222.

[92] 周欣，燕达，洪天真.建筑能耗模拟软件空调系统模拟对比研究 [J].暖通空调，2014，44（4）：113-122.

[93] 王戎，王毅，金晓公.某办公楼空调系统能耗模拟 [J].暖通空调，2012，42（9）：40-42.

[94] 刘辉，林波，王陈栋.某商业综合体空调冷负荷动态模拟及特性分析 [J].暖通空调，2017，47

（2）：60-63.

[95] 孙蒙蒙，邹钺，曹旦.某中央空调系统的仿真与节能优化 [J].建筑热能通风空调，2017，36（6）：69-72.

[96] 气象参数对成都地区办公建筑能耗的影响及预测 [J].土木建筑与环境工程，2017，39（4）：56-62.

[97] 宋磊，周翔，张静思.上海地区居民热泵型空调器供暖行为及能耗模拟研究 [J].暖通空调，2017，47（9）：55-60.

[98] 李越铭，吴静怡，盐地纯夫.水冷（热）变频多联空调系统的全年能耗模拟和分析 [J].太阳能学报，2011，32（7）：1040-1045.

[99] 陈萨如拉，杨洋，孙勇.天津地区某高层办公楼能耗模拟与节能潜力分析 [J].建筑节能，2017，45（9）：6-10.

[100] 赵金秀.太阳能联合地埋管地源热泵系统设计与运行 [J].煤气与热力，2017，37（7）：20.

[101] 孙先鹏，邹志荣，赵康.太阳能蓄热联合空气源热泵的温室加热试验 [J].农业工程学报，2015，31（22）：215-221.

[102] 吴兴应，龚光彩，王晨光.太阳能光电-热一体化与热泵耦合系统的热力性能实验研究 [J].中国电机工程学报，2015，35（4）：913-921.

第7章 参考文献

[103] 沈捷，宋文清.海绵城市理念在海花岛雨水回收利用设计中的实践 [J].给水排水，2016，42（10）：69-73.

[104] 李振友，陈涛，杨瓯蒙.浅谈海绵城市的建设 [J].江西建材，2015，19（9）：35-36.

[105] 赵寅，卢渊.城市居民小区雨水回收利用系统的应用 [J].江西建材，2015，167（14）：78-79.

[106] 杨联龙.试论通信建筑雨水回收利用 [J].城市建筑，2015，35（21）：214-214.

[107] 杨茗.城市雨水的利用方法及进展 [J].应用化工，2016，45（9）：1771-1774.

[108] 周淑玲，万贝斯.雨水回收利用系统在某博物馆中的应用——以第四届（2013年）全国绿色建筑设计竞赛方案为例 [J].建筑节能，2014，42（11）：56-59.

[109] 王一钧，欧阳志云，郑华.雨水回收利用生态工程及其应用——以中国科学院研究生院怀柔新校区为例 [J].生态学报，2010，30（10）：2687-2694.

[110] 倪华明，刘晨，朱刚.城市雨水回收利用现状及发展——上海案例 [J].净水技术，2012，31（2）：1-5.

[111] 徐梦苑，徐梦苑，张楠.某市人民医院雨水回收利用设计 [J].广州建筑，2016，44（4）：19-22.

[112] 陈顺霞，陈永青.浅谈绿色建筑雨水回收利用 [J].广西城镇建设，2011，21（1）：64-67.

[113] 雷凯.一体化中水回用系统工艺改造设计 [J].价值工程，2015，32（1）：119-121.

[114] 膜生物反应器用于居民区生活污水处理与回用 [J].同济大学学报，2013，41（2）：247-252.

[115] 郭永福，梁柱，冯冬燕.阳极氧化废水处理及中水回用工程实践 [J].工业水处理，2015，35（11）：92-95.

[116] 闫伟伟，陈小红，顾睿.生物砂滤池在中水回用中的应用 [J].安徽农业科学，2015，43（31）：257-260.

[117] 周超.浅谈中水回用对循环水的影响与对策 [J].工业水处理，2015，35（9）：103-106.

[118] 范艳斌.循环水/高盐水/中水回用技术研究及应用 [J].精细与专用化学品，2016，24（4）：33-37.

[119] 李妍，狄彦强，张宇霞.建筑小区中水处理工程的运行情况及问题分析 [J].环境工程，2015，

33 (9)：6-9.

[120] 赵国萍，王昱辉，谭玉龙.热电厂中水回用系统工艺设计及运行 [J].工业水处理，2015，35（9）：100-102.

[121] 喻青，赵新华，秦琦.中水回用及其应用研究 [J].安徽农业科学，2006，34（12）：2831-2833.

[122] 沈晓东，陈前，周志刚.造纸废水处理及中水回用工程实例 [J].环境科技，2016，29（5）：54-57.

[123] 孙秀君.机械加工生产废水处理回用工程实例 [J].工业水处理，2016，36（1）：96-99.

[124] 褚俊英，陈吉宁，王志华.中水回用的经济与中水利用潜力分析 [J].中国给水排水，2002，18（5）：83-86.

[125] 付婉霞，曾雪华.建筑节水的技术对策分析 [J].给水排水，2003，29（2）：47-53.

[126] 李萍英，姚朝塑，罗蓉.某二星级绿色公共建筑给排水设计案例 [J].给水排水，2016，42（3）：81-85.

[127] 魏天云，刘德明.节水用水器具的节水效益分析与工程应用 [J].安阳工学院学报，2016，15（2）：54-56.

[128] 陆毅，赵金辉，徐斌.高层宾馆建筑用水调查与节水措施探讨 [J].给水排水，2015，41（11）：70-73.

[129] 李爽，张海迎，李青.城市大规模节水器具改造的费用效益分析案例 [J].给水排水，2012，38（5）：143-147.

[130] 张勤，赵福增.住宅建筑节水器具的经济评价 [J].土木建筑与环境工程，2007，29（5）：123-125.

[131] 赵文耕.住宅用节水器具简介 [J].给水排水，2005，31（2）：93-96.

[132] 李甲亮，王琳，吴水波.青岛高校用水与节水现状调查与模式研究 [J].水资源保护，2007，23（2）：88-90.

[133] 彭世瑾，罗刚，杨衡.海绵城市建设技术——新型浅草沟及渗滤暗沟在道路绿色化建设中的运用 [J].工程质量，2016，34（9）：48-51.

[134] 王文亮，李俊奇，王二松.海绵城市建设要点简析 [J].建设科技，2015，04（1）：19-21.

[135] 臧洋飞，陈舒，车生泉.上海地区雨水花园结构对降雨径流水文特征的影响 [J].中国园林，2016，32（4）：79-84.

[136] 陈晓伟.基于"生态海绵城市"构建的雨水利用规划研究 [J].建筑工程技术与设计，2017，18（12）：37-41.

[137] 王俊岭，魏江涛，张雅君.基于海绵城市建设的低影响开发技术的功能分析 [J].环境工程，2016，34（9）：56-60.

[138] 孟永刚，王向阳，章茹.基于"海绵城市"建设的城市湿地景观设计 [J].生态经济（中文版），2016，32（4）：224-227.

[139] 顾天奇，张古陶，孙海洋.新建开发区海绵城市实践——以苏州太湖新城市政道路生态雨水渗透及利用工程为例 [J].中国市政工程，2016，23（2）：30-32.

[140] 李金涛，刘圆圆.大学校园规划之中使用海绵城市的概念 [J].城市建筑，2016，24（9）：21-21.

[141] 石坚韧，肖越，赵秀敏.从宏观的海绵城市理论到微观的海绵社区营造的策略研究 [J].生态经济，2016，32（6）：223-227.

[142] 任毅，王贤平，汪祥静.兴义市海绵城市规划措施探讨 [J].人民珠江，2016，37（2）：22-25.

[143] 李嘉华，王营池，李长奇.采用新型围护结构提高冬冷夏热地区住宅舒适度和建筑节能水平 [J].建筑技术开发，2004，31（3）：67-69.

[144] 张彦龙，迟焕正，任清刚.建筑外围护结构自保温系统研究 [J].建筑工程技术与设计，2016，01（2）：782-783.

[145] 周顺华，刘建国，潘若东.新型 SMW 工法基坑围护结构的现场试验和分析 [J].岩土工程学报，2001，23（6）：659-661.

[146] 陈伟，张卓，王婷.新型混凝土砌块墙体热工性能研究 [J].住宅产业，2017，11（11）：55-60.

[147] 王爱兰.新型建筑围护结构与保温一体化技术在北京马驹桥公租房项目配套工程中的应用 [J].建筑技术，2017，48（8）：806-808.

[148] 马保国，郝先成，蹇守卫.新型节能墙体材料施工工艺及保温隔热性能评价 [J].施工技术，2006，35（5）：49-51.

[149] 朱信宇，孟二林，曹闰.一种新型相变围护结构的热性能研究 [J].苏州科技学院学报，2016，21（4）：31-34.

[150] 孟二林，于航，张美玲.组合式相变围护结构夏季换热性能试验研究 [J].同济大学学报（自然科学版），2013，41（10）：1572-1578.

[151] 权宗刚，肖慧，浮广明.创新驱动墙体材料科学技术的发展 [J].砖瓦，2015（11）：65-69.

[152] 柴蕴，王强.论新型墙体材料的发展趋势 [J].城市建设理论研究：电子版，2015（9）：669.

[153] 叶春锋，戴海峰，王志伟.泡沫玻璃废料综合循环经济利用的标准研究 [J].中国标准化，2016，18（9）：167-168.

[154] 孟伟，赵朝阳，包正福.对陶瓷废料的利用现状的研究与认识 [J].建材发展导向，2017（15）：23.

[155] 周巧玲，唐阳红，朱续生.秸秆粉煤灰建筑材料应用现状 [J].科技视界，2015，26（1）：23.

[156] 季鄂苏.新型墙体材料市场应用前景浅析 [J].江西建材，2017，18（11）：234.

[157] 宋美，贾韶辉，贺深阳.汞矿尾渣生产墙体材料的可行性研究 [J].砖瓦，2015（3）：13-15.

[158] 曲宏迪.浅谈建筑墙体材料的可持续发展 [J].砖瓦，2016，55（3）：58-59.

[159] 孙涛，马克俭，陈志华.石膏墙体钢网格式框架结构基于改进能力谱法的抗震性能研究 [J].空间结构，2011，17（4）：3-9.

[160] 申晋益，董事尔，黄秋爽.我国现代节能墙体材料的革新与发展趋势 [J].建筑经济，2015，36（6）：82-85.

[161] 牛晓庆.新型墙体材料的发展与展望 [J].建材发展导向，2017，15（8）：286.

[162] 范恩荣.工业废料生产彩色墙砖技术 [J].农村新技术，2013，10（10）：28-30.

[163] 喻小平，李书琴.新型石膏基墙体材料原料的研究进展 [J].硅酸盐通报，2011，30（6）：1349-1352.

[164] 黄泳霖.一种从垃圾中开发出来的新型复合材料空心墙的制备 [J].中国西部科技，2012，11（3）：57-58.

[165] 张杰.免蒸压粉煤灰轻质墙体砌块的研究 [J].粉煤灰综合利用，2012，12（4）：51-52.

[166] 赵磊.新型建筑墙体材料及墙体保温技术 [J].城市建筑，2014，23（6）：236.

[167] 曾令可，金雪莉，税安泽.利用陶瓷废料制备保温墙体材料 [J].新型建筑材料，2008，35（4）：5-7.

[168] 饶梅.建筑保温节能墙体的发展现状与趋势研究 [J].城市建设理论研究：电子版，2013，（3）：16.